L'Organisation mondiale de la Santé (OMS), créée en 1948, est une institution spécialisée des Nations Unies à qui incombe, sur le plan international, la responsabilité principale en matière de questions sanitaires et de santé publique. Au sein de l'OMS, les professionnels de la santé de quelque 190 pays échangent des connaissances et des données d'expérience en vue de faire accéder d'ici l'an 2000 tous les habitants du monde à un niveau de santé qui leur permette de mener une vie socialement et économiquement productive.

Grâce à la coopération technique qu'elle pratique avec ses Etats Membres ou qu'elle stimule entre eux, l'OMS s'emploie à promouvoir la mise sur pied de services de santé complets, la prévention et l'endiguement des maladies, l'amélioration de l'environnement, le développement des ressources humaines pour la santé, la coordination et le progrès de la recherche biomédicale et de la recherche sur les services de santé, ainsi que la planification et l'exécution des programmes de santé.

Le vaste domaine où s'exerce l'action de l'OMS comporte des activités très diverses: développement des soins de santé primaires pour que toute la population puisse y avoir accès; promotion de la santé maternelle et infantile; lutte contre la malnutrition; lutte contre le paludisme et d'autres maladies transmissibles, dont la tuberculose et la lèpre; coordination de la stratégie mondiale de lutte contre le SIDA; la variole étant d'ores et déjà éradiquée, promotion de la vaccination de masse contre un certain nombre d'autres maladies évitables; amélioration de la santé mentale; approvisionnement en eau saine; formation de personnels de santé de toutes catégories.

Il est d'autres secteurs encore où une coopération internationale s'impose pour assurer un meilleur état de santé à travers le monde et l'OMS collabore notamment aux tâches suivantes: établissement d'étalons internationaux pour les produits biologiques, les pesticides et les préparations pharmaceutiques; formulation de critères de salubrité de l'environnement; recommandations relatives aux dénominations communes internationales pour les substances pharmaceutiques; application du Règlement sanitaire international; révision de la Classification statistique internationale des maladies et des problèmes de santé connexes; rassemblement et diffusion d'informations statistiques sur la santé.

Reflet des préoccupations et des priorités de l'Organisation et de ses Etats Membres, les publications de l'OMS fournissent des informations et des conseils faisant autorité, visant à promouvoir et protéger la santé et à prévenir et combattre la maladie.

Guide de l'assainissement individuel

R. Franceys, J. Pickford & R. Reed

Water, Engineering and Development Centre
Loughborough University of Technology
Loughborough, Angleterre

Organisation mondiale de la Santé
Genève
1995

Catalogage à la source: Bibliothèque de l'OMS

Franceys, R.
  Guide de l'assainissement individuel / R. Franceys,
  J. Pickford & R. Reed.

  1. Assainissement 2. Toilettes publiques 3. Evacuation des eaux usées —
  méthodes   I. Pickford, J.   II. Reed, R.   III. Titre

  ISBN 92 4 254443 4   (Classification NLM: WA 778)

L'Organisation mondiale de la Santé est toujours heureuse de recevoir des demandes d'autorisation de reproduire ou de traduire ses publications, en partie ou intégralement. Les demandes à cet effet et les demandes de renseignements doivent être adressées au Bureau des Publications, Organisation mondiale de la Santé, Genève, Suisse, qui se fera un plaisir de fournir les renseignements les plus récents sur les changements apportés au texte, les nouvelles éditions prévues et les réimpressions et traductions déjà disponibles.

© Organisation mondiale de la Santé, 1995

Les publications de l'Organisation mondiale de la Santé bénéficient de la protection prévue par les dispositions du Protocole N° 2 de la Convention universelle pour la Protection du Droit d'Auteur. Tous droits réservés.

Les appellations employées dans cette publication et la présentation des données qui y figurent n'impliquent de la part du Secrétariat de l'Organisation mondiale de la Santé aucune prise de position quant au statut juridique des pays, territoires, villes ou zones, ou de leurs autorités, ni quant au tracé de leurs frontières ou limites.

La mention de firmes et de produits commerciaux n'implique pas que ces firmes et produits commerciaux sont agréés ou recommandés par l'Organisation mondiale de la Santé de préférence à d'autres. Sauf erreur ou omission, une majuscule initiale indique qu'il s'agit d'un nom déposé.

Imprimé en Suisse
94/10206—Strategic Communications/2800

Table des matières

Pages

Préface vii

Partie I. Pratique de l'assainissement - Principes de base

Chapitre 1. Nécessité d'un assainissement individuel 3
    Introduction 3
    Références historiques 4
    Situation actuelle 4
    Contraintes 6
    Priorités 6

Chapitre 2. Assainissement et transmission des maladies 9
    Les maladies liées aux excréta et aux eaux usées 9
    Propagation des maladies à partir des excréta 12

Chapitre 3. Considérations socio-culturelles 19
    La structure sociale 19
    Croyances et pratiques d'ordre culturel 19
    Les idées en matière d'hygiène 20
    Croyances relatives à l'hygiène et à la maladie 21
    La dynamique du changement 22
    Réactions au changement 22
    Conclusion 24

Chapitre 4. Options techniques 25
    Défécation à l'air libre 25
    Feuillées 25
    Latrine simple fosse 26
    Latrine à trou foré 26
    Latrine à fosse ventilée 27
    Latrine à chasse d'eau 27
    Latrine à fosse simple ou double 28
    Latrine à compostage 28
    Fosse septique 29
    Cabinet à eau 29
    Systèmes d'évacuation des excréta 30

Partie II. Détails de la conception, de la construction, de l'exploitation et de l'entretien

Chapitre 5. Aspects techniques de l'évacuation des excréta — 35
- Déjections d'origine humaine — 35
- Caractéristiques des terrains — 38
- Problèmes posés par les insectes et la vermine — 46

Chapitre 6. Utilisation et entretien — 49
- Latrines à fosse — 49
- Latrines à simple fosse — 53
- Latrines à fosse ventilée — 54
- Latrines ventilées à double fosse — 57
- Latrines à chasse d'eau — 59
- Latrines à chasse d'eau avec fosse déportée — 60
- Latrines à chasse d'eau avec deux fosses déportées — 62
- Latrines à fosse surélevée — 64
- Latrines à trou foré — 65
- Fosses septiques — 65
- Cabinets à eau — 75
- Elimination des effluents des fosses septiques et des cabinets à eau — 76
- Latrines à compostage — 80
- Latrines multiples — 83
- Autres latrines — 84

Chapitre 7. Eléments et construction des latrines — 93
- Fosses — 93
- Planchers — 101
- Dalles — 102
- Repose-pieds et trous de défécation — 119
- Sièges pour latrines — 120
- Joints hydrauliques et cuvettes — 122
- Tuyaux d'évent — 126
- Superstructure — 130

Chapitre 8. Exemples de calcul d'installations — 139
- Introduction — 139
- Calcul d'une latrine à fosse — 139
- Calcul d'une fosse septique — 144
- Calcul d'un cabinet à eau — 148
- Elimination des effluents des fosses septiques et des cabinets à eau — 148
- Latrines à compostage — 149

Partie III. Planification et développement de projets d'assainissement individuel

Chapitre 9. Planification — 155
- La demande en matière d'assainissement — 155
- Définition du projet — 158
- Données de base — 158
- Comparaison et choix des systèmes — 166

Chapitre 10. Facteurs institutionnels, économiques et financiers — 169
- Responsabilités institutionnelles — 169
- Développement des ressources humaines — 172
- Facteurs économiques — 177
- Facteurs financiers — 184
- Exemples — 188

Chapitre 11. Développement — 193
- Exécution — 193
- Exploitation et entretien — 208
- Evaluation — 209

Bibliographie — 214

Pour en savoir plus — 222

Glossaire des termes utilisés dans le présent ouvrage — 225

Annexe 1. Réutilisation des excréta — 231

Annexe 2. Eaux ménagères — 242

Annexe 3. Comité de lecture — 248

Index — 250

Préface

Voilà près de trente ans que les noms de Wagner et de Lanoix reviennent encore et toujours lorsqu'il est question d'approvisionnement en eau et de rejet des excréta dans les zones rurales et les petites collectivités. Les deux volumes dont ils sont les auteurs et que l'Organisation mondiale de la Santé a publiés sur ce sujet vers le début des années 60 (Wagner & Lanoix, 1960, 1961), ont résisté à l'épreuve du temps.

Depuis lors, les questions d'approvisionnement en eau et d'assainissement ont suscité un regain considérable d'intérêt, dû pour une part à la Décennie internationale de l'eau potable et de l'assainissement (1981-1990). De nombreux pays ont préparé, dans le cadre de cette décennie, des programmes qui étaient très optimistes dans leurs prévisions en matière d'assainissement mais dont les objectifs se sont révélés difficiles à atteindre. De fait, la majorité des personnes qui vivent dans les régions rurales ou les banlieues des pays en développement ne bénéficient pas encore d'un assainissement satisfaisant.

La Banque mondiale et d'autres organismes ont publié d'excellents ouvrages qui traitent des divers aspects des technologies appropriées d'assainissement. Pour une grande part, ces techniques ont consisté à améliorer des méthodes déjà connues et utilisées en s'appuyant sur l'expérience acquise dans un certain nombre de pays en développement d'Afrique, d'Asie et d'Amérique latine. Toutefois, c'est plutôt sur les aspects socio-économiques de la planification et de la mise en œuvre des mesures destinées à améliorer l'assainissement que l'on insiste dans ces publications.

Le présent ouvrage s'inscrit donc dans la logique de cette évolution et vise à mettre à jour le travail de Wagner & Lanoix dont il s'inspire largement. Le choix du titre appelle l'attention du lecteur sur le fait qu'il s'agit d'installations placées sur la propriété de l'usager et qui conviennent bien dans certaines zones urbaines, en milieu rural et dans les petites collectivités.

L'ouvrage comporte trois parties: la première concerne les fondements de l'assainissement, avec ses aspects sanitaires, sociologiques, financiers et institutionnels ainsi que les technologies qu'on peut utiliser pour l'élimination des excréta. La deuxième partie traite en détail de la conception, de la construction, du fonctionnement et de l'entretien des principaux types d'installations individuelles, la troisième partie étant consacrée aux problèmes de planification et de développement qui se posent dans le cadre des divers projets et programmes. On a ajouté des annexes sur la réutilisation des excréta et

PRÉFACE

l'élimination des eaux usées: bien qu'il s'agisse là essentiellement d'activités extérieures au site de l'installation, elles ont quand même des rapports avec l'assainissement individuel.

Cet ouvrage a été rédigé en ayant à l'esprit les besoins divers d'un grand nombre de lecteurs. Les auteurs espèrent qu'il rendra service non seulement aux ingénieurs, aux médecins et aux spécialistes de l'assainissement qui travaillent sur le terrain mais encore aux administrateurs, aux personnels de santé en général, aux planificateurs ou aux architectes comme à ceux, très nombreux, qui travaillent à l'amélioration de l'assainissement dans les zones rurales et les collectivités urbaines défavorisées des pays en développement.

Les opinions exprimées dans le présent ouvrage résultent de l'expérience acquise par les auteurs au contact de la réalité de nombreux pays en développement, des discussions qu'ils ont eues avec d'autres professionnels ainsi que de l'étude d'un certain nombre de publications récentes. Cet ouvrage doit beaucoup, pour sa forme définitive, aux observations des collaborateurs dont la liste figure à l'annexe 3 et dont l'expérience et les connaissances sont unanimement reconnues. Des remerciements particuliers sont dus à M. J. N. Lanoix pour l'étude détaillée à laquelle il s'est livré de notre manuscrit et pour les observations qu'il a formulées, ainsi qu'à MM. M. Bell, A. Coad, A. Cotton, M. Ince et M. Smith du WEDC pour leur précieuse collaboration.

Les auteurs se sont efforcés d'être aussi universels que possible mais ils n'en ont pas moins conscience des variations importantes qui existent dans les pratiques observées sur les différents continents et dans les divers pays ou régions. Il arrive qu'une solution considérée comme tout à fait satisfaisante par une collectivité soit rejetée par la collectivité voisine. Avant de mettre en pratique le contenu du présent ouvrage il sera bon de se souvenir du conseil de E. F. Schumacher. «Cherchez à savoir ce que font les gens et efforcez-vous de les aider à le mieux faire».

PARTIE I
Pratique de l'assainissement — Principes de base

CHAPITRE 1
Nécessité d'un assainissement individuel

Introduction

On entend par «assainissement» l'ensemble des travaux que doivent effectuer, en se conformant aux règles de l'hygiène, les particuliers, les collectivités et les pouvoirs publics pour faire disparaître dans les agglomérations toutes causes d'insalubrité (*Trésor de la langue française*). Selon le rapport de la première réunion, tenue en 1950, du Comité d'experts de l'environnement, l'assainissement implique le contrôle de l'approvisionnement public en eau, de l'évacuation des excréta et des eaux usées, de l'élimination des déchets et des vecteurs de maladies, des conditions de logement, des aliments et de leur manipulation, des conditions atmosphériques et des conditions de sécurité sur le lieu de travail. Depuis, les problèmes liés à l'environnement ont gagné en complexité, notamment avec les risques liés désormais aux produits chimiques et aux rayonnements. Entre temps, les besoins mondiaux en services d'assainissement de base (par exemple alimentation en eau potable, élimination des excréta et des eaux usées) ont beaucoup augmenté du fait de l'expansion démographique et des attentes de la population. Tout cela a conduit les Nations Unies à instaurer la Décennie internationale de l'eau potable et de l'assainissement (1981-1990)

En dépit d'une très importante prise de conscience des besoins en matière d'approvisionnement public en eau, les problèmes posés par l'élimination des excréta et des eaux usées ont été quelque peu négligés. C'est pour attirer l'attention sur ces problèmes que le terme d'assainissement a été utilisé — et finalement compris partout dans le monde — comme se rapportant uniquement à l'élimination des excréta et des eaux usées. D'ailleurs un Groupe d'étude de l'OMS a officiellement adhéré à cet usage en 1986 en définissant l'assainissement comme «... les moyens de collecte et d'évacuation hygiénique des excréta et des déchets liquides de la communauté pour protéger la santé des individus et de cette communauté» (OMS, 1987a). Une évacuation hygiénique qui ne comporte aucun danger pour la santé doit être l'objectif fondamental de tous les programmes d'assainissement.

Le coût d'un réseau d'égouts (qui est en général plus de quatre fois celui d'une installation individuelle) et le fait qu'il nécessite l'existence d'un réseau d'adduction d'eau, sont un obstacle à son adoption par nombre de collectivités de pays en développement dont l'assainissement est insuffisant. Les systèmes individuels d'évacuation, qui permettent de traiter les excréta sur place, peuvent constituer une solution hygiénique et satisfaisante pour ces collectivités.

Si l'élimination hygiénique des excréta est d'une importance capitale pour la santé et le bien-être des collectivités en cause, elle vaut aussi pour les effets qu'elle peut avoir d'un point de vue social ou écologique. Le Comité OMS d'experts de l'assainissement l'a inscrite en 1954 sur sa liste des premières mesures de base à prendre pour créer un environnement salubre (OMS, 1954). Plus récemment, le Comité OMS d'experts sur la lutte contre les parasitoses intestinales (OMS, 1987b) a souligné que «la mise en place de moyens hygiéniques pour l'évacuation des excréta et leur utilisation convenable sont des éléments indispensables de tout programme de lutte contre les parasitoses intestinales. Dans de nombreuses régions, l'assainissement constitue le premier impératif en matière de santé et les responsables de la lutte contre les parasitoses intestinales se voient demander avec insistance de promouvoir la collaboration intersectorielle entre les autorités sanitaires et les services chargés de l'assainissement et de l'approvisionnement en eau au niveau communautaire.»

Références historiques

On retrouve dans l'histoire du monde industrialisé la trace de cette priorité donnée à l'assainissement en tant que mesure de protection de la santé. Ainsi, dans l'Angleterre du dix-neuvième siècle, les mesures d'assainissement prises à l'initiative des pouvoirs publics après la promulgation de la législation sur la santé publique permirent de réduire l'exposition aux infections d'origine hydrique.

Situation actuelle

L'amélioration de l'assainissement et des adductions d'eau constitue un investissement qui mérite la priorité dans les pays en développement car il se situe au premier plan des progrès à réaliser en matière d'hygiène dans les collectivités rurales et urbaines. L'importance que l'on attache à l'assainissement s'inscrit dans un mouvement pour la satisfaction des besoins fondamentaux de l'homme — les soins de santé, le logement, de l'eau propre, un assainissement approprié et une nourriture convenable. Ce mouvement a contribué au passage de la médecine curative à la médecine préventive et à l'instauration, dans les années 1980, de la Décennie internationale de l'eau potable et de l'assainissement.

Les grands axes de la Décennie

La décision d'instaurer la Décennie a été prise lors de la Conférence des Nations Unies sur l'eau qui s'est tenue à Mar del Plata en 1977. La conférence a également adopté un plan d'action dans lequel elle recommande aux programmes nationaux de donner la priorité:

CHAPITRE 1. NÉCESSITÉ D'UN ASSAINISSEMENT INDIVIDUEL

- aux populations rurales et urbaines non desservies;
- à l'application de programmes autosuffisants et autonomes;
- à l'utilisation de systèmes présentant un intérêt social;
- à l'association de la collectivité à tous les stades du développement;
- à la complémentarité entre l'assainissement et l'approvisionnement en eau; et
- à l'association des programmes d'approvisionnement en eau et d'assainissement aux programmes sanitaires et aux programmes relevant d'autres secteurs.

L'insuffisance de l'assainissement

Le Tableau 1.1, qui est tiré des statistiques dont dispose l'Organisation (OMS, 1990), montre le pourcentage de la population totale des pays en développement, ventilé par Régions de l'OMS, qui ne bénéficie pas d'un assainissement convenable.

Tableau 1.1 Pourcentage de la population sans assainissement convenable[a]

Région de l'OMS	1970 Urbaine	1970 Rurale	1975 Urbaine	1975 Rurale	1980 Urbaine	1980 Rurale	1988 Urbaine	1988 Rurale
Afrique	53	77	25	72	46	80	46	79
Amériques	24	76	20	75	44	80	10	69
Méditerranée orientale	38	88	37	86	43	93	6	80
Asie du sud est	67	96	69	96	70	94	59	89
Pacifique occidental	19	81	19	57	7	37	11	31
Total mondial	46	91	50	89	50	87	33	81

[a] Tiré de OMS, 1990.

En dépit de quelques inexactitudes dans la notification, il est très net que c'est dans les pays où le produit national brut (PNB) est le plus faible et plus particulièrement en milieu rural, que le problème se pose avec le plus d'ampleur. On note également des disparités importantes dans la qualité du cadre de vie et dans le niveau de santé à l'intérieur des pays en développement, spécialement dans les grandes villes.

Les problèmes de la croissance urbaine

Avec des taux de croissance urbaine qui dépassent 5% par an, on assiste à l'entassement des personnes défavorisées dans les taudis du centre ville et les zones squattérisées situées à la périphérie des petites villes et des grandes agglomérations. La santé est en péril dans ces secteurs. La surpopulation favorise la propagation des infections respiratoires aéroportées et des maladies résultant d'une mauvaise hygiène, comme les diarrhées. La malnutrition fréquente y prédispose davantage la population aux infections d'origine hydrique. Ces infections peuvent s'étendre rapidement du fait que les sources d'eau sont menacées par la pollution fécale. Ceux qui ont la charge d'assurer l'hygiène de l'environnement ont à mener une entreprise difficile: concevoir et mettre en œuvre des systèmes d'évacuation des excréta adaptés à ces collectivités surpeuplées et économiquement faibles.

Les problèmes en milieu rural

L'élimination hygiénique des excréta et l'action en faveur de la santé sont tout aussi nécessaires en milieu rural. Même si les collectivités rurales se sont dotées de moyens d'évacuation qu'elles considèrent comme satisfaisants, il n'en demeure pas moins que la mise en place d'installations d'assainissement améliorées peut contribuer utilement au développement général des campagnes. Le niveau d'assainissement apporté doit être à la hauteur des autres services fournis par la collectivité et adapté à la possibilité qu'elle a d'entretenir les installations, compte tenu de ses moyens financiers et de ses obligations culturelles.

Contraintes

Les nombreuses contraintes qui font obstacle à l'amélioration de la santé par un meilleur assainissement tiennent aux aspects politique, économique, social et culturel de la maladie et de la santé. Grâce aux enquêtes qu'elle a menées à l'échelle mondiale, l'OMS a pu recenser les plus graves de ces contraintes:

— disponibilités financières limitées;
— manque de personnel qualifié;
— fonctionnement et entretien;
— logistique;
— montage financier qui ne permet pas un recouvrement convenable des sommes investies;
— insuffisance des efforts en matière d'éducation pour la santé;
— cadre institutionnel inadapté;
— approvisionnement en eau irrégulier;
— non participation des collectivités.

Priorités

Les programmes d'assainissement ont quatre objectifs principaux: en milieu rural, le développement; en milieu urbain, l'amélioration des installations; en centre ville, l'amélioration des installations dans les bidonvilles et les taudis périphériques et enfin, le développement dans les quartiers neufs et les villes nouvelles. Par exemple, l'action de développement entreprise en milieu rural et dans les bidonvilles peut comporter une très importante contribution de la collectivité sous forme de main-d'œuvre, mais qui pourra être très différente selon qu'il s'agit d'éducation pour la santé, d'information ou d'amélioration de l'information sur les nouvelles techniques, de la création de structures administratives et du montage financier.

On s'est posé la question de savoir quel type de technologie est le plus approprié aux collectivités à desservir et quels sont les meilleurs moyens de la mettre en œuvre. On rappellera la nécessité pour les techniciens de bien connaître le contexte socio-culturel dans lequel ils ont à intervenir et de faire participer la collectivité à la conception et à la mise en œuvre des projets. Cette notion d'initiative populaire en matière de développement, reposant sur l'action de la base, offre une alternative à l'action venue d'en haut, qui résulte de décisions prises à un niveau administratif élevé. La première solution est d'une importance déterminante dans le domaine de l'assainissement car l'efficacité des programmes ne dépend pas seulement du soutien apporté par la communauté mais plus spécialement du consentement et de l'engagement des ménages et des usagers. En outre, en matière d'assainissement, les décisions d'ordre technique et d'ordre social sont étroitement liées.

CHAPITRE 2
Assainissement et transmission des maladies

Les maladies liées aux excréta et aux eaux usées

Les causes de maladie

L'élimination sans précaution et sans hygiène de matières fécales humaines infectées entraîne la contamination du sol et des sources d'eau. Certaines espèces de mouches et de moustiques peuvent ainsi trouver des lieux propices à la ponte, à la reproduction et même se nourrir sur les déjections à l'air libre et propager l'infection. Ces déjections attirent également les animaux domestiques, les rongeurs et autres nuisibles qui les répandent et ajoutent encore aux risques de maladie. En outre, cela crée parfois des nuisances insupportables tant pour la vue que pour l'odorat.

Il existe un certain nombre de maladies liées à la présence d'excréta et d'eaux usées qui sont courantes dans les pays en développement; on peut les classer selon le cas en maladies transmissibles ou non transmissibles.

Maladies transmissibles

Les principales maladies transmissibles dont on peut réduire la fréquence grâce à l'élimination hygiénique des excréta sont les infections intestinales et les helminthiases, notamment le choléra, la typhoïde et la paratyphoïde, la dysenterie, la diarrhée, l'ankylostomiase, la schistosomiase ou bilharziose, et la filariose.

Le tableau 2.1 indique quelques-uns des micro-organismes pathogènes qui se rencontrent souvent dans les matières fécales, les urines et les eaux usées (eaux ménagères).

Groupes à haut risque

Ceux qui sont les plus exposés aux risques sont les enfants de moins de cinq ans, du fait que leur système immunitaire n'est pas encore parvenu à maturité et qu'ils peuvent également souffrir des effets de la malnutrition. La principale cause de mortalité dans cette classe d'âge est constituée par les maladies diarrhéiques, qui sont responsables de quelque quatre millions de décès chaque année.

En 1973, les enfants de moins d'un an qui constituaient moins du cinquième de la population du Brésil ont représenté près des quatre cinquièmes de l'ensemble des décès, alors qu'aux Etats-Unis d'Amérique, cette classe d'âge qui, à cette époque, correspondait à 8,8% de la population, n'a représenté que 4,3% des décès (Berg, 1973).

Il est certain que l'amélioration de l'assainissement dans une collectivité doit avoir des conséquences favorables sur la santé mais il est difficile de déterminer si cet impact sera direct ou indirect.

Tableau 2.1   Micro-organismes pathogènes présents dans les urines,[a] **les matières fécales et les eaux usées**[b]

Micro-organismes	Nom de la maladie	Présence dans les:		
		urines	matières fécales	eaux usées
Bactéries				
Escherichia coli	diarrhée	*	*	*
Leptospira interrogans	leptospirose	*		
Salmonella typhi	typhoïde	*	*	*
Shigella spp	shigellose		*	
Vibrio cholerae	choléra		*	
Virus				
Poliovirus	poliomyélite		*	*
Rotavirus	entérite		*	
Protozoaires —amibes et kystes amibiens				
Entamoeba histolytica	amibiase		*	*
Giardia intestinalis	giardiase		*	*
Helminthes - œufs de parasites				
Ascaris lumbricoides	ascaridiase		*	*
Fasciola hepatica	douve du foie		*	
Ancylostoma duodenale	ankylostomiase		*	*
Necator americanus	ankylostomiase		*	*
Schistosoma spp	schistosomiase ou bilharziose	*	*	*
Taenia spp	téniasis (ver solitaire)		*	*
Trichuris trichiura	trichocéphalose		*	*

[a] L'urine est généralement stérile; la présence de germes pathogènes s'explique soit par une pollution d'origine fécale, soit par l'infection de l'hôte, principalement par *Salmonella typhi*, *Schistosoma haematobium* ou *Leptospira*.
[b] Tiré de Cheesebrough (1984), Sridhar et al. (1981) et de Feachem et al. (1983).

Souvent, l'amélioration de l'assainissement s'inscrit dans un ensemble d'activités de développement plus larges au sein de la collectivité, et, même indépendamment de l'amélioration de la distribution d'eau, elle s'accompagne en général d'autres facteurs qui influent sur la santé comme l'apprentissage de l'hygiène et l'éducation sanitaire en général (Blum & Feachem, 1983). Il n'est d'ailleurs pas facile de repérer ou d'évaluer l'effet que peuvent avoir des facteurs comme, par exemple, le fait de se laver les mains ou un changement d'attitude vis-à-vis des déjections des enfants.

Le Tableau 2.2 donne des précisions sur la mortalité juvéno-infantile (notamment par suite de diarrhée), l'espérance de vie à la naissance et le degré de pauvreté dans les zones urbaines et rurales d'un certain nombre de pays. En général, on voit d'après ces données qu'il y a une interaction entre la pauvreté et la malnutrition d'une part et la santé des enfants d'autre part. En outre, cette relation peut dépendre du niveau d'hygiène générale dans l'environnement de l'enfant. Par exemple, l'incidence des maladies diarrhéiques chez l'enfant est liée à la médiocrité de l'hygiène individuelle et de l'assainissement ainsi qu'à une moindre résistance à la maladie du fait de la malnutrition. La diarrhée entraîne une perte de poids qui, normalement, est passagère chez l'enfant bien nourri mais qui peut se prolonger en cas de malnutrition. Des infections à répétition peuvent accroître la malnutrition qui à son tour fragilise l'enfant et le prédispose à une nouvelle infection et ainsi de suite: on peut parler alors de cycle diarrhée-malnutrition.

Tableau 2.2 Indicateurs sanitaires[a]

Pays	Mortalité infantile pour 1000 naissances vivantes		Mortalité juvénile pour 1000 (1 à 5 ans)	Espérance de vie à la naissance (en années)		Population en-dessous du seuil de pauvreté (%)	
	1983	1985		1983	1985	milieu urbain	milieu rural
Bangladesh	130	121	205	48	54	86	86
Equateur	70	45	95	63	64	30	65
Finlande	6	6	8	73	75	–	–
Haïti	130	125	190	53	54	55	78
Inde	110	114	165	53	54	40	51
Malaisie	30	17	41	67	70	13	38
Népal	140	140	215	46	52	55	61
Papouasie-Nouvelle Guinée	75	72	105	53	50	10	75
Paraguay	45	30	65	65	65	19	50
Philippines	50	57	85	65	63	32	41
Royaume-Uni	10	12	12	74	73	–	–
Sierra Leone	180	225	310	34	47	–	65
Thaïlande	48	12	60	63	63	15	34
Trinité et Tobago	24	19	28	70	67	–	39

[a] Tiré de UNICEF (1986) et OMS (1987c)

Maladies non transmissibles

Outre la teneur en germes pathogènes, il faut aussi tenir compte de la composition des eaux usées en raison des effets qu'elle peut avoir sur les récoltes ou les consommateurs. Il y a davantage de substances à surveiller (par exemple les métaux lourds, les composés organiques, les détergents, etc.) dans les zones industrielles urbanisées qu'en milieu rural. Toutefois, la teneur en nitrates est importante dans toutes les régions car en cas d'accumulation dans les eaux de surface et les eaux souterraines, ils peuvent avoir des effets sur la santé humaine (méthémoglobinémie chez les nourrissons), ainsi que sur l'équilibre écologique des étendues d'eau où se déversent les eaux de ruissellement ou des effluents à forte teneur en nitrates. C'est principalement l'emploi d'engrais chimiques qui est la cause de l'augmentation du taux de nitrates dans les eaux, encore qu'un assainissement médiocre ou une mauvaise utilisation des eaux usées puissent y contribuer voire, dans certains cas exceptionnels, être la cause principale des taux élevés de nitrates que l'on constate parfois, en particulier dans les eaux souterraines.

Propagation des maladies à partir des excréta

Transmission des maladies

C'est l'homme lui-même qui est le principal réservoir de la plupart des maladies qui l'affectent. La transmission de maladies véhiculées par les excréta d'un hôte à un autre (ou à l'hôte lui-même), s'effectue normalement selon l'une des voies indiquées sur la Figure 2.1

Figure 2.1 Voies de transmission des agents pathogènes présents dans les excréta

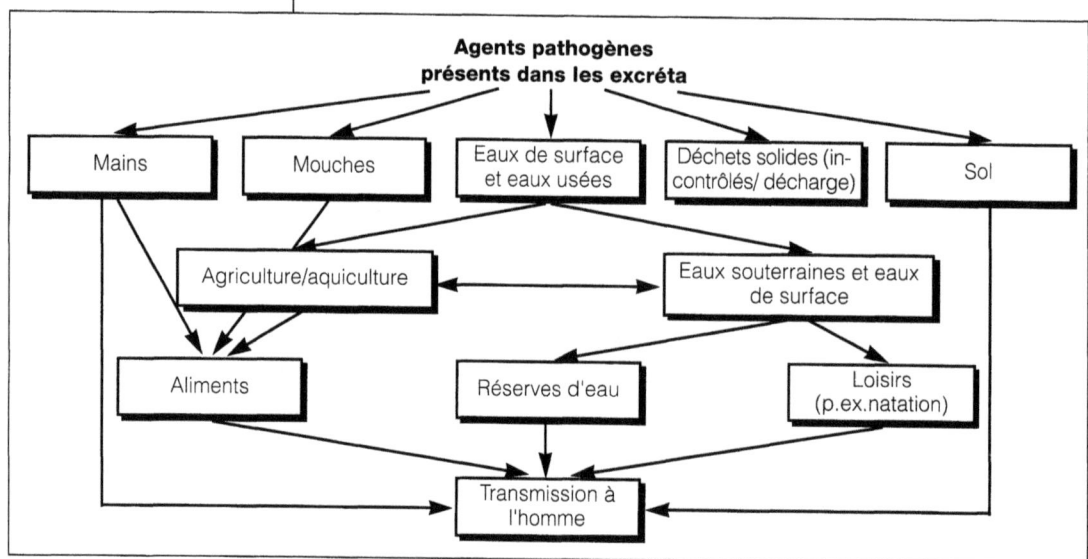

CHAPITRE 2. ASSAINISSEMENT ET TRANSMISSION DES MALADIES

Une mauvaise hygiène domestique ou individuelle, révélée par des voies de transmission qui impliquent les aliments et les mains, peut souvent compromettre, voire réduire à néant, les avantages que la santé publique serait à même de tirer d'une meilleure élimination des excréta. Comme le montre la figure, la plupart des voies de transmission des maladies liées aux excréta sont les mêmes que pour les maladies d'origine hydrique, puisqu'elles dépendent de la transmission oro-fécale (maladies à transmission hydrique et maladies à transmission par manque d'ablutions) ou sont liées à la pénétration d'un organisme à travers la peau (maladies à support hydrique avec hôtes aquatiques ou à support tellurique mais sans transmission oro-fécale ou encore maladies transmises par un insecte vecteur qui se reproduit sur les excréta ou dans les eaux sales). Le Tableau 2.3 donne des exemples de maladies liées aux excréta ainsi que des détails sur le nombre d'affections et de décès annuels.

Tableau 2.3 Morbidité et mortalité associées à diverses maladies liées aux excréta

Maladie	Morbidité	Mortalité (nombre de décès annuels)	Population à risque
Maladies à transmission hydrique ou par manque d'eau			
Diarrhée	au moins 1500 millions d'épisodes chez les moins de 5 ans	4 millions chez les moins de 5 ans	plus de 2000 millions
poliomyélite	204 000	25 000	
typhoïde et paratyphoïde	500 000-1 million	25 000	
nématodes	800-1000 millions d'infections	20 000	
Maladies à support hydrique			
schistosomiase	200 millions	plus de 200 000	500-600 millions
Maladies à support tellurique			
ankylostomiase	900 millions d'infections	50 000	

Comme le montre le Tableau 2.3, ce sont les maladies diarrhéiques et les helminthiases qui sont à l'origine du plus grand nombre de cas annuels, encore que leur caractère débilitant soit extrêmement variable. Les taux d'infestation et de décès sont relativement élevés dans le cas de la schistosomiase. L'impact socio-économique de ces maladies ne doit ni être négligé ni sous-estimé. Pour illustrer un peu mieux notre propos nous examinerons de plus près le cas de la schistosomiase.

Schistosomiase

La schistosomiase ou bilharziose se contracte par suite de contacts répétés avec des eaux de surface contaminées par des excréta humains (urines et matières fécales) contenant des schistosomes (OMS, 1985). Les contacts peuvent avoir lieu lors d'activités agricoles, aquicoles ou durant les loisirs (natation par exemple), en tirant de l'eau, ou encore lors de la lessive ou de la toilette. Parmi toutes les maladies parasitaires, le schistosomiase vient au deuxième rang, immédiatement après le paludisme, sur le plan socio-économique et du point de vue de la santé publique dans les zones tropicales et subtropicales.

En 1990, la schistosomiase existait à l'état endémique dans 76 pays en développement. On estimait alors que plus de 200 millions de personnes vivant en milieu rural et dans les zones agricoles étaient infestées, 500 à 600 millions d'autres étant exposées au risque, pour des raisons tenant à la pauvreté, à l'ignorance, à une hygiène insuffisante ou encore à un logement insalubre avec peu ou pas d'installations sanitaires.

Tout comme les personnes présentant des symptômes évidents, celles qui ne sont que légèrement infestées sont faibles et léthargiques avec une capacité de travail et une productivité réduites.

Comme le montre la Figure 2.2, le parasite se développe dans l'organisme de gastéropodes qui en sont les hôtes intermédiaires. La forme libre du parasite (cercaire) pénètre dans la peau humaine et la maladie apparaît dès que l'infestation est suffisamment intense. L'assainissement devrait permettre de faire baisser considérablement l'incidence de maladies telle que la schistosomiase. Toutefois dans ce

Figure 2.2 Le cycle de transmission de la schistosomiase

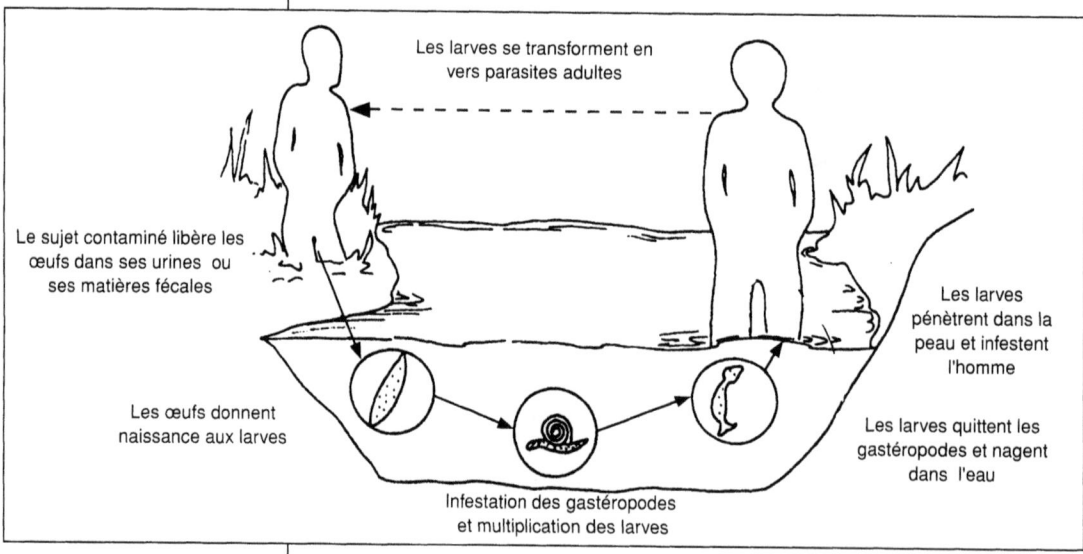

cas particulier, comme dans bien d'autres d'ailleurs, des mesures complémentaires comme par exemple la fourniture d'une eau de consommation saine permet également d'interrompre la transmission en réduisant les contacts avec l'eau contaminée. Une action éducative en matière sanitaire visant à faire comprendre aux habitants le rôle qu'ils peuvent jouer dans la transmission et la nécessité d'utiliser des latrines, peut être très profitable aux personnes qui vivent dans les régions d'endémie. Comme les jeunes enfants sont souvent très infestés, l'habitude d'utiliser des latrines, prise de bonne heure, notamment à l'école, favorisera l'adoption d'une bonne hygiène.

Réutilisation des excréta et des eaux usées en agriculture

L'assainissement n'est pas toujours le seul facteur à prendre en considération lorsqu'on cherche à établir une corrélation entre l'élimination des excréta et la transmission des maladies d'une collectivité à l'autre ou à l'intérieur d'une même collectivité. La réutilisation des excréta (qu'ils soient non traités ou plus ou moins traités) comme engrais, de même que celle des eaux usées et notamment des eaux ménagères, à diverses fins, mais plus spécialement pour l'irrigation, peut également être à l'origine de maladies. Dans nombre de pays où la demande d'eau est supérieure à l'offre, l'utilisation d'eaux usées pour l'irrigation des cultures vivrières destinées à l'homme ou aux animaux peut avoir d'importants effets sur la santé de la collectivité. Ce problème revêt une importance particulière dans les régions où la pauvreté du sol et un revenu insuffisant pour acheter des engrais et des conditionneurs de sol incitent à utiliser des excréta humains et animaux pour amender et fertiliser le sol. Les dangers que comportent ces pratiques dépendent de plusieurs paramètres, notamment:

— le degré (ou l'absence) de traitement avant réutilisation;
— le type de culture;
— la méthode d'irrigation;
— l'ampleur de la réutilisation;
— l'incidence et le type des maladies dans le secteur;
— l'état de l'air, du sol et des eaux.

Ce sont tous ces facteurs, à côté d'autres pratiques agricoles, qui conditionnent la situation des groupes les plus exposés à l'infection. En cas de réutilisation des eaux usées et des excréta, ce sont les helminthiases et en particulier l'ankylostomiase, l'ascaridiase et la trichocéphalose dont l'incidence risque le plus d'augmenter; dans certaines circonstances, les infections schistosomiennes peuvent également être en augmentation sensible. L'impact sur les infections bactériennes, comme le choléra et la diarrhée est beaucoup moindre, les infections virales étant les moins tributaires de ces pratiques (Mara & Cairncross, 1989; OMS, 1989).

Caractéristiques épidémologiques des germes pathogènes

Survie des germes

On trouvera au Tableau 2.4 la durée de survie et d'autres caractéristiques épidémiologiques des micro-organismes dans différents milieux; il faut noter que ces durées sont approximatives et dépendent de facteurs locaux tels que le climat et le nombre (concentration) ainsi que l'espèce des micro-organismes.

Infectivité et latence des germes pathogènes

Outre la durée de survie d'un agent infectieux, c'est-à-dire sa persistance dans le milieu, il est bon de connaître son infectivité et sa latence. L'incidence d'une maladie peut être élevée alors même que le germe pathogène responsable ne conserve sa virulence que peu de temps après l'excrétion. Cela peut s'expliquer par le fait que le micro-organisme est infectieux à faible dose comme c'est le cas par exemple pour les kystes de protozoaires. La durée de latence d'un micro-organisme, c'est-à-dire la période qui s'écoule entre le moment où il quitte son hôte et où il devient infectieux, peut varier de zéro dans le cas de certaines bactéries à plusieurs semaines pour les œufs d'helminthes. Par exemple les œufs de schistosomes ont une période de latence de plusieurs semaines au cours de laquelle ils se développent dans leur hôte intermédiaire pour donner des cercaires infestantes qui nagent librement (Figure 2.2); toutefois les œufs et les

Tableau 2.4 Caractéristiques épidémiologiques des agents pathogènes excrétés[a]

Agent pathogène	Période de latence	DI_{50}[b]	Durée de survie dans les eaux usées	le sol	les cultures
Bactéries	0	$>10^4$		de quelques jours à 3 mois	
Vibrio cholerae	0	10^8	~ 1 mois	< 3 semaines	< 5 jours
Coliformes fécaux	0	~ 10^9	~ 3 mois	< 2 mois	< 1 mois
Virus	0	inconnue	plusieurs mois	plusieurs mois	1 à 2 mois
Entérovirus[c]	0	100	~ 3 mois	< 3 mois	< 2 mois
Protozoaires (kystes)	0	10-100		quelques jours à quelques semaines	
Entamoeba spp	0	10-100	25 jours	< 3 semaines	< 10 jours
Helminthiases[d]	variable	1-100	plusieurs mois	plusieurs mois	plusieurs mois
Ancylostoma spp	1 semaine	1	3 mois	< 3 mois	< 1 mois
Ascaris spp	10 jours	quelques-uns	~ 1 an	des mois	< 3 mois
Douves[e]	6-8 semaines	quelques-unes	aussi longtemps que l'hôte[f]	quelques heures[f]	quelques heures[f]

[a] Sources: Feachem et al (1983); OMS (1987a)
[b] La DI_{50} est le nombre de micro-organismes nécessaire pour faire apparaître des symptômes chez 50% des sujets.
[c] Y compris les cocksakievirus, les échovirus et le poliovirus.
[d] Œufs ou larves/certaires.
[e] Sauf *Fasciola hepatica* mais y compris *Schistosoma* spp.
[f] Hors de son hôte aquatique, l'agent pathogène ne survit que quelques heures. Chez son hôte, la durée de survie est égale à celle de l'hôte

cercaires ne survivent que quelques heures si elles ne peuvent pénétrer dans un nouvel hôte (hôte intermédiaire ou hôte humain). En revanche, les œufs d'ascaris peuvent devenir infectieux dans les dix jours qui suivent l'excrétion (période de latence) mais il leur arrive de demeurer dans le sol pendant au moins une année tout en conservant leur pouvoir infestant (persistance).

Lutte contre les maladies liées aux excréta

Il est possible de lutter contre les maladies liées aux excreta, voire de les éradiquer, en interrompant la transmission en un ou plusieurs points. L'assainissement est l'un des moyens d'interrompre la transmission. Par exemple les latrines utilisant des siphons permettent de réduire le nombre de gîtes larvaires des culicinés qui sont les vecteurs de la filariose; le traitement des excréta avant leur rejet permet de tuer les œufs et les kystes d'un grand nombre de parasites de l'homme (*Ascaris*, *Entamoeba*, et *Schistosoma* spp), évitant ainsi la contamination du sol et de l'eau.

Relation entre la santé et la méthode d'élimination

Techniquement, l'objectif de l'élimination hygiénique des excréta est d'isoler les matières fécales afin que les agents infectieux ne puissent pas parvenir jusqu'à un nouvel hôte. La méthode retenue pour telle ou telle zone ou région dépend de nombreux facteurs et notamment des conditions géologiques et hydrogéologiques locales, des mœurs et des préférences des différentes collectivités, des matières premières disponibles localement et du coût (à court terme et à long terme).

Il faut également se préoccuper de savoir quelles sont les maladies endémiques dans la zone en question. La survie des germes pathogènes endémiques (œufs, kystes, agents infectieux) ainsi que la destination et la réutilisation éventuelle des différents produits de l'élimination ou du traitement des eaux usées peuvent avoir des effets très importants sur l'incidence des maladies dans le secteur en cause, voire dans les secteurs voisins.

Lors de la planification des projets de développement visant à améliorer l'assainissement, il faudra voir quels sont les sites où les conséquences de ces projets peuvent être négatives ou au contraire positives pour la santé, en prenant en considération l'ensemble des paramètres susmentionnés. Ces projets pourront ainsi avoir le maximum d'impact sur l'incidence des maladies liées aux excréta et aux eaux usées.

CHAPITRE 3
Considérations socio-culturelles

La mise en place de systèmes individuels d'assainissement va beaucoup plus loin que la simple mise en œuvre d'une technique déterminée — il s'agit d'une intervention qui entraîne des changements très importants sur le plan social. Pour que les améliorations proposées en matière d'assainissement soient largement acceptées en milieu rural ou urbain, il faut que lors de la planification et de la mise en œuvre des projets, un certain nombre de facteurs socio-culturels soient dûment pris en compte. Cela implique la connaissance du fonctionnement des sociétés, et en particulier des collectivités et des ménages qui la composent, ainsi que des facteurs susceptibles de favoriser le changement.

La structure sociale

Il faudra examiner les institutions à caractère politique, économique et social qui interviennent au niveau national ou local, qu'il s'agisse des pouvoirs publics, de l'administration, des congrégations, des établissements scolaires primaires et secondaires, des familles ainsi que des diverses formes de pouvoir et d'autorité généralement admises par la majorité de la population. Il importe également de déterminer quels sont les rôles et les comportements des individus et des groupes sociaux et d'identifier ceux qui ont traditionnellement la charge de l'approvisionnement en eau, de l'hygiène du milieu ou encore qui sont à l'origine des pratiques d'hygiène dans la famille et notamment des habitudes défécatoires des enfants, etc.

Croyances et pratiques d'ordre culturel

L'identité des groupes et des collectivités, le rôle respectif des hommes et des femmes, l'importance relative attachée aux différentes formes d'autorité et la manière dont elles s'exercent sont autant de facteurs qui sont sous la dépendance de la culture, c'est-à-dire de tout ce que les sociétés humaines se transmettent: le langage, les lois, les coutumes, les croyances et les normes morales. La culture conditionne le comportement humain selon des modalités très diverses et, notamment, elle définit le statut attaché aux différents rôles joués par les individus et détermine quels comportements individuels et sociaux sont jugés acceptables. Dans nombre de contextes culturels, par exemple, ce sont les personne âgées qui traditionnellement exercent autorité et influence à l'intérieur de la famille et de la collectivité.

En ce qui concerne les comportements dans le domaine de l'hygiène, la défécation est considérée comme une question intime que l'on répugne à aborder ouvertement et l'enfouissement des matières fécales est largement pratiqué comme moyen de chasser les mauvais esprits. Dans certaines sociétés, tout contact avec des matières fécales est intolérable pour certains individus et ce sont les groupes les plus défavorisés ou appartenant à des castes inférieures qui ont la charge de les éliminer. Des tabous peuvent également contraindre certains groupes sociaux à utiliser des installations sanitaires qui leur sont propres.

Le mode de nettoyage anal utilisé dans la collectivité constitue une pratique culturelle à examiner car elle a des conséquences techniques immédiates. En effet la conception du système d'assainissement variera selon que l'on utilise de l'eau, des pierres, des épis de maïs ou d'épaisses feuilles de papier.

La culture influe également sur la manière dont les gens perçoivent et apprécient leur cadre de vie. Les investissements consentis dans l'assainissement ont pour but d'améliorer la santé en permettant aux ménages de vivre dans un environnement salubre. Pour trouver des solutions techniques acceptables, il y a toute une série logique de questions qu'il faut se poser. D'où les problèmes qui peuvent apparaître lorsque les comportements varient énormément d'une communauté à l'autre au sein d'un même environnement physique. Il n'est pas possible d'appliquer des règles préétablies. Toutefois le comportement des individus sur le plan de l'hygiène repose en général sur des bases rationnelles et les gens ont souvent conscience de ce que l'origine de leurs maladies se trouve dans l'environnement. Nombre de sociétés connaissent avec précision les ressources que leur environnement physique peut leur apporter en matière de médecine curative et préventive, mais aussi les maladies dont il peut être la cause. Par ailleurs, la perception qu'ils ont de leur environnement n'est pas uniquement physique, elle possède également une dimension sociale et une dimension spirituelle. Cette conception globale de l'environnement imprègne nombre de croyances et de coutumes d'ordre culturel qui influent sur les modes d'utilisation de l'eau et le comportement en matière d'hygiène. On trouvera plus loin quelques exemples de ces croyances.

Les idées en matières d'hygiène

Même si certaines collectivités ne connaissent pas les explications que la médecine moderne donne des maladies, elles ont souvent leurs idées sur la pureté et sur la pollution. De toutes les ressources en eau à leur disposition pour les besoins domestiques, certains ménages pourront considérer que c'est l'eau courante qui est la plus acceptable pour la boisson car elle est exposée à la lumière solaire; elle est considérée comme «vivante» et donc «pure», alors que l'eau d'un puits peu profond qui ne possède pas ces attributs, leur paraîtra ne convenir qu'à la lessive et à la cuisine. On a observé que les collectivités avaient tendance à utiliser les ressources que leur offre leur environnement — comme par exemple des bambous pour amener l'eau courante d'une rivière jusqu'au village — de préférence à l'eau d'un puits, certes d'accès plus commode, mais que sa couleur, son goût et son odeur font rejeter.

Les notions de propreté et de saleté, de pureté et de souillure sont très développées dans la plupart des grandes religions du monde et à côté de leur signification physique, elles prennent un sens rituel et spirituel. Lorsqu'on dit à des gens que le nouveau système d'assainissement va rendre leur environnement «plus propre», le sens qui sera donné à ce terme sera celui qui correspond à leur propre interprétation du concept de propreté. Ce que on entend par «propre» peut avoir un sens très différent pour le promoteur du projet et pour l'usager. Il est donc essentiel de bien comprendre quels sont les sens traditionnels donnés aux concepts de propreté et de saleté, de pureté et de souillure ou de pollution avant de se lancer dans une campagne visant à faire accepter un projet d'amélioration de l'assainissement ou de modifier le comportement de la population pour qu'elle suive de nouvelles normes de «propreté» (Simpson-Hebert, 1984).

Croyances relatives à l'hygiène et à la maladie

Les études effectuées sur la diarrhée apportent la preuve de la valeur que les collectivités attachent à la propreté et par là, à l'assainissement du milieu. La perception qu'ont les gens de la diarrhée est de trois ordres: physique, social et spirituel. Très souvent, on connaît les causes physiques, et, même si la responsabilité des germes pathogènes n'est pas indiquée explicitement, il semble que l'on comprenne que la maladie se transmet par la voie oro-fécale. Dans les ménages, on pourra associer la diarrhée à l'existence d'un environnement pollué, aux aliments abandonnés à l'air libre, à la présence d'eau sale et de mouches. Cette idée se retrouve dans certaines descriptions pittoresques de la pollution (de Zoysa et al., 1984):

— *«Il nous faut boire l'eau du barrage où les animaux et les enfants se baignent et cette eau sale nous rend malades»*
— *«Les mouches se posent sur les saletés qu'elles mangent et de là, sur les aliments que nous avons oublié de recouvrir et elles crachent sur notre nourriture.»*

Comme l'assainissement individuel vise à améliorer l'environnement physique, il a des chances d'être facilement accepté en tant que moyen de faire reculer l'incidence des maladies.

De même, les causes sociales et spirituelles sont considérées comme importantes; il peut s'agir par exemple des écarts de conduite d'une femme, de pratiques de sorcellerie, etc. Il ne faut cependant pas penser que ces causes apparemment sans lien les unes avec les autres correspondent à des façons d'appréhender la maladie divergentes ou qui s'excluent mutuellement. En fait, elles sont souvent entremêlées dans la vie réelle et s'inscrivent dans une conception globale de l'environnement.

Il faut s'efforcer de déterminer de quelle manière on peut canaliser de façon positive les croyances, les connaissances et l'action que la collectivité exerce sur son environnement. Il faut de la perspicacité pour distinguer les croyances et les pratiques rituelles susceptibles de conduire à une bonne hygiène, de celles qu'il est nécessaire de modifier.

La dynamique du changement

Au cours du temps, des adaptations se produisent dans la structure sociale et les mœurs de toutes les sociétés. Elles peuvent résulter des contacts entre les sociétés ou de modifications de l'environnement physique, telles que par exemple une longue période de sécheresse. En outre, des changements dans la pratique du développement ou dans l'aide internationale peuvent avoir une influence sur les buts et les priorités nationaux dans différents secteurs ou régions. Il est important de se demander de quelle manière surviennent ces changements et dans quels domaines ils s'exercent.

La dynamique du changement exerce sur les diverses sociétés un profond impact qui s'exprime par l'uniformisation croissante, semble-t-il, des pays et des cultures. Sur le plan démographique, cela se traduit par exemple par une croissance rapide de la population et une migration intérieure des zones rurales vers les villes, parallèlement au développement de l'urbanisation.

Réactions au changement

Les réactions des individus et des groupes à la vie urbaine, à la vie de l'entreprise ou aux technologies nouvelles résultent des valeurs, du vécu et des comportements qui ont été les leurs au cours du temps en tant que membres de telles ou telles collectivités ou sociétés. Certains groupes ou individus sont plus ouverts aux changements et mieux à même de s'y adapter que d'autres. A la base de la décision d'accepter ou de rejeter une innovation, il y a des particularités qui tiennent à l'individu, au ménage ou au groupe pris dans leur contexte local, physique, social, économique, culturel et démographique.

Si l'accès à l'école peut faciliter la prise de conscience des avantages pour la santé d'un meilleur assainissement, la possibilité de se procurer les installations correspondantes est liée au revenu du ménage. L'expérience personnelle et la démonstration des différentes technologies possibles peuvent aider à convaincre les gens de ce que l'investissement consenti leur procurera des avantages compensant largement les coûts. Les collectivités locales et les notables peuvent également contribuer à faire passer ces notions en mettant en avant des facteurs auxquels les gens du lieu sont susceptibles d'attacher du prix.

CHAPITRE 3. CONSIDÉRATIONS SOCIO-CULTURELLES

Il peut s'agir du statut social conféré par le fait de posséder une installation sanitaire ou simplement de l'intérêt d'une telle installation du point de vue du confort. De même, certains facteurs tels que l'accroissement rapide de la population qui conduit à la promiscuité peuvent faire ressortir davantage la nécessité de disposer d'un système d'assainissement moderne.

La résistance au changement a bien des causes. Il peut s'agir d'un ressentiment vis-à-vis des «experts» extérieurs qui ne connaissent guère les coutumes locales et dont on pense qu'ils ont davantage intérêt à la modernisation du système que les gens du cru. La désunion peut exister au sein des instances dirigeantes de la collectivité. Par exemple, ceux qui sont détenteurs de l'autorité traditionnelle peuvent, par crainte de perdre leur pouvoir et leur statut social, s'opposer aux innovations chaudement recommandées par ceux qui, de par leur formation ou leur rôle politique, représentent l'élite. Les nouvelles technologies peuvent être rejetées pour des raisons d'esthétique ou encore entrer en conflit avec des usages établis en matière de comportement individuel et social. En outre, les ménages peuvent être très différents les uns des autres eu égard à certains facteurs tels que les ressources financières, le travail ou le temps disponible et chacun a ses propres priorités. Pour ceux dont les ressources sont limitées, le coût à brève échéance d'un système apparemment «bon marché» peut être trop élevé par rapport aux ressources dont ils disposent pour se nourrir, s'abriter et se vêtir. En outre, l'investissement que représentent des latrines peut être très lourd pour les ménages s'il faut beaucoup de temps pour les nettoyer, si elles sont difficiles à utiliser ou obligent à un changement radical des habitudes sociales (Pacey, 1980). Il ne faut pas oublier non plus que l'argent et la main d'œuvre disponibles peuvent être sujets à des variations saisonnières. Autrement dit, il est important que les initiatives en faveur de tel ou tel projet d'assainissement soient prises en temps opportun, par exemple en fonction de la saison agricole, car cela conditionne les réactions locales.

La structure démographique, les facteurs économiques et l'attitude des ménages vis-à-vis de l'assainissement varient au cours du temps. L'expérience montre qu'à partir du moment où l'on commence à améliorer son logement, il est probable que l'on va songer davantage à installer des latrines. On peut donc par exemple inciter les ménages à se doter de latrines en leur faisant comprendre que cela contribuera à la modernisation de leur logement. Les projets doivent être assez souples pour permettre aux ménages de se doter d'un système d'assainissement individuel non seulement s'ils en ont le désir, mais encore s'ils possèdent les ressources financières nécessaires. De fait, le mieux est de proposer à chaque collectivité toute une gamme de techniques d'assainissement individuel afin que les ménages puissent faire un choix qui corresponde à l'évolution de leurs besoins et de leurs priorités.

Conclusion

Il est préférable de chercher à voir s'il existe une demande pour un meilleur assainissement que de proposer directement des techniques jugées valables pour la collectivité. Il faut pour cela que s'instaure entre les fournisseurs et les usagers une coopération qui passe par le dialogue et l'échange d'informations. En ce qui concerne l'acceptation ou le rejet d'une nouvelle technologie, ce sont les usagers qui ont le dernier mot. Ce sont eux qui peuvent assurer le succès d'un projet car la valeur d'un investissement n'est pas seulement conditionnée par le soutien que lui apporte la collectivité, elle dépend plus précisément du consentement des ménages et des particuliers. Il faut que ces derniers soient convaincus que les avantages d'un meilleur assainissement obtenu grâce à une technologie nouvelle, en compensent plus que largement le coût. De même, c'est au fournisseur à apprécier dans quel contexte et sous quelles contraintes d'ordre social se prennent les décisions individuelles. Il lui faut apprendre de la collectivité en cause en quoi une amélioration de l'assainissement risque d'entraîner une réaction négative et, également, quels peuvent être les aspects positifs des valeurs, des croyances et des pratiques communautaires que l'on peut canaliser pour assurer le changement.

CHAPITRE 4
Options techniques

Nous aborderons dans ce chapitre différents systèmes d'assainissement, en indiquant brièvement comment ils conviennent à des situations particulières, les contraintes que leur usage impose et leurs inconvénients. On examine ici la totalité des options, y compris les systèmes collectifs ainsi que certains qui sont déconseillés à cause de leur danger pour la santé et aussi à cause d'autres inconvénients. Chaque communauté devra choisir l'option la plus commode et la plus facile à réaliser qui soit capable de fournir la protection sanitaire nécessaire. Le choix de la formule la plus appropriée implique une analyse complète de tous les facteurs et notamment le prix, l'acceptabilité culturelle, la simplicité de conception, de construction, d'utilisation et d'entretien, ainsi que la disponibilité locale de matériaux et de main d'œuvre qualifiée. On trouvera dans la partie II des détails complémentaires sur la conception, la construction et l'entretien de ces systèmes.

Défécation à l'air libre

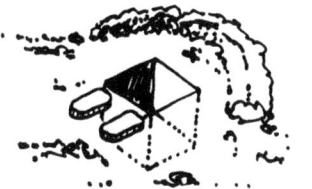

Quand il n'y a pas de latrines, les gens s'installent à l'air libre. Ce peut être soit n'importe où, soit dans des endroits réservés à cet usage et acceptés en général par la communauté, comme un terrain réservé à la défécation ou un tas de déchets ou de fumier, ou encore sous des arbres. La défécation en plein air attire les mouches, qui répandent les maladies d'origine fécale. Dans les terrains humides, les larves des vers intestinaux se développent et, de même que les excréments, elles peuvent être transportées par l'homme ou les animaux. L'eau qui ruisselle des lieux de défécation entraîne une pollution des eaux réceptrices. En raison du risque pour la santé et aussi de la dégradation de l'environnement qu'entraîne cette pratique, on ne doit pas tolérer la défécation à l'air libre dans les villages et autres agglomérations. Il existe de meilleures formules qui assurent le confinement des excréta et permettent de rompre le cycle de réinfection par les agents pathogènes d'origine fécale.

Feuillées

Il arrive que les gens qui travaillent aux champs creusent un petit trou pour faire leurs besoins et le recouvrent ensuite avec les déblais. C'est ce qu'on appelle quelquefois «la méthode du chat». Des feuillées de 300 mm de profondeur peuvent servir pour plusieurs semaines. La terre excavée est mise en tas près de la fosse et on en utilise un peu après chaque usage. La décomposition est ici rapide à cause de la forte population bactériennc de la terre végétale, mais les mouches s'y reproduisent en grand nombre et lorsque les excréments sont enterrés à moins d'un mètre de profondeur, les larves peuvent remonter et pénétrer ensuite dans la plante des pieds des utilisateurs suivants.

Avantages	Inconvénients
Ne coûte rien	Nuisance considérable
Profitable en tant qu'engrais	Propagation des larves d'ankylostomes

Latrine à simple fosse

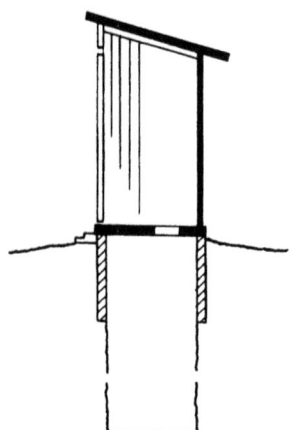

C'est une simple planche ou dalle posée en travers d'une fosse de 2 m ou plus de profondeur. Solidement soutenue tout le tour, elle doit s'appuyer sur un rebord suffisant pour que l'eau de surface ne rentre pas dans la fosse. Si les parois de la fosse risquent de s'ébouler, il faut un revêtement de protection. Les excréments tombent directement dans la fosse par un simple trou à la turque ou un siège percé.

Avantages	Inconvénients
Ne coûte presque rien	Nuisance considérable à cause des mouches (et des moustiques si la fosse est humide), à moins d'installer un couvercle ajusté sur le trou de la planche ou de la dalle quand on n'utilise pas la latrine.
Réalisable par l'usager	
N'a pas besoin d'eau pour fonctionner	
Facile à comprendre	

Latrine à trou foré

On peut utiliser comme latrine un puits foré avec une tarière, manuellement ou à la machine. Le diamètre est souvent de 400 mm, avec une profondeur de 6 à 8 m.

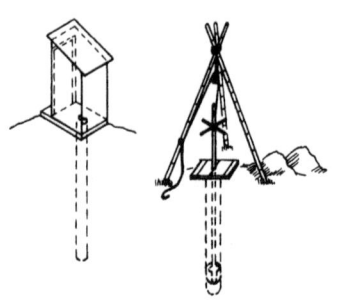

Avantages	Inconvénients
Le travail est rapide si on dispose d'un équipement de forage. Convient à un usage de durée limitée, par exemple, après une catastrophe.	Souillure possible des parois avec, comme conséquence, la prolifération des mouches.
	Durée de vie limitée à cause de la faible section.
	Risque plus important de pollution de la nappe phréatique par suite de la profondeur du trou.

CHAPITRE 4. OPTIONS TECHNIQUES

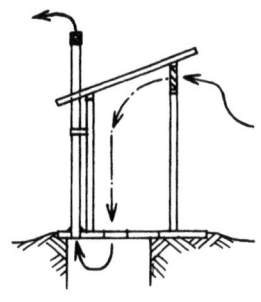

Latrine à fosse ventilée

On peut réduire considérablement la prolifération des mouches et les odeurs si la fosse est ventilée au moyen d'un tuyau débouchant au-dessus du toit, avec une grille anti-mouches au sommet. L'intérieur de la cabane doit rester sombre. Ce type de latrine est connu sous le nom de latrine à fosse autoventilée ou encore de latrine à aération améliorée (LAA).

Avantages	Inconvénients
Bon marché	N'est pas antimoustique
Réalisable par l'usager	Supplément de prix pour
N'a pas besoin d'eau pour	le tuyau de ventilation
fonctionner	Obscurité indispensable à
Facile à comprendre	l'intérieur.
N'attire pas les mouches	
Pas d'odeurs dans la cabane	

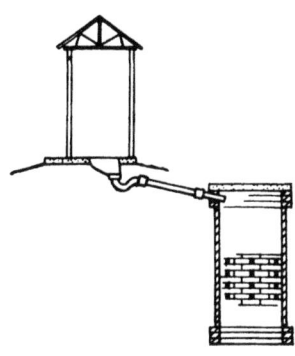

Latrine à chasse d'eau

On peut installer sur la latrine un siphon, qui constitue un joint d'étanchéité, et dont on chasse les excréments par une quantité d'eau suffisante pour expulser les solides dans la fosse et rétablir le niveau du siphon. Ce siphon empêche les mouches, les moustiques et les odeurs de remonter de la fosse à la latrine. La fosse peut être décalée de la cuvette au moyen d'un bout de tuyau ou d'une rigole couverte qui les relie l'une à l'autre. La cuvette d'une latrine à chasse d'eau est posée sur le sol et elle peut être installée dans une cabane.

Avantages	Inconvénients
Bon marché	Nécessite une bonne source
Eloigne mouches et moustiques	d'eau (même en quantité limitée)
Absence d'odeur dans la latrine	Inutilisable lorsqu'on se sert de
Contenu de la fosse invisible	produits solides pour le
	nettoyage anal
Donne aux utilisateurs la commodité d'un WC	
Peut être améliorée par un raccordement au réseau d'égouts le moment venu	
Système décalé	
La cuvette repose sur le sol	
La latrine peut être abritée par une cabane	

Latrine à fosse simple ou double

Dans les zones rurales ou les zones urbaines peu peuplées, on a l'habitude de creuser une deuxième fosse quand la première est remplie jusqu'à cinquante centimètres de la dalle percée. Si la cabane et la dalle sont légères et préfabriquées, on peut les transporter sur la nouvelle fosse. On comble ensuite la première fosse avec de la terre. Au bout de deux ans, les matières de la première fosse auront subi une décomposition totale et même les plus persistants des germes pathogènes auront été détruits. Quand on a besoin d'une deuxième fosse, on peut enlever le contenu de la première (ce qui est plus facile que de creuser un sol non travaillé) et la réutiliser. Le contenu récupéré peut s'utiliser comme amendement.

Une autre solution consiste à construire en même temps deux fosses à parois revêtues assez importantes pour que chacune puisse recevoir des excréments solides pendant deux ans ou plus. On utilise la première fosse jusqu'à ce qu'elle soit pleine, puis la seconde, également jusqu'à remplissage. A ce moment là, on peut vider la première fosse et utiliser son contenu comme engrais sans risque pour la santé et la fosse redevient utilisable comme latrine.

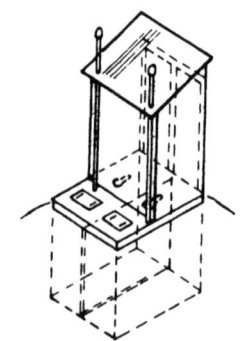

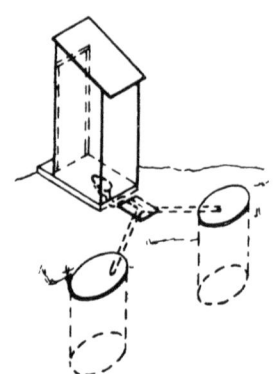

Avantages de la simple fosse	Avantages de la double fosse
Dure plusieurs années si elle est largement calculée	Une fois construites, les deux fosses deviennent plus ou moins permanentes
	Extraction facile des matières solides car les fosses sont peu profondes
	Au bout de 2 ans, le contenu des fosses peut être utilisé sans traitement comme amendement en toute sécurité

Latrine à compostage

Dans cette latrine, les excréta tombent dans un réservoir étanche où l'on verse des cendres ou de la matière végétale. Si l'on assure le degré d'humidité voulu et un bon équilibre chimique, le mélange va se décomposer pour donner en à peu près quatre mois un excellent amendement agricole. Les bactéries pathogènes sont tuées dans le compost alcalin sec, qu'on peut récupérer pour servir d'engrais. Il existe deux modèles de latrines à compostage: l'une fonctionnant en continu (latrine permanente), et l'autre en discontinu avec deux réservoirs (latrine alternante).

Avantages	Inconvénients
On obtient un humus de qualité	Un exploitation soigneuse est essentielle.
	Avec la latrine alternante on doit recueillir les urines séparément
	Cendres et matière végétale doivent être ajoutées régulièrement

Fosse septique

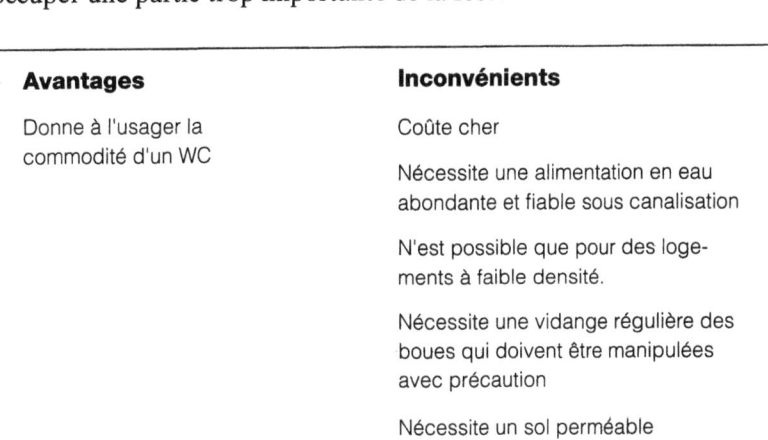

Une fosse septique est une chambre de décantation enterrée étanche qui reçoit les eaux vannes par un tuyau de chute dans lequel débouche la plomberie de l'habitation ou autre bâtiment. Les eaux vannes sont partiellement traitées dans la fosse par la séparation des matières solides qui forment un dépôt boueux et des flottants. L'effluent sort de la fosse par un puisard ou des drains et imprègne le sol voisin. Le système fonctionne correctement lorsque le sol est perméable, non saturé d'eau et à l'abri des inondations, à condition qu'on retire périodiquement le dépôt afin qu'il ne finisse pas par occuper une partie trop importante de la fosse.

Avantages	Inconvénients
Donne à l'usager la commodité d'un WC	Coûte cher
	Nécessite une alimentation en eau abondante et fiable sous canalisation
	N'est possible que pour des logements à faible densité.
	Nécessite une vidange régulière des boues qui doivent être manipulées avec précaution
	Nécessite un sol perméable

Cabinet à eau

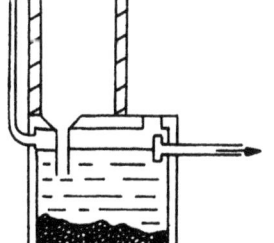

Le cabinet à eau comporte un réservoir étanche placé sous le sol de la latrine. Les matières tombent directement dans ce réservoir par un tuyau dont l'extrémité inférieure plonge dans le liquide, ce qui crée un joint hydraulique qui empêche mouches, moustiques et odeurs de remonter. Le réservoir se comporte comme une fosse septique et l'effluent s'infiltre dans le sol par un puisard. Le dépôt de matières solides (boues) doit être régulièrement vidangé. On doit ajouter assez d'eau pour compenser l'évaporation et les fuites.

Avantages	**Inconvénients**
On n'a pas besoin d'une canalisation d'eau sur place	Il faut de l'eau dans le voisinage.
Moins cher qu'une fosse septique	Plus cher qu'une latrine à fosse ventilée ou à chasse d'eau.
	Les mouches, les moustiques et les odeurs réapparaissent si le joint hydraulique disparaît faute d'eau.
	Nécessite une vidange régulière des boues qu'il faut manipuler avec précaution.
	Nécessite un sol perméable.

Systèmes d'évacuation des excréta

Latrine suspendue

On appelle ainsi une latrine située en surplomb de la mer, d'une rivière ou toute autre étendue d'eau dans laquelle les excréments tombent directement. S'il existe un fort courant, il emporte les excréments. On avertira les collectivités des risques que le contact ou l'usage de l'eau dans laquelle sont tombés les excréta impliquent pour la santé.

Avantages	**Inconvénients**
Peut constituer la seule possibilité pour les collectivités qui vivent sur l'eau ou à proximité	Risques graves pour la santé
Bon marché	

Latrine à tinette

Cette latrine comporte un seau ou autre récipient — la tinette — qui reçoit les matières fécales (ainsi que quelquefois l'urine ou les produits de nettoyage anal) et qu'on enlève périodiquement pour traitement ou élimination. les excréta éliminés de cette manière sont désignés sous le nom de «gadoues».

Avantages	Inconvénients
Faible coût initial	Mauvaise odeur
	Attire les mouches
	Risques pour les ramasseurs et les utilisateurs de ces gadoues
	Le ramassage est à rejeter pour des raisons tant physiques qu'écologiques

Cuves et fosses d'aisances

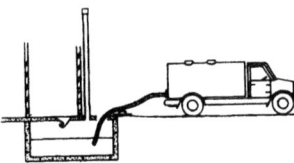

Dans certains endroits, on construit des cuves ou compartiments étanches sous les latrines ou à côté pour emmagasiner les excréments jusqu'à ce qu'ils soient vidangés, soit manuellement, avec des seaux ou récipients analogues, soit par une citerne à dépression. Les eaux usées domestiques peuvent également être emmagasinées dans des réservoirs de forte capacité, ou fosses d'aisances, vidangés par citerne à dépression.

Avantages	Inconvénients
Satisfaisant pour l'utilisateur quand il existe un service de ramassage fiable et sûr	Coûts de construction et de ramassage élevés
	La vidange manuelle comporte encore plus de risques pour la santé que les latrines à tinette
	Un ramassage irrégulier peut être la cause d'un débordement des réservoirs
	Il faut une infrastructure efficace.

Tout à l'égout

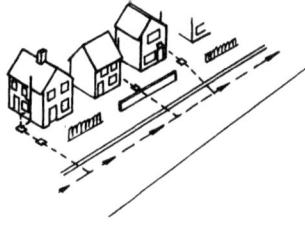

L'évacuation des WC et autres types d'eaux usées se fait par un réseau d'égouts qui les emmène soit à une station de traitement, soit directement à la mer ou à un cours d'eau.

Avantages	Inconvénients
L'utilisateur n'est pas concerné par ce qui arrive après qu'il a tiré la chasse d'eau	Construction très coûteuse
	Il faut une infrastructure efficace pour la construction, l'utilisation et l'entretien.
Pas de nuisance au voisinage du logement	On a besoin d'une desserte en eau fiable et abondante (on recommande 70 l par jour et par personne)
Les effluents traités peuvent servir à l'irrigation	Si l'évacuation se fait dans un cours d'eau, il faut un traitement adéquat pour éviter la pollution.

On a expérimenté des égouts d'un diamètre inférieur à l'usage courant (égouts à faible section), construits à faible profondeur et aussi à faible déclivité. La plupart de ces systèmes exigent au niveau de chaque immeuble une fosse de décantation pour retenir les éléments solides, fosse qui devra être vidangée de temps à autre. Certains de ces systèmes semblent convenir à l'assainissement d'un nombre important d'immeubles à forte densité de logements.

PARTIE II
Détails de la conception, de la construction, de l'exploitation et de l'entretien

CHAPITRE 5
Aspects techniques de l'évacuation des excréta

Déjections d'origine humaine

Volume des déjections fraîches d'origine humaine

La quantité d'excréments et d'urine rejetée quotidiennement par un individu varie considérablement selon la consommation d'eau, le climat, le régime alimentaire et l'activité professionnelle. Pour obtenir une détermination précise en un lieu donné, il faut une mesure directe. Dans le Tableau 5.1 on trouve quelques quantités moyennes de fèces excrétées par des adultes (en grammes par personne et par jour).

Même dans les groupes relativement homogènes, il peut y avoir d'importantes variations dans les quantités d'excréments produits. Par exemple, Egbunwe (1980) donne 500 à 900 g de fèces par individu et par jour au Nigéria oriental. En général, les adultes actifs qui ont un régime alimentaire riche en fibres et vivent en zone rurale ont des matières plus abondantes que les enfants ou les adultes d'un certain âge qui vivent en zone urbaine et consomment une nourriture pauvre en fibres. Selon Shaw (1962) et Pradt (1971) la quantité totale d'excréta est d'environ 1 litre par personne et par jour.

La quantité d'urine dépend beaucoup de la température et de l'humidité, et oscille en moyenne de 0,6 à 1,1 litre par jour et par personne.

En l'absence de données locales, on peut considérer que les chiffres ci-dessous constituent une moyenne raisonnable:

— régime riche en protéines en climat tempéré : fèces 120g, urine 1,2 litre par personne et par jour
— régime végétarien en climat tropical : fèces 400 g par personne par jour, urine 1,01 litre par personne et par jour.

Tableau 5.1 Quantité de fèces humides par adulte (en grammes par personne et par jour)

Lieu	Quantité	Référence
Chine (hommes)	209	Scott (1952)
Inde	255	Macdonald (1952)
Inde	311	Tandon &Tandon (1975)
Pérou (paysans indiens)	325	Crofts (1975)
Ouganda (villageois)	470	Burkitt et al (1974)
Malaisie (ruraux)	477	Balasegaram & Burkitt (1976)
Kenya	520	Cranston & Burkitt (1975)

Décomposition des fèces et des urines

Dès que les excréta sont déposés, ils commencent à se décomposer et sont finalement transformés en un produit stable, sans mauvaise odeur et contenant des nutriments végétaux intéressants. La décomposition comporte les processus suivants :

- Les composés organiques complexes, comme les protéines et l'urée, sont dégradés en formes plus simples et plus stables.
- Il se forme des gaz, comme l'ammoniac, le méthane, le gaz carbonique et l'azote, qui se dissipent dans l'atmosphère.
- Il y a production de substances solubles qui, dans certaines circonstances, sont entraînées dans le sol, sous-jacent ou environnant, ou emportées par une chasse ou par les eaux souterraines.
- Les bactéries pathogènes sont détruites car elles ne peuvent survivre dans l'environnement créé par la décomposition.

La décomposition est essentiellement due à des bactéries, même si des champignons ou d'autres organismes peuvent aussi y contribuer. L'activité bactérienne peut être soit aérobie, c'est-à-dire s'exercer en présence d'air ou d'oxygène libre (par exemple à la suite d'une défécation avec miction sur le sol) ou anaérobie, c'est-à-dire dans un environnement sans air ni oxygène libre (par exemple, dans une fosse septique ou au fond d'une fosse d'aisances). Il y a des cas où des phases aérobies ou anaérobies se succèdent tour à tour. Quand les bactéries aérobies ont consommé tout l'oxygène, des bactéries aérobies et anaérobies facultatives prennent la relève, jusqu'à l'entrée en scène finale des micro-organismes anaérobies.

Les bactéries pathogènes peuvent être détruites car la température et l'humidité du matériau en cours de décomposition créent des conditions hostiles. Ainsi, lors de la décomposition d'un mélange de fèces et de déchets végétaux dans des conditions totalement aérobies, la température peut s'élever jusqu'à 70 °C, ce qui est trop élevé pour la survie des micro-organismes intestinaux. Les bactéries pathogènes peuvent également être attaquées par des bactéries ou des protozoaires prédateurs, ou se trouver en compétition défavorable lorsque les nutriments sont en quantité limitée.

Volume des déjections décomposées

A mesure que les excréta se décomposent, leur volume et leur masse diminuent pour les raisons suivantes :
— l'évaporation de l'humidité
— la production de gaz qui, généralement, se dissipent dans l'atmosphère
— le lessivage des substances solubles
— le transport des substances insolubles par les liquides environnants
— le tassement au fond des fosses et des réservoirs sous le poids des solides et liquides qui viennent se superposer.

CHAPITRE 5. ASPECTS TECHNIQUES DE L'ÉVACUATION DES EXCRÉTA

Fig. 5.1. Taux d'accumulation du dépôt et de l'écume dans 205 fosses septiques aux Etats-Unis (de Weibel et al., 1949)

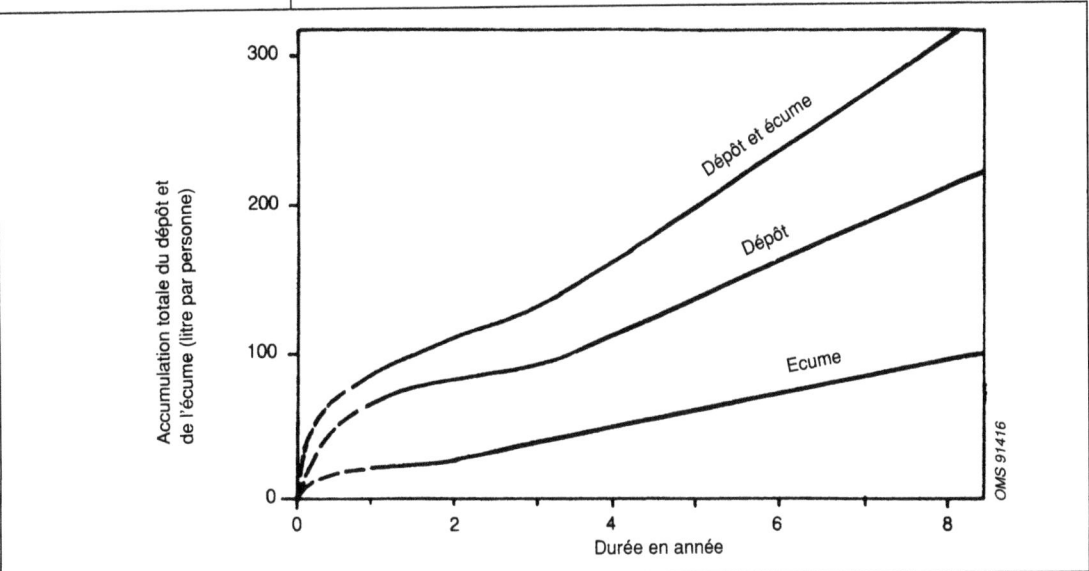

On connaît mal le rythme de cette diminution de volume, mais on sait que l'élévation de la température est un facteur important (Mara & Sinnatamby, 1986). Weibel et al. (1949) ont mesuré la vitesse d'accumulation des boues dans 205 fosses septiques aux Etats-Unis d'Amérique (voir fig. 5.1). On trouvera au Tableau 5.2. d'autres valeurs publiées par différents auteurs.

La vitesse d'accumulation des boues est conditionnée par l'endroit où se produit la décomposition (en dessus ou au-dessous de la nappe phréatique) ainsi que par le type de matériau utilisé pour le nettoyage.

Tableau 5.2. Vitesse d'accumulation des excréta (litres par personne et par an)

Lieu	Excréta accumulés	Remarques	Référence
Zimbabwe	20	Latrine régulièrement lavée à grande eau. Matériaux de nettoyage anal dégradables	Morgan & Mara (1982)
Bengale occidental	25	Fosse humide – utilisation d'eau d'ablution	Wagner & Lanoix (1958)
Bengale occidental	34	Fosse humide	Baskaran (1982)
Philippines	40	Fosse humide. Matériaux de nettoyage anal dégradables	Wagner & Lanoix (1958)
Etats-Unis	42	Fèces (adultes); moitié pour les enfants	Geyer et al (1968)
Brésil	47	Fosse sèche	Sanches & Wagner (1954)
Philippines	60	Fosse sèche, matériaux de nettoyage anal dégradables	Wagner & Lacroix (1958)

La décomposition en profondeur dans l'eau provoque une plus forte réduction du volume que la décomposition à l'air libre. Ceci provient de ce que le tassement est meilleur, la décomposition plus rapide et les matériaux fins plus rapidement enlevés par le courant d'eau. Les matériaux de nettoyage anal varient considérablement d'un lieu à l'autre, depuis ceux qui tiennent peu ou pas de place, comme l'eau, jusqu'à ceux qui sont plus gros que les excréta, comme les épis de maïs, les sacs de ciment ou les pierres.

Lors de l'étude d'une latrine, il est fortement recommandé de mesurer la vitesse d'accumulation des boues au lieu considéré. En l'absence de telles données, on considérera comme des maxima les valeurs données au Tableau 5.3. On a quelques raisons de penser que ces valeurs sont plutôt élevées. Toutefois, si on ajoute des déchets aux excréta, la vitesse d'accumulation a des chances d'être beaucoup plus élevée.

Tableau 5. 3. Vitesses maximales estimatives d'accumulation des boues (en litres par personne et par an)

	Vitesse d'accumulation des boues
Déchets retenus dans l'eau lorsqu'on utilise des matériaux dégradables de nettoyage anal	40
Déchets retenus dans l'eau lorsqu'on utilise des matériaux non dégradables de nettoyage anal	60
Déchets retenus en milieu sec lorsqu'on utilise des matériaux dégradables de nettoyage anal	60
Déchets retenus en milieu sec lorsqu'on utilise des matériaux non dégradables de nettoyage anal	90

Lorsque les excréta ne sont stockés que pour de courtes périodes, comme c'est le cas dans les latrines à double fosse ou les toilettes à compostage, le processus de contraction peut ne pas être terminé lors de la vidange. Dans ce cas, on devra obligatoirement compter avec une vitesse d'accumulation plus importante que celle indiquée ci-dessus. A titre indicatif, on pourra la majorer de 50%.

Caractéristiques des terrains

Les caractéristiques des terrains influent sur le choix et la conception des systèmes d'assainissement et on devra tenir compte des cinq facteurs ci-après :

— capacité portante du sol;
— résistance des parois des fosses à l'effondrement;
— profondeur d'excavation;
— vitesse d'infiltration;
— risque de pollution de l'eau souterraine.

Capacité portante du sol

Toutes les structures ont besoin de fondations, et certains sols ne peuvent admettre que des matériaux légers par suite de leur mauvaise capacité à supporter des charges — les sols marécageux ou tourbeux — en constituent des exemples évidents. En général, on peut admettre sans risque qu'un terrain convenant à la construction d'une maison sera assez solide pour porter les superstructures d'une latrine construite dans les mêmes matériaux, pourvu que les parois de la fosse soient correctement revêtues.

Résistance des parois des fosses à l'effondrement

De nombreux types de latrines exigent l'excavation d'une fosse, Jusqu'à preuve du contraire (par exemple, l'existence d'un puits peu profond et non revêtu intérieurement qui ne s'est pas effondré) on recommande un revêtement sur toute la profondeur. De nombreux sols se révèlent autoporteurs, notamment les sols cohérents, comme les argiles et les limons et les sols naturellement liés comme les latérites ou les roches tendres. Leurs qualités autoporteuses peuvent cependant disparaître avec le temps par suite de changements dans la teneur en humidité ou la décomposition de l'agent liant au contact de l'air ou de l'humidité. Il est presque impossible de savoir quand ces changements risqueront d'avoir lieu on même s'ils se produiront. Le revêtement doit en tous cas permettre la percolation des liquides dans le sol environnant.

Profondeur d'excavation

Un terrain meuble, un rocher dur ou de l'eau souterraine voisine de la surface limitent la profondeur d'excavation manuelle avec des outils simples. Pour casser les gros rochers on peut allumer un feu tout autour, puis les arroser d'eau froide. On peut creuser au-dessous du niveau de la nappe et dans un sol meuble en utilisant un caisson (voir Chapitre 7), mais c'est une technique coûteuse, généralement inadaptée à la construction de latrines par les usagers eux-mêmes.

Vitesse d'infiltration

Le type de sol conditionne la rapidité avec laquelle les liquides s'infiltrent à partir des fosses et des tranchées de drainage. Les argiles qui gonflent à l'humidité peuvent devenir imperméables. D'autres sols, comme les limons et les sables fins, peuvent être perméables à l'eau claire mais ne pas laisser passer des effluents contenant des solides dissous ou en suspension.

Les opinions varient quant aux surfaces où se produit l'infiltration. Par exemple, Lewis et al. (1980) recommandent de ne s'occuper que de la base des fosses ou des tranchées de drainage et de ne pas tenir compte du flux latéral (infiltration pariétale). Mara (1985b) et d'autres, en revanche, estiment que l'infiltration ne se produit qu'à travers les parois latérales, car le fond est rapidement colmaté par les boues. Jusqu'à plus ample informé, il est recommandé de concevoir les fosses et les tranchées en admettant qu'il y a infiltration par les parois latérales jusqu'au niveau maximal du liquide. Pour les tranchées, on tiendra compte de l'aire des deux parois.

La vitesse d'infiltration dépend aussi du niveau de la nappe phréatique par rapport à celui du liquide de la fosse ou de la tranchée. Dans la zone insaturée, le débit du liquide dépend de la gravité, ainsi que des forces de cohésion et d'adhésion qui se manifestent dans le sol. Les variations saisonnières peuvent modifier la teneur en air et en eau des pores du sol, et par voie de conséquence influer sur l'écoulement. Pour établir le projet, on se référera aux conditions de fin de la saison des pluies, parce que c'est l'époque où le niveau de la nappe est au plus haut. Dans la zone saturée, tous les pores sont remplis d'eau et le drainage est fonction de la dimension de ces pores et de la différence de niveau entre le liquide de la fosse ou de la tranchée et celui de la nappe.

La porosité du terrain influe aussi sur l'infiltration. Dans les sols à gros pores, comme le sable et le gravier, dans les roches comme le grès ainsi que dans les sols fissurés, le drainage est facile. Les limons et les sols argileux ont en revanche de très petits pores et tendent à arrêter l'eau. C'est aussi le cas pour les sols chargés de matières organiques, mais les racines des plantes et des arbres disloquent le sol et font apparaître des trous par où les liquides sont rapidement drainés.

Dans les sols insaturés, le débit des eaux souterraines est une fonction compliquée de la dimension, de la forme et de la distribution des pores et des fissures; il dépend aussi de la chimie du sol et de la présence d'air. La vitesse d'écoulement est normalement inférieure à 0,3 m par jour, sauf dans les roches fissurées et les gros graviers, où elle peut atteindre 5 m par jour, d'où un accroissement de la pollution des eaux souterraines.

Colmatage des pores

Les pores du sol finissent par être colmatés par les effluents provenant des fosses ou des tranchées de drainage, ce qui peut ralentir et même arrêter toute infiltration. L'engorgement peut provenir :

— du blocage des pores par des solides qui restent après la filtration du liquide;
— de la prolifération de micro-organismes et de leurs déchets;
— du gonflement des minéraux argileux;
— de la précipitation de sels insolubles.

Quand un liquide commence à s'infiltrer dans un sol insaturé, les bactéries aérobies décomposent une bonne partie des matières organiques filtrées à partir du liquide, laissant ainsi des pores libres pour le passage de l'air et de l'effluent. Cependant, lorsque les matières organiques se sont tellement accumulées qu'elles empêchent l'air de passer à travers les pores, la décomposition (maintenant due aux bactéries anaérobies) ralentit et des dépôts épais et noirs de sulfures insolubles se constituent.

On peut réduire l'obstruction des pores en veillant à ce que l'infiltration soit uniforme dans tout le système. Un ouvrage mal conçu (notamment une tranchée) provoque souvent la concentration du liquide sur une faible section, d'où grande vitesse d'infiltration et engorgement. L'engorgement peut être réduit par un régime alternatif de «repos» et «d'activité». La zone d'infiltration peut être laissée au repos, c'est-à-dire être complètement drainée de son liquide pendant un certain temps avant que l'infiltration ne reprenne. Pendant cette période de repos, l'air arrive à la surface du sol et les bactéries anaérobies qui provoquent l'engorgement finissent par disparaître, ce qui permet à la surface de se décolmater.

Détermination du débit d'infiltration

Il est rarement possible de mesurer exactement le débit de l'effluent à la sortie des fosses et des tranchées de drainage, principalement du fait que le débit diminue à mesure que les pores se comatent. Il s'ensuit qu'on est amené à utiliser diverses règles empiriques. Certaines sont basées sur la vitesse de percolation de l'eau propre mesurée dans des excavations d'essai ménagées sur le terrain envisagé pour une fosse ou un champ d'épandage, en utilisant divers critères de conception pour obtenir différentes vitesses d'infiltration (US Department of Health, Education and Welfare, 1969 ; British Standards Institution, 1972). Laak et al. (1974) ont trouvé que, pour un large éventail de terrains, le débit d'infiltration de l'effluent était de 10 à 30 litres par mètre carré et par jour. Le chiffre de 10 litres par m^2 et par jour paraît une valeur raisonnable pour les applications générales. D'un autre côté une charge d'effluent de 200 litres par mètre carré et par jour est considérée comme utilisable en pratique aux Etats-Unis (US Department of Health, Education and Welfare, 1969) et Aluko (1977) a constaté que, au Nigéria, des ouvrages basés sur une charge d'effluents maximale de 294 l/m^2 par jour donnaient satisfaction. Les valeurs du Tableau 5.4 (US Environmental Protection Agency, 1980) sont recommandées pour calculer les dimensions des fosses et des tranchées de drainage lorsqu'on ne dispose pas de données réelles. Les valeurs indiquées pour les sols grossiers sont limitées pour éviter toute pollution éventuelle de la nappe phréatique et, de ce fait, peuvent paraître excessivement prudentes dans les zones où le problème ne se pose pas. Le gravier autorise des charges d'effluent beaucoup plus élevées, ce qui peut poser un problème dans des zones où une nappe peu profonde est utilisée pour la consommation humaine. Ce problème de pollution peut être partiellement résolu au moyen de barrières de sable, comme on le verra plus loin.

Tableau 5.4 Capacités d'infiltration recommandées[a]

Type de sol	Capacité d'infiltration, effluent décanté (en litres par mètre carré et par jour)
Sable grossier à moyen	50
Sable fin, sable limoneux	33
Limon sableux, limon	25
Argile silteuse poreuse et limon argileux silteux poreux	20
Limon silteux compact, limon argileux silteux compact et argile non gonflante	10
Argile gonflante	<10

[a] Source : US Environmental Protection Agency, 1980.

Risques de pollution des eaux souterraines

Dans ce qui suit sont examinés les effets probables sur les eaux souterraines des systèmes d'assainissement individuel, ainsi que les moyens de réduire ces effets. Lewis et al. (1980) ont examiné ces questions en détail.

Les effluents des fosses et des tranchées de drainage peuvent contenir des agents pathogènes et des substances chimiques susceptibles de contaminer l'eau de boisson. Par suite de leur taille relativement importante, les protozoaires et les helminthes disparaissent rapidement grâce à l'action filtrante du sol, mais les bactéries et les virus persistent plus longtemps. Le problème des bactéries et des virus pathogènes est abordé au Chapitre 2.

Parmi les substances chimiques qui apparaissent en général dans les eaux usées d'origine domestique, seuls les nitrates représentent une menace sérieuse pour la santé. Les nourrissons alimentés au biberon avec du lait reconstitué à partir d'eau à forte concentration en nitrates risquent d'être atteints de la «maladie bleue des nourrissons», la méthémoglobinémie, qui peut être fatale si elle n'est pas soignée. Selon certaines données, il est vrai contradictoires, de faibles concentrations de nitrates pourraient jouer un rôle dans la survenue du cancer de l'estomac (Nitrate Coordination Group, 1986).

Lorsque l'eau de boisson est contaminée par des effluents, c'est généralement qu'il y a eu pollution de la nappe qui alimente les puits et les forages. Un autre danger apparaît quand les effluents infiltrent le sol à faible profondeur au voisinage de canalisations dans lesquelles le débit est intermittent ou la pression de temps à autre très basse. Lorsque les canalisations sont pleines, l'eau fuit par les joints en mauvais état, les fissures et les trous; de même lorsque les canalisations sont vides ou sous pression réduite, les effluents peuvent y pénétrer par la même voie. *Les Directives pour la qualité de l'eau de boisson* (OMS, 1985-86) indiquent les concentrations acceptables de contaminants dans l'eau de boisson.

Purification dans des sols insaturés

Les effluents qui traversent un sol insaturé (c'est-à-dire un sol situé au-dessus du niveau de la nappe phréatique) sont purifiés par la filtration ainsi que par des processus biologiques et des processus d'adsorption. La filtration est la plus efficace dans l'humus où les pores sont colmatés. Dans les sols sableux, Butler et al. (1954) ont constaté une réduction impressionnante des coliformes dans les 50 premiers millimètres. Le passage des polluants provenant de fosses ou de tranchées nouvelles diminue à mesure que les pores s'engorgent.

A cause de leur petite taille, les virus ne sont que peu affectés par la filtration et leur disparition est pratiquement due à l'adsorption à la surface des particules du sol. Cette adsorption est maximale dans les sols très argileux, et elle est favorisée par un temps de séjour prolongé, c'est-à-dire lorsque le débit est faible. Comme le débit est beaucoup plus faible dans les zones insaturées situées au-dessus de la nappe phréatique, le contact entre le sol et l'effluent est également plus long, ce qui permet une meilleure adsorption. Les micro-organismes adsorbés peuvent être délogés par des chasses d'effluent ou à la suite de fortes chutes de pluie et passer alors dans les couches inférieures du sol.

Les virus, qu'ils aient été éliminés ou soient restés dans l'effluent, vivent plus longtemps aux basses températures (Yeager O'Brien, 1979). Les virus et les bactéries survivent également plus longtemps en milieu humide qu'en milieu sec, donc dans les sols qui retiennent bien l'eau plutôt que dans les sols sableux. Les bactéries ont une durée de vie plus longue en sol alcalin qu'en sol acide. Elles survivent également bien dans les sols qui contiennent des matières organiques, où elles peuvent, dans une certaine mesure, recommencer à se multiplier.

En général, il n'y a qu'un faible risque de pollution de la nappe phréatique quand il y a au moins deux mètres de sol relativement fin entre la fosse ou la tranchée de drainage et la surface de la nappe, à condition toutefois que le débit ne dépasse pas 50 mm par jour (ce qui équivaut à 50 litres par m^2 et par jour). On doit tabler sur une épaisseur plus grande dans les zones soumises à très fortes pluies, car l'augmentation de la vitesse d'infiltration qui résulte de la percolation de l'eau de pluie peut entraîner une pollution plus profonde.

Des fissures dans les roches peuvent permettre l'écoulement rapide vers la nappe sous-jacente d'effluents qui n'ont guère été débarrassés des micro-organismes. Les trous dans le sol dus aux racines des arbres et aux animaux fouisseurs produisent le même effet que les fissures.

Purification dans les eaux souterraines

Si l'on n'est guère renseigné sur la survie des virus ou des bactéries dans les eaux souterraines, on sait tout du moins qu'une température basse est favorable à la survie. Ainsi, les bactéries intestinales peuvent survivre jusqu'à trois mois dans l'eau fraîche (Kibbey et al., 1978). Des essais effectués sur le terrain indiquent que le trajet maximal des bactéries et des virus dans l'eau souterraine avant destruction correspond à la distance parcourue par l'eau en dix jours environ (Lewis et al. 1980).

Dans les sols à granulation fine et lorsque la source polluante est entourée d'une couche organique parvenue à maturité, le parcours peut être limité à 3 m, mais si la pollution pénètre dans de l'eau souterraine en écoulement rapide, elle risque de s'étendre jusqu'à 25 m en aval (Caldwell, 1937). La pollution suit le courant depuis la source, avec une dispersion horizontale et verticale limitée. Cependant, ce n'est pas le cas des sols fissurés, où, à la faveur des fissures, la pollution peut s'étendre jusqu'à plusieurs centaines de mètres, souvent dans une direction imprévisible.

Dans la plupart des cas, le chiffre de 15 m communément retenu pour la distance minimale entre la source de pollution et un prélèvement aval s'avère satisfaisant. Quand le prélèvement n'a pas lieu en aval de la pollution, mais latéralement ou en amont, la distance peut être beaucoup plus faible à condition que le prélèvement ne soit pas assez important pour détourner le courant dans sa direction. (Fig. 5.2). Cela vaut en particulier pour les zones densément peuplées alimentées par une nappe peu profonde.

Si on ne peut pas installer la latrine à distance suffisante du point d'eau, il faudra prélever l'eau à un niveau plus bas de la couche aquifère (Fig. 5.3). L'eau souterraine s'écoule essentiellement le long des couches géologiques (sauf en cas de fissures), avec peu de déplacement vertical. Si l'extraction reste modeste (on peut admettre le seau ou la pompe à main) et que le puits soit bien étanche dans la traversée de la zone polluée, il n'y a guère de risque de pollution.

Fig. 5.2. Zone de pollution d'une latrine à fosse

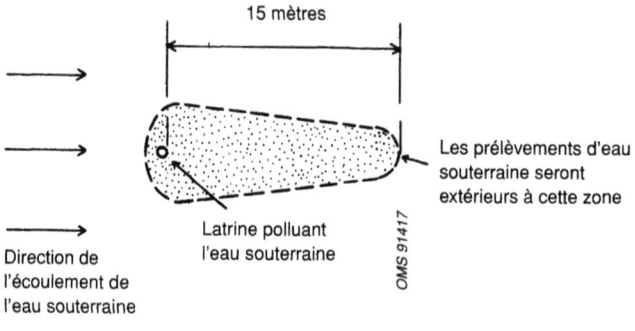

Fig. 5.3. Protection d'une pompe à main contre la pollution d'une latrine à fosse

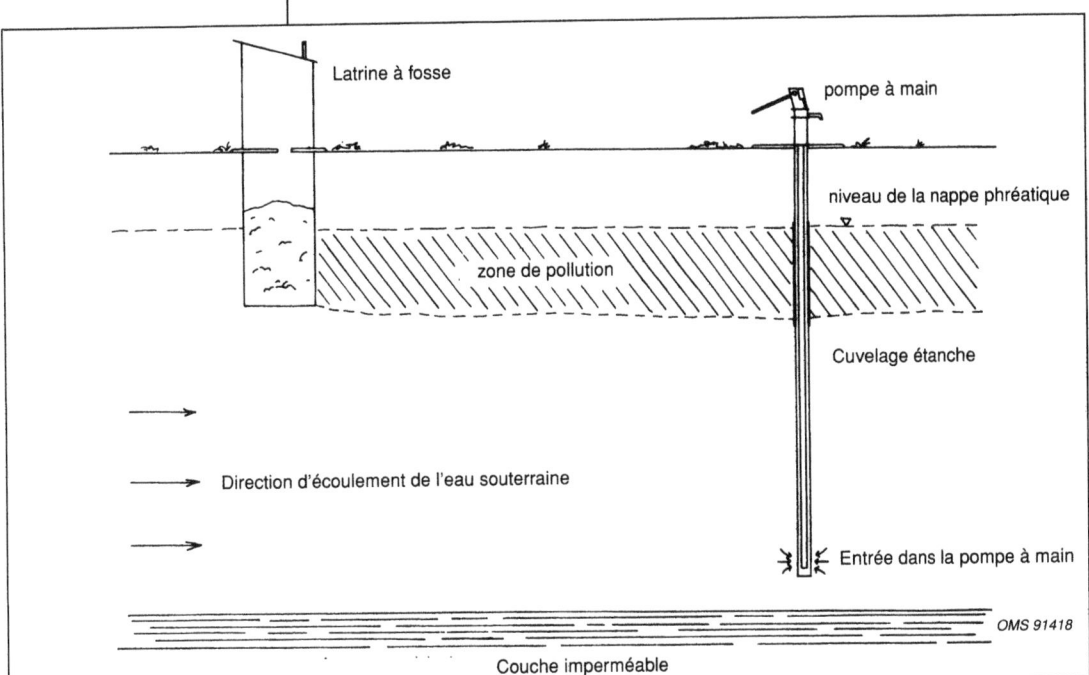

Importance de la pollution

S'il est vrai qu'il faut éviter la pollution fécale de l'eau de boisson, on ne doit pas exagérer les dangers de pollution des eaux souterraines que représente l'assainissement individuel. Une épaisseur de deux mètres de sol sableux ou limoneux insaturé sous une fosse ou une tranchée de drainage est capable de faire efficacement obstacle à la pollution de la nappe, et l'ampleur de la pollution latérale reste limitée. Lorsque la nappe est peu profonde, une barrière de sable disposée autour de la fosse peut empêcher la pollution (voir Fig. 5.4).

A moins d'un prélèvement local d'eau pour les besoins domestiques, la pollution de l'eau souterraine par l'assainissement individuel n'est guère dangereuse et de toute façon préférable aux risques considérables liés à la défécation à l'air libre. D'ailleurs si l'installation individuelle risque de polluer les puits d'eau potable, on peut toujours faire venir de l'eau de l'extérieur, ce qui est généralement moins coûteux et plus facile que de construire des égouts ou d'utiliser des citernes à dépression pour vidanger les excréments.

Fig. 5.4. Réduction de la pollution d'une latrine à fosse par une barrière de sable

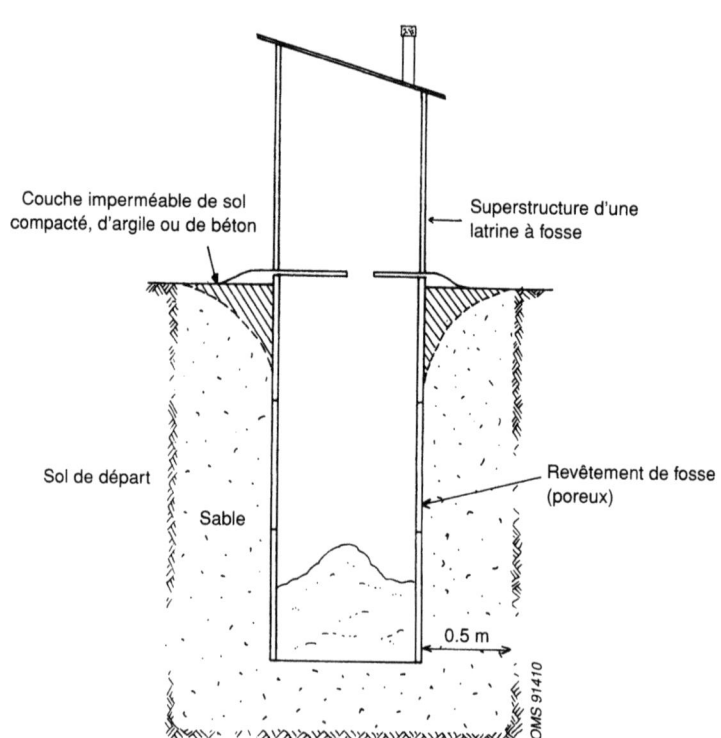

Problèmes posés par les insectes et la vermine

Insectes

De nombreux insectes sont attirés par les excréments, car ceux-ci constituent une source abondante de matières organiques et d'eau, qui sont essentielles à leur croissance. Du point de vue sanitaire, les plus importants sont les moustiques, les mouches domestiques, les mouches à viande et les blattes.

Moustiques

Certains moustiques, en particulier *Culex pipiens* et quelques espèces d'anophèles, se reproduisent dans l'eau polluée, comme celle de certaines latrines à fosse, par exemple. Contrairement aux mouches, il ne sont pas gênés par un faible éclairement, si bien que conserver les excréments dans un lieu obscur ne les empêche pas de se multiplier. Les solutions possibles sont une fosse totalement étanche ou la couverture de la surface du liquide au moyen d'une pellicule qui empêche les larves de respirer. Le pétrole ou certains produits chimiques sont efficaces à cet égard, mais risquent de contaminer l'eau souterraine. On peut utiliser à leur place de petites balles de matière plastique qui flottent à la surface et constituent une couverture mécanique. Heureusement, de nombreuses latrines ne présentent une surface libre que pendant très peu de temps, immédiatement après la mise en route ou la vidange car, ensuite, il se forme une couche d'écume qui empêche la reproduction des moustiques.

Mouches domestiques et mouches à viande

Ce sont des mouches de taille moyenne à grande, qui sont attirées par la nourriture et les excréments humains ainsi que par les détritus. On trouve les trois stades larvaires dans les excréta et les mélanges d'excréta et de matières végétales en décomposition. Un matériau consistant, humide, en cours de fermentation, est le mieux adapté à la reproduction de la mouche domestique, alors que la larve de la mouche à viande préfère des fèces plus liquides et peut d'ailleurs liquéfier de grandes quantités de matières fécales (Feachem et al., 1983). Les latrines à fosse ouverte sont un lieu idéal pour la reproduction des mouches.

Les mouches utilisent la vue et l'odorat pour trouver leur nourriture. Il est donc important, lorsqu'on étudie une latrine, de prévoir un lieu obscur pour les excréta et des grilles de protection sur tous les orifices de ventilation.

Blattes

Les blattes sont attirées vers les latrines par l'humidité et les matières organiques ; elles sont susceptibles de propager des maladies par les micro-organismes pathogènes qu'elles transportent. Si elles trouvent sur place la nourriture dont elles ont besoin, elles resteront où elles sont. Il faut donc installer les latrines aussi loin que possible des lieux où on conserve la nourriture pour empêcher les blattes d'aller d'un endroit à l'autre.

Rats

Pour les rats, les excréta sont une source de nourriture. S'ils viennent successivement en contact avec des excréta, puis avec de la nourriture destinée à l'homme, il y a possibilité de transmission de maladies. Ainsi, au Népal, il y a eu des problèmes à cause de rats qui creusaient des galeries vers les latrines à double fosse en entrant par les ouvertures laissées dans les parois des fosses. Il y a là non seulement un risque de propagation de maladies, mais aussi le fait qu'en fouissant, les rats déposent des volumes considérables de terre dans les fosses, qui se comblent alors très rapidement. Un revêtement complet sur 0,5 à 1 m à partir du sommet de la fosse devrait empêcher la pénétration des rats.

CHAPITRE 6
Utilisation et entretien

L'examen du problème montre qu'il y a de nombreuses possibilités. C'est d'ailleurs prévisible, puisque chaque projet a des caractéristiques propres, qui demandent une solution adaptée. Nombre de solutions constituent des variations ou des combinaisons d'autres conceptions, et il est impossible de toutes les décrire. Lorsqu'on projette un assainissement individuel, il faut étudier les principales options et les combiner afin d'obtenir la meilleure solution.

Le présent chapitre explique le fonctionnement des différents types de latrines décrits au Chapitre 4 et en discute les mérites relatifs. On trouvera au Chapitre 7 les détails de construction des différents éléments avec, au Chapitre 8, des exemples de calcul de quelques installations.

Latrines à fosse

Le principe de tous les types des latrines à fosse est que les déchets comme les excréta et les matériaux de nettoyage anal, les ordures ménagères et autres détritus sont déposés dans un trou ménagé dans le sol. Il y a percolation des liquides dans le sol environnant et décomposition des matières organiques, ce qui produit:

— des gaz, comme le dioxyde de carbone et le méthane qui sont libérés dans l'atmosphère ou dispersés dans le sol environnant;
— des liquides qui percolent dans le sol environnant;
— un résidu décomposé et solidifié.

Sous une forme ou une autre, les latrines à fosse sont largement utilisées dans la plupart des pays en développement. Leur intérêt sanitaire et leur commodité dépendent de la qualité de la conception, de la construction et de l'entretien. Au pire, les latrines mal conçues, mal construites et mal entretenues deviennent des foyers de transmission des maladies et ne valent pas mieux que la défécation au hasard. Au mieux, elles apportent une hygiène souvent au moins aussi bonne que d'autres méthodes plus élaborées.

Faciles à utiliser et à construire, elles sont d'un prix modique et peuvent être édifiées par les occupants de la maison avec un minimum d'aide extérieure; en outre elles interrompent efficacement la propagation des maladies. Ce sont là des avantages qui font des latrines à fosse la forme la plus pratique d'assainissement pour nombre de gens. Cela est particulièrement vrai lorsqu'il n'existe pas d'alimentation abondante, fiable et continue en eau sous canalisations.

Malheureusement, les échecs passés, surtout dans le cas d'installations publiques, ont tendance à décourager les hommes de terrain de plaider pour leur usage généralisé. Les objections à l'usage de latrines à fosse sont que, mal conçues et mal construites, elles peuvent être la cause d'odeurs déplaisantes et entraîner la prolifération d'insectes indésirables (notamment mouches, moustiques et blattes); en outre, elles risquent de s'effondrer et de produire une contamination chimique et biologique de l'eau souterraine. Avec des latrines à fosse correctement conçues, placées et construites il n'y a aucun problème de ce genre, si du moins on les utilise convenablement.

Durée d'utilisation prévue

En règle générale, les fosses sont conçues pour durer aussi longtemps que possible. Celles qui sont prévues pour au moins 25-30 ans ne sont pas rares et une durée de 15-20 ans est parfaitement raisonnable. Plus la fosse dure, moins son coût moyen annuel est faible et plus le bénéfice social de l'investissement de départ est important.

Dans certaines zones, la nature du terrain rend difficile un usage prolongé. Si la durée maximale prévisible est inférieure à dix ans, on doit sérieusement penser à un système à double fosse à utilisation alternative, pour lequel les fosses doivent durer deux ans au moins. Autrefois, on pensait qu'une année suffisait à la destruction de la plupart des micro-organismes pathogènes, mais on sait aujourd'hui qu'un nombre appréciable de micro-organismes peuvent vivre plus longtemps (voir Chapitre 2). En tout cas, le surcoût pour une durée de deux ans au lieu d'un an est minimal, à cause de la décomposition et du tassement du dépôt de la première année (voir Chapitre 5).

Forme des fosses

La profondeur de la fosse conditionne sa forme dans une certaine mesure. Les fosses profondes (plus de 1,5 m) sont généralement circulaires, alors que les moins profondes sont communément carrées ou rectangulaires. Plus la fosse est profonde, plus la charge qui s'exerce sur le revêtement des parois augmente. Aux faibles profondeurs, les revêtements intérieurs (béton, briquetage, etc.) suffisent généralement à soutenir le sol sans étude particulière. Les revêtements de fosse carrées ou rectangulaires sont en outre plus faciles à exécuter. Pour les profondeurs importantes, les revêtements circulaires sont structurellement plus stables et peuvent supporter des charges plus élevées.

Le plus souvent, les fosses ont un diamètre ou une largeur de 1-1,5 m, dimension commode pour le terrassier. La dalle de couverture est simple à dessiner et à construire, et réalisable à bon marché.

Vidange des fosses

La vidange d'une latrine à simple fosse contenant des excréments frais pose des problèmes à cause des germes pathogènes présents dans le dépôt de boues. Dans les zones rurales, où le terrain est abondant, on conseille souvent de creuser une deuxième fosse pour une nouvelle latrine. La première peut être abandonnée pour plusieurs années et quand la deuxième est pleine, il vaut mieux vider la première plutôt que creuser un nouveau trou dans un sol dur. Le dépôt ne crée aucun problème sanitaire et constitue un bon engrais. En revanche, en zone urbaine, où il n'est pas possible de creuser plusieurs fosses et où on a investi beaucoup dans le revêtement des parois et les superstructures, il faut vider les fosses.

Du point de vue de la santé publique, il faut éviter la vidange manuelle. Lorsque le niveau de la nappe est tel que la fosse est inondée, ou que la fosse est hermétique et munie d'un trop-plein efficace, les boues peuvent être vidangées par une citerne à dépression, comme celles qu'on utilise pour vider les fosses septiques ou les bouches d'égout (Fig. 6.1). Les pompes manuelles à diaphragme se sont jusqu'ici montrées si lentes et pénibles à actionner pour vider les fosses qu'elles ne sont que rarement utilisées.

Lorsque les fosses sont essentiellement sèches, leur contenu s'est en grande partie tellement solidifié que les citernes normales à dépression sont sans action. Outre cette difficulté, Boesch & Schertenleib (1985) ont résumé comme suit les problèmes posés par la vidange des fosses.

- Les engins mécaniques sont souvent trop encombrants pour arriver aux latrines. Les citernes normales à dépression sont trop grosses pour circuler dans le centre de nombreuses villes anciennes et dans les bidonvilles ou les zones essentiellement piétonnières.
- L'entretien des citernes à dépression est souvent médiocre. Les moteurs, qui doivent tourner pour entraîner le véhicule ou, à l'arrêt, pour entraîner la pompe, s'usent rapidement et sont sujets à des pannes fréquentes si l'entretien préventif est négligé.
- La gestion et la supervision des services de vidange sont souvent inefficaces.

Fig. 6.1. Citerne à dépression vidangeant une fosse septique

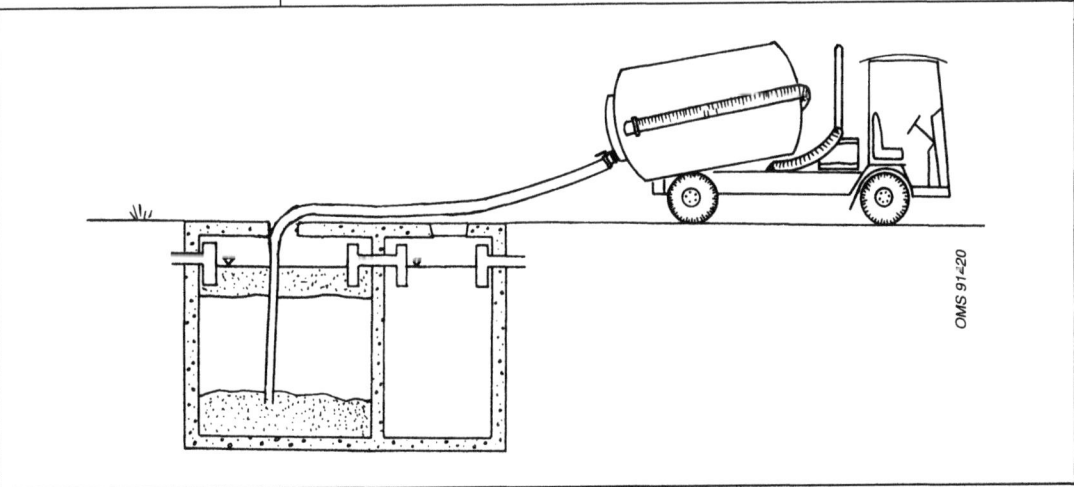

On a mis au point des citernes à dépression perfectionnées capables d'évacuer les boues tassées (Caroll, 1985; Boesch & Schertenleib, 1985) jusqu'à 60 m de distance, ce qui résout les problèmes d'accessibilité, En revanche, on perd beaucoup de temps pour installer, démonter et laver les tuyaux d'aspiration.

Une autre possibilité est de monter la pompe et le réservoir sur un engin de chantier très maniable ou sur plusieurs petits véhicules pour atteindre les latrines difficilement accessibles. L'inconvénient des petits réservoirs est de multiplier les allées et venues entre la latrine et le point de décharge. Il s'ensuit que la pompe est à l'arrêt pendant les trajets, à moins qu'on ne dispose de plusieurs petits réservoirs pour chaque pompe. Cela peut entraîner une augmentation considérable des frais lorsque le point de décharge est éloigné. On essaiera d'utiliser des réservoirs plus importants pour mieux amortir le prix élevé de la pompe.

On peut aussi utiliser un réservoir portable que l'on amène à proximité de la latrine, au besoin même en traversant la maison, réservoir qu'on reliera par une tuyauterie d'aspiration de faible diamètre au camion citerne (Fig. 6.2). Il est nécessaire qu'une sécurité positive d'arrêt du pompage intervienne lorsque le réservoir est plein afin d'éviter un entraînement du dépôt par le tuyau d'aspiration d'air jusqu'au filtre et au moteur. Les réservoirs seront d'une dimension telle qu'ils soient encore maniables en toute sécurité lorsqu'ils sont pleins, tout en étant aussi grands que possible pour limiter des manipulations trop nombreuses pour une latrine donnée (Wilson, 1987).

Fig. 6.2. Système de vidange par pompe à vide éloignée

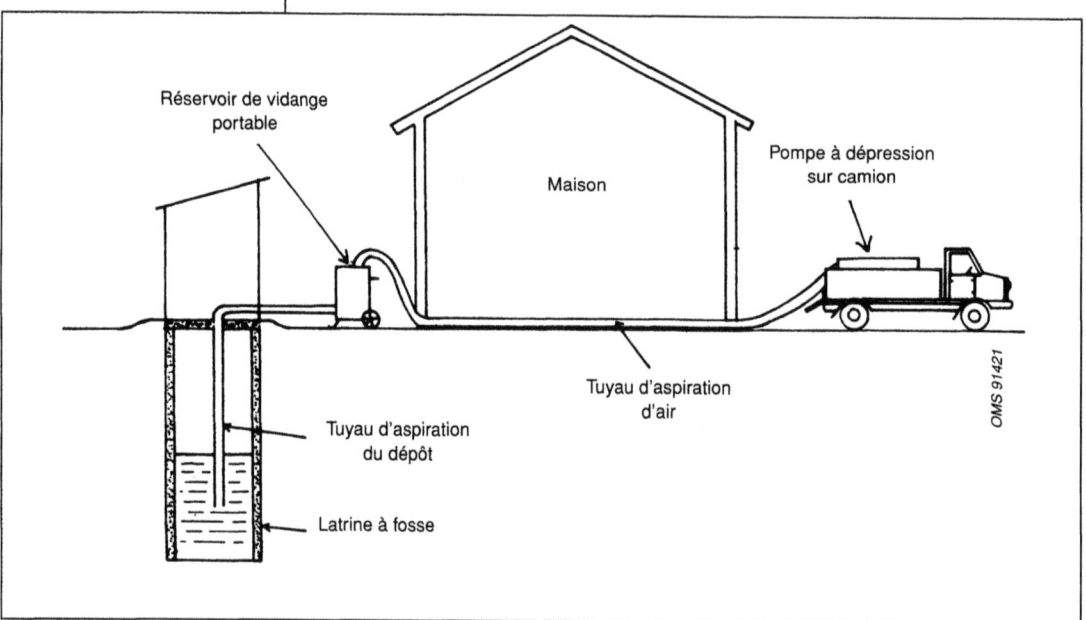

Tous ces systèmes sont relativement coûteux et exigent un entretien mécanique efficace pour assurer leur fiabilité. Dans toute la mesure du possible on choisira, dans la majorité des cas, le système le plus simple.

Latrines à simple fosse

La latrine à simple fosse (Fig. 6.3) consiste en un trou ménagé dans le sol (dont le revêtement intérieur peut être partiel ou total) recouvert d'une planche, d'une dalle ou d'un siège percé. On peut obturer le trou du siège ou de la dalle avec un couvercle ou un tampon qui empêche les mouches d'entrer et les odeurs de s'échapper pendant qu'on n'utilise pas la latrine.

La planche percée est généralement installée dans une superstructure qui assure abri et intimité à l'utilisateur. Cette superstructure n'a rien à voir avec la latrine, mais joue un rôle crucial dans l'acceptabilité de celle-ci par les usagers. Elle peut aller d'un simple abri constitué par des sacs ou des perches verticales jusqu'à un bâtiment de briques ou de parpaings qui coûte plus cher que le reste de l'installation. Le choix de ce bâtiment dépendra du revenu et des habitudes de l'usager.

Fig. 6.3. Latrine à simple fosse

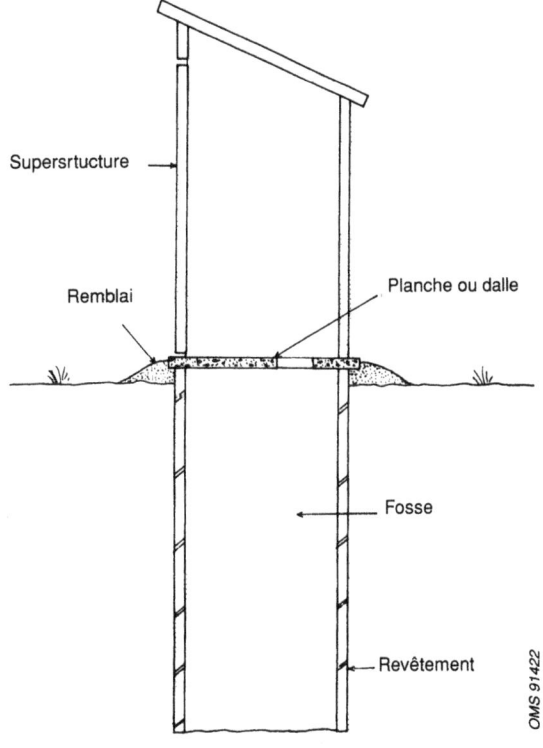

On posera la planche ou la dalle percées à 150 mm au-dessus du terrain environnant pour détourner l'eau de surface. En général, elle repose directement sur le revêtement intérieur mais, si celui-ci est très mince, comme un vieux fût d'huile par exemple, il peut être nécessaire d'utiliser une couronne en béton pour répartir la charge sur le revêtement et le sol environnant (Fig. 6.4)

La latrine à simple fosse est la forme la moins chère possible d'assainissement. Une fois construite, elle ne demande pas d'autre attention que de garder propre le sol autour de la latrine et de veiller à ce que le couvercle du trou soit refermé quand on ne l'utilise pas. Malheureusement, la superstructure est souvent infestée de mouches et de moustiques et très malodorante parce que les usagers ne remettent pas le couvercle en place. On a essayé d'installer des couvercles à fermeture automatique, mais ils ne sont guère appréciés des usagers car ils portent contre le dos. Si les usagers sont parfois opposés à la construction de nouvelles latrines de ce genre, c'est parce qu'elles leur rappellent des latrines existantes mal construites.

Fig. 6.4. Couronne pour porter la planche à trou lorsque le revêtement est mince

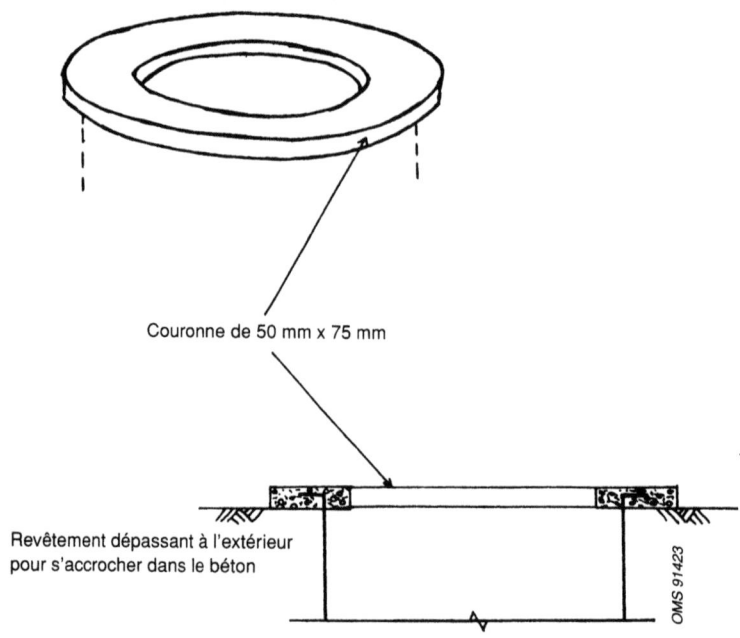

Latrines à fosse ventilée

On les appelle également latrines à fosse améliorée autoventilée (LAA) (Fig.6.5). On élimine ou diminue les nuisances principales (odeur et mouches) qui entravent l'usage des latrines à simple fosse en prévoyant un tuyau vertical de ventilation, l'évent, qui sort par le toit et qu'on munit à son sommet d'un grillage de protection (Morgan, 1977). Le vent qui balaie le sommet du tuyau provoque un courant d'air ascendant entre la fosse et l'atmosphère extérieure et un courant d'air descendant entre la superstructure et la fosse à travers le trou de défécation.

Fig.6.5. Latrine améliorée à fosse ventilée (LAA)

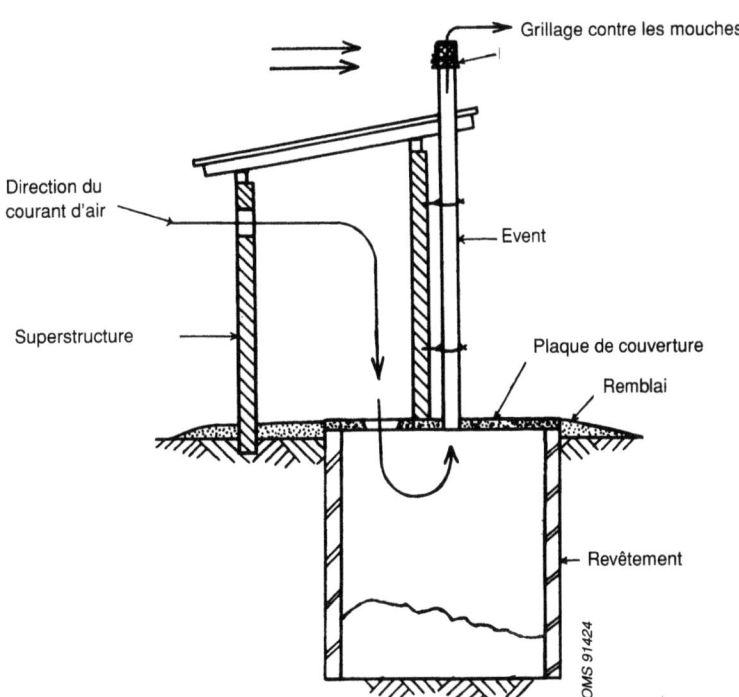

Ce courant d'air permanent élimine les odeurs dues à la décomposition des excréments dans la fosse et décharge les gaz dans l'atmosphère au sommet de l'évent et non dans la cabane. Le courant d'air est plus fort si la porte de la cabane est installée face au vent dominant (Mara, 1980). Si on a ménagé une porte, celle-ci devra être toujours fermée, sauf bien entendu pour entrer ou sortir, afin que l'intérieur demeure raisonnablement sombre, mais il faut une ouverture, située normalement au-dessus de la porte, pour laisser entrer l'air, et dont la surface soit au moins égale à trois fois la section de l'évent.

On peut construire la superstructure en spirale (Fig. 6.6), ce qui permet d'éliminer la majeure partie de la lumière, qu'il y ait une porte ou non. Le trou de défécation doit rester ouvert pour permettre le libre passage de l'air. L'évent doit déboucher à au moins 50 cm au-dessus du toit, sauf si celui-ci est conique, auquel cas le tuyau doit arriver à la hauteur du sommet. Des turbulences de l'air dues aux bâtiments environnants, ou d'autres obstructions, peuvent provoquer

Fig. 6.6. Construction en spirale de la superstructure

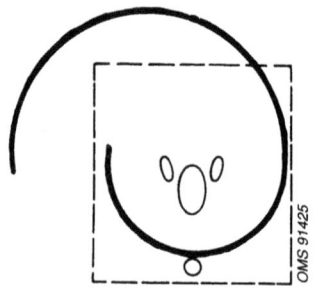

arriver à la hauteur du sommet. Des turbulences de l'air dues aux bâtiments environnants, ou d'autres obstructions, peuvent provoquer une inversion du courant d'air, d'où mauvaise odeur et mouches dans la cabane. Si la vitesse moyenne du vent est d'environ 2 m/s, ce qui est assez courant à la campagne, la vitesse de l'air dans l'évent sera d'environ 1 m/s (Ryan & Mara, 1983). Ce courant d'air peut aussi se manifester à des vitesses de vent plus faibles, car le rayonnement solaire chauffe l'air de l'évent et provoque son mouvement ascendant. L'évent sera donc placé dans ce cas du côté équatorial de la superstructure. On pourra aussi le peindre en noir pour augmenter l'absorption de chaleur, s'il n'est pas déjà fabriqué dans une matière noire.

Lorsque l'on compte sur le rayonnement solaire pour la ventilation, on peut quelquefois avoir de mauvaises odeurs dans la cabane à certaines heures du jour (généralement au petit matin). Cela est dû au fait que l'air extérieur est plus froid que celui qui circule dans l'évent, ce qui peut bloquer la circulation. On ne peut pas faire grand-chose contre ce phénomène, sauf boucher le trou de défécation à la tombée de la nuit.

Outre qu'il enlève les odeurs, l'évent constitue une bonne protection contre les mouches s'il est muni d'un grillage. Au Zimbabwe, Morgan (1977) a comparé le nombre de mouches sortant du trou de défécation d'une latrine LAA avec celui des mouches sortant d'une latrine à simple fosse. Les résultats sont indiqués au Tableau 6.1.

Les mouches sont attirées par l'odeur qui provient de l'évent, mais ne peuvent entrer à cause du grillage. Quelques mouches arrivent à pénétrer dans la cabane par le trou de défécation et pondent dans la fosse. Les jeunes mouches essaient de quitter la fosse en volant vers la lumière. Si la cabane est suffisamment sombre, la source principale de lumière se trouve au sommet de l'évent, dont le grillage empêche les mouches de sortir; elles retombent finalement dans la fosse où elles crèvent.

Lorsqu'elles sont bien construites et bien entretenues, les latrines LAA résolvent tous les problèmes des latrines à simple fosse, sauf celui des moustiques. Elles coûtent malheureusement beaucoup plus cher, puisqu'il faut nécessairement un tuyau d'évent et une superstructure complète. Comme le trou de défécation se trouve juste au-dessus de la fosse, l'installation accepte tous les moyens de nettoyage anal sans risque d'obstruction. L'exploitation normale se réduit à tenir la cabane propre, à veiller à ce que la porte demeure bien fermée, à vérifier à l'occasion que le grillage anti-mouches de l'évent n'est ni obstrué ni déchiré et à verser une fois par an de l'eau dans l'évent pour éliminer les toiles d'araignée.

Tableau 6.1 Comparaison du nombre des mouches sortant du trou de défécation d'une latrine à simple fosse et de celui d'une latrine LAA[a]

Epoque de piégeage	Nombre de mouches piégées dans la latrine non ventilée	Nombre de mouches piégées dans la latrine ventilée
8 octobre/5 novembre	1723	5
5 novembre/3 décembre	5742	20
3/24 décembre	6488	121

[a] Source: Morgan, 1977

Latrines ventilées à double fosse

Alors qu'il est généralement préférable de ménager des fosses larges et profondes, cela peut ne pas être possible lorsqu'on trouve du rocher ou de l'eau à un ou deux mètres de la surface du sol. On peut construire une variante de latrine LAA convenant à une situation de ce type en creusant deux fosses côte à côte, mais avec une seule cabane (Fig. 6.7). Ces fosses sont généralement doublées en briques ou en blocs de ciment et chacune comporte son propre siège (ou système à la turque).

Fig. 6.7. Latrine LAA à double fosse

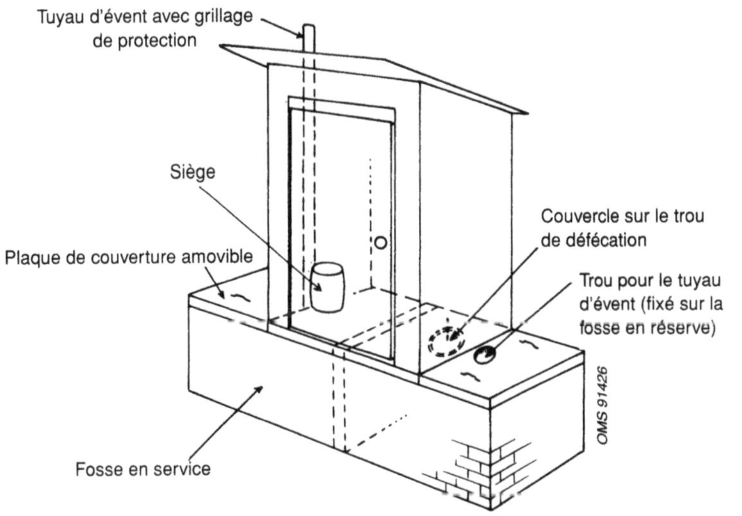

Une autre solution consiste à avoir deux planches mobiles dont l'une, qui comporte un trou, est posée sur la fosse en cours d'utilisation et l'autre, non trouée, est posée sur la fosse en réserve. Quelle que soit la solution choisie, un seul trou est utilisé pour la défécation. On peut installer deux évents dans la latrine (un pour chaque fosse) mais, en général, on n'en a qu'un seul installé sur la fosse en cours d'utilisation et on bouche hermétiquement le trou destiné à l'évent de la fosse qui n'est pas en service. Comme dans le cas des latrines à simple fosse du type LAA, on maintiendra la cabane dans la pénombre pour éviter les mouches.

Exploitation

On utilise une des fosses jusqu'à environ 0,5 m du bord. On bouche alors le trou de défécation et on ouvre celui de la deuxième fosse. Si nécessaire, on transporte le tuyau d'évent vers cette nouvelle fosse et on bouche le trou correspondant sur la première. Cette fosse est à son tour utilisée jusqu'à 0,5 m du bord. On vidange alors la première et on la remet en service. Les fosses doivent être suffisantes pour durer chacune au moins deux ans; à ce moment là la plupart des germes pathogènes de la fosse à vidanger auront disparu.

On peut considérer comme des installations permanentes les latrines de ce modèle. La capacité utile (0,72 mètre cube pour une famille de six personnes avec une formation de boues de 60 l par personne et par an comme indiqué au Chapitre 5) permet des fosses relativement peu profondes et, de ce fait, plus faciles à vidanger. Ces fosses dépassent la surface de la cabane sur les côtés ou derrière et sont fermées par des plaques ou des dalles mobiles qui permettent la vidange. Ces dernières doivent être faciles à soulever, mais être hermétiquement fermées pour empêcher les mouches d'entrer ou de sortir. La cloison séparant les deux fosses doit être jointoyée et crépie au mortier de ciment sur ses deux faces.

De même que les latrines LAA à simple fosse, les latrines LAA à double fosse ont l'avantage de diminuer les nuisances dues aux odeurs et aux mouches. En outre, la vidange biennale fournit un engrais précieux (Voir Annexe 1). Les latrines LAA à double fosse coûtent généralement plus cher que celles à simple fosse, mais pas toujours, et elles demandent un peu plus de travail à l'usager, notamment lorsqu'il faut passer d'une fosse à l'autre. Dans quelques sociétés, on a constaté une certaine résistance à la manipulation des produits de la décomposition, résistance qu'on peut vaincre par l'éducation, avec le temps. Permettre aux gens d'assister à la vidange d'une fosse et d'en manipuler le contenu est l'argument le plus persuasif pour les intéressés.

Tous les projets qui comportent la construction de latrines à double fosse doivent prévoir un programme d'assistance prolongée. Il faut notamment rappeler aux usagers de changer de fosse au moment opportun et les y aider. Cette assistance devrait sans doute être assurée pendant au moins deux passages d'une fosse à l'autre pour couvrir la totalité du cycle.

Latrines à chasse d'eau

Les problèmes posés par les mouches, les moustiques et les odeurs dans les latrines à simple fosse peuvent se résoudre simplement et à bon marché par l'installation d'un récipient qui crée un joint hydraulique (siphon) dans le trou de défécation (fig. 6.8). On trouvera au Chapitre 7 les détails de conception et de fabrication de ces joints hydrauliques. On nettoie cette cuvette en y déversant (ou mieux, en y jetant) quelques litres d'eau après usage. La quantité d'eau varie de un à quatre litres et dépend surtout de la géométrie de la cuvette et de celle du joint. Les systèmes qui n'exigent que peu d'eau ont l'avantage supplémentaire d'atténuer les risques de pollution de l'eau souterraine. L'eau n'a pas besoin d'être propre : on peut utiliser tout simplement de l'eau de lessive, de toilette ou autre, surtout quand on ne dispose pas d'eau propre en grande quantité.

Ces latrines conviennent tout particulièrement aux gens qui utilisent de l'eau pour leur nettoyage anal et qui s'accroupissent pour déféquer, mais elles ont aussi du succès dans des pays où on utilise d'autres matériaux pour se nettoyer. Il y a toutefois un risque d'obstruction quand on jette des matériaux solides dans le récipient, comme du papier kraft ou des épis de maïs. On déconseille généralement l'usage de moyens solides de nettoyage jetés dans un récipient en vue d'une élimination séparée, à moins qu'on ne puisse manipuler très soigneusement les déchets et stériliser le récipient. L'obstruction

Fig. 6.8. Latrine à chasse d'eau

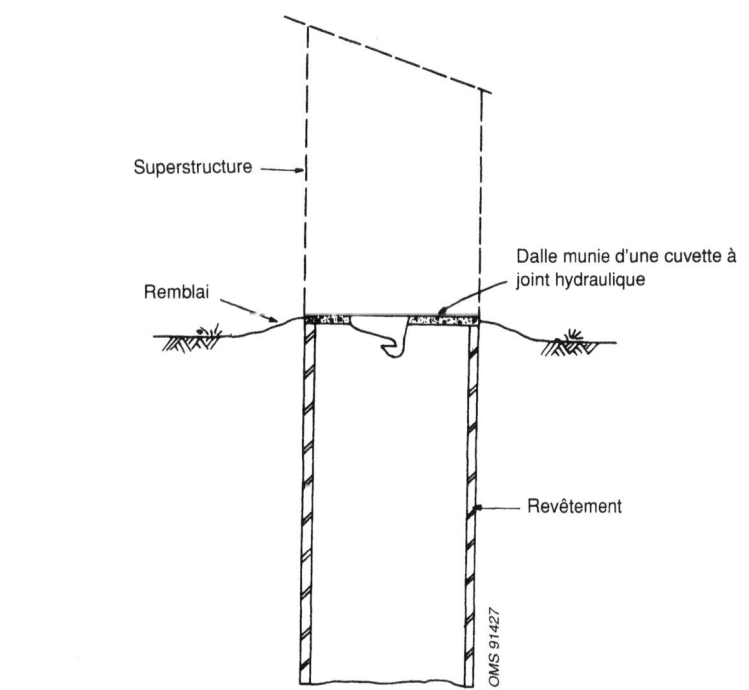

PARTIE II. DÉTAILS DE LA CONCEPTION, DE LA CONSTRUCTION,
DE L'EXPLOITATION ET DE L'ENTRETIEN

peut être aussi le fait des matériaux utilisés par des femmes qui ont leurs règles, matériaux qu'on devrait traiter séparément, par exemple en les enterrant ou en les incinérant. Les efforts faits pour désobstruer la cuvette ont souvent pour effet d'endommager le joint hydraulique.

Dans la plupart des cas, à cause de la faible quantité d'eau utilisée, les latrines à chasse conviennent bien dans les endroits où l'eau doit être amenée de loin, à partir d'une borne fontaine, d'un puits ou d'une autre source. Rien ne justifie l'idée qu'il faut ventiler la fosse pour empêcher la formation de gaz. Un évent renchérit l'installation, alors que les gaz éventuels percolent facilement à travers le sol environnant.

Figure 6.9. Latrines à chasse d'eau avec fosse déportée

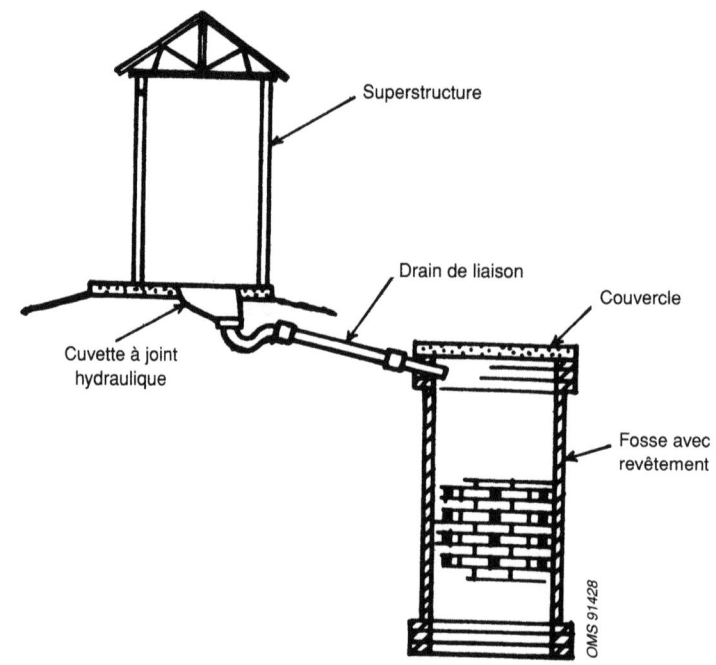

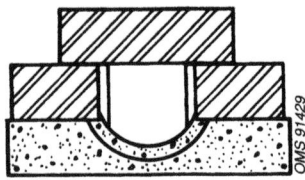

Fig. 6.10. Drain couvert en briques

Latrines à chasse d'eau avec fosse déportée

En développant l'idée de la latrine à chasse d'eau avec siphon on est arrivé à une latrine où la fosse est déportée à l'extérieur du périmètre de la cabane (Fig. 6.9). Le contenu de la cuvette s'évacue par un drain tubulaire de faible diamètre ou par un canal couvert, avec une pente minimale de 1 pour 30. On utilise souvent des tubes en PCV, ciment ou terre cuite de 100 mm de diamètre, mais ce diamètre peut aussi être le même que celui du joint hydraulique (65-85 mm). Dans certains pays d'Asie, on a adopté un canal en maçonnerie ou en terre cuite avec radier arrondi, lisse, recouvert par des plaques moulées en ciment ou en terre cuite (Fig. 6.10). Les canaux comme les drains tubulaires doivent pénétrer d'au moins 100 mm dans la fosse.

D'une façon générale, les latrines à fosse déportée exigent plus d'eau de chasse qu'une latrine à chasse d'eau ordinaire. La quantité d'eau dépend de la forme de la cuvette, de la pente du drain et de sa rugosité. On a proposé 1,5 l comme volume d'eau nécessaire, mais d'habitude il en faut beaucoup plus.

Bien des gens préfèrent ces latrines à fosse déportée, parce que la cabane est construite à titre définitif. Une fois la fosse remplie, on en creuse une autre à côté, on déterre le drain d'évacuation et on le remet en place pour la nouvelle fosse sans endommager la superstructure (Fig. 6.11).

Fig. 6.11. Déplacement du drain d'une latrine à chasse d'eau vers une nouvelle fosse

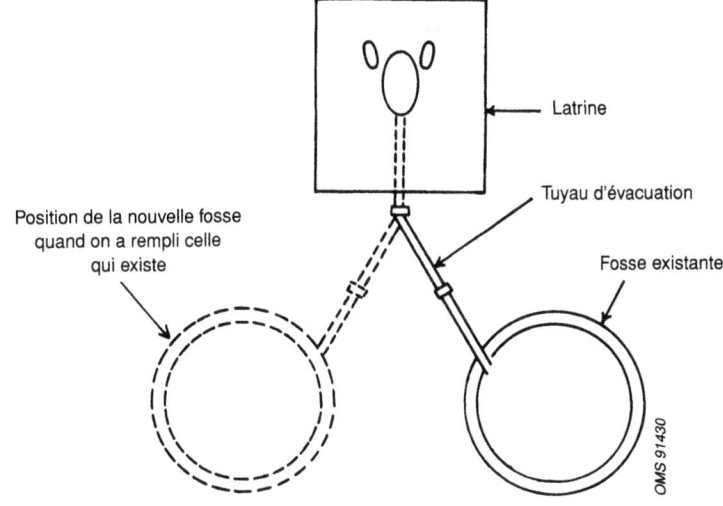

Fig. 6.12. Tuyau traversant un mur extérieur

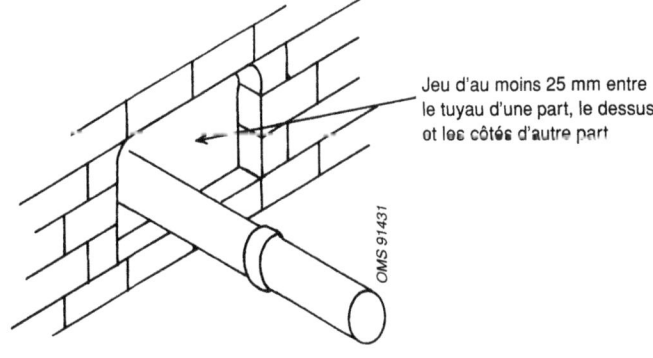

Un autre avantage est que la toilette peut être installée dans la maison avec une fosse à l'extérieur. Si on utilise cette solution, il faut veiller à ce que le tuyau de drainage puisse bouger, soit en ménageant un passage dans le mur extérieur pour que ce dernier ne porte pas sur le tuyau (Fig.6.12), soit en utilisant deux longueurs de tuyau se raccordant au milieu du mur (Fig. 6.13). Les deux systèmes permettent un mouvement relatif sans risque de casser le tuyau.

Fig. 6.13. Tuyau mis en place à travers un mur

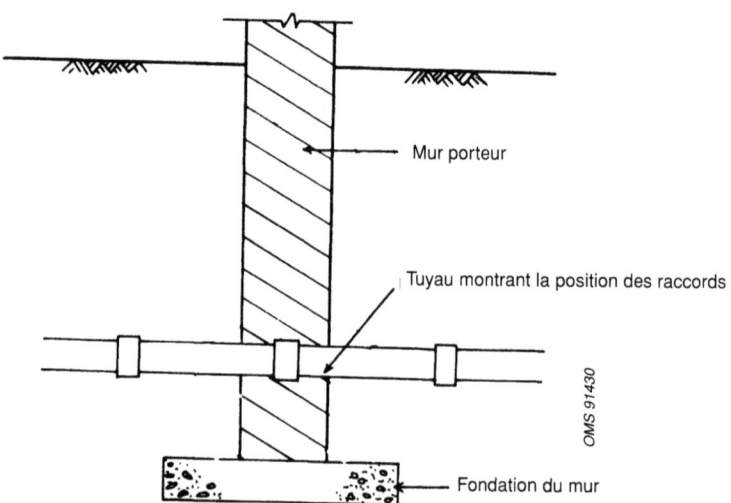

La distance entre le mur et la fosse ne doit pas être inférieure à la profondeur de celle-ci pour que le poids du mur ne provoque pas l'effondrement de la fosse. En cas d'impossibilité, on ne creusera pas la fosse à moins de 1 m du mur et encore faudra-t-il un revêtement intérieur complet de cette fosse et une longueur inférieure à 1 m pour la paroi opposée au mur et parallèle à celui-ci (Fig. 6.14).

Latrines à chasse d'eau avec deux fosses déportées

Comme pour les latrines LAA, il y a des cas où deux fosses peu profondes conviennent mieux qu'une seule fosse profonde. Ces systèmes à deux fosses sont utilisés avec succès en Inde (Roy et al., 1984) et ailleurs. La conception des fosses est la même que pour les latrines LAA à fosse double, mais les deux sièges sont remplacés par une seule cuvette à joint hydraulique reliée aux deux fosses par des drains. Entre la cuvette et les fosses, on installe en général une chambre de visite au niveau de la fourche du branchement en T oblique qui alimente chacune des deux fosses, ce qui permet de diriger les matières sur l'une ou l'autre (Fig. 6.15).

Fig. 6.14. Distance minimale entre une fosse et le mur extérieur

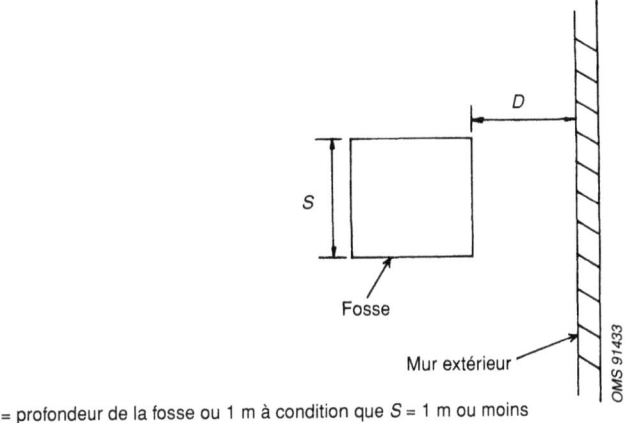

D = profondeur de la fosse ou 1 m à condition que S = 1 m ou moins

Fig. 6.15. Latrine à chasse avec deux fosses déportées

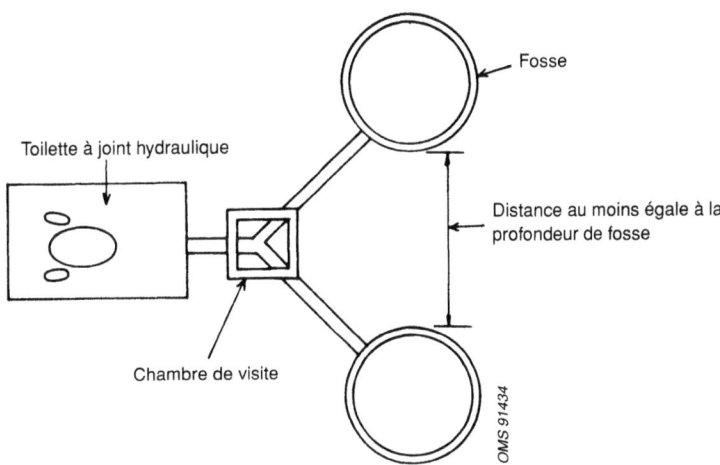

Avant de mettre en service une nouvelle fosse, on découvre la chambre de visite et on obture l'une des branches de la fourche (une brique, ou une pierre ou encore un morceau de bois sont tout à fait satisfaisants). On remet alors en place le couvercle et on le scelle pour empêcher l'échappement de gaz dans l'atmosphère. On peut alors utiliser normalement la latrine comme une latrine à chasse d'eau avec fosse déportée, sauf qu'il faudra sans doute un peu plus d'eau de lavage pour empêcher des éléments solides d'obstruer le branchement en T oblique. En bloquant ainsi une des branches, tout ce que contient la cuvette va dans une seule fosse. Lorsque la fosse est pleine, environ deux ans plus tard en général, on ouvre la chambre de visite, on retire

PARTIE II. DÉTAILS DE LA CONCEPTION, DE LA CONSTRUCTION, DE L'EXPLOITATION ET DE L'ENTRETIEN

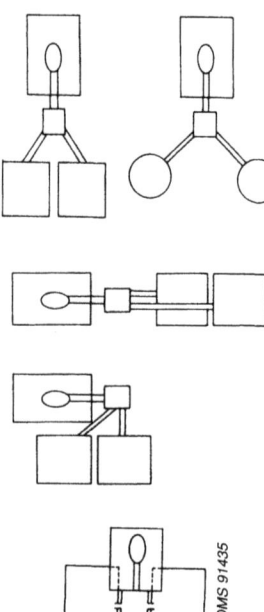

fig. 6.16. Options diverses pour latrines à chasse avec deux fosses déportées

le bouchon de la branche qui n'était pas en service et on l'utilise pour bloquer l'autre. On remet le couvercle en place et on le scelle. Le contenu de la cuvette s'évacue alors dans la deuxième fosse.

Encore deux ans plus tard, le contenu de la première fosse se sera décomposé et presque tous les germes pathogènes auront disparu. On enlève le couvercle de cette fosse et on la vidange: son contenu sera éliminé ou réutilisé (voir Annexe 1). Après mise en place et scellement du couvercle, cette première fosse pourra être remise en service quand on aura replacé le bouchon dans sa position initiale. Ainsi, chaque fosse jumelle peut servir indéfiniment, puisqu'utilisée pendant deux ans, vidangée puis remise en service.

L'emplacement et la forme des fosses dépendent largement de la place disponible. La Fig. 6.16 montre quelques-unes des possibilités. Si possible, on espacera les deux fosses d'une distance au moins égale à leur profondeur. Il s'agit d'éviter, autant que possible, que le liquide de la fosse en service migre dans l'autre. Si on doit construire des fosses adjacentes, la cloison qui les sépare ne devra pas être poreuse et pourra même dépasser les parois latérales pour éviter une contamination par l'extérieur des fosses. On peut aussi étendre le doublage de celles-ci à 300 mm de part et d'autre de la séparation, en veillant à l'étanchéité.

De même qu'avec les latrines LAA à deux fosses, les latrines à chasse d'eau avec double fosse sont surtout utiles dans les zones où il n'est pas possible de creuser profondément ou lorsqu'on veut réutiliser les excréta. Un fonctionnement correct exige une construction convenablement exécutée, surtout celle du raccordement en T oblique, et il faut bien expliquer aux usagers comment se servir de la latrine. On améliorera les chances de bon fonctionnement en prévoyant une assistance de longue durée pour rappeler aux usagers quand il faut changer de fosse et comment on doit s'y prendre pour la vider et passer d'une fosse à l'autre.

Latrines à fosse surélevée

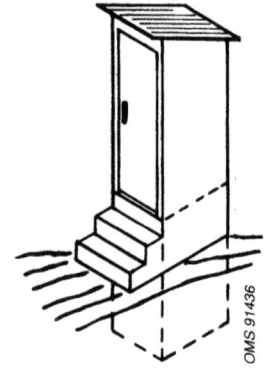

Fig. 6.17. Latrine à fosse surélevée

Une autre manière de résoudre le problème qu'on rencontre à cause de conditions difficiles au voisinage de la surface, c'est de construire des latrines à fosse surélevées. On creuse aussi profond que possible à la fin de la saison sèche dans les zones où la nappe a un niveau élevé et on fait monter le revêtement intérieur au-dessus du sol jusqu'à obtenir le volume désiré.

Si la fosse est creusée jusqu'à 1,5 m au-dessous du niveau du sol, la surface de filtration dans le sol sera probablement suffisante pour une fosse d'une profondeur totale de 3,5 m. Dans ce cas, il faudra crépir les deux faces de la paroi située au-dessus du sol (Fig. 6.17). La profondeur minimale en sous-sol dépend de la quantité d'eau utilisée et de la perméabilité du sol. Si la surface d'infiltration en sous-sol est insuffisante, on entourera la partie supérieure de la fosse d'un remblai d'infiltration arrêté à 0,5 m du bord supérieur et tiré d'un sol perméable,

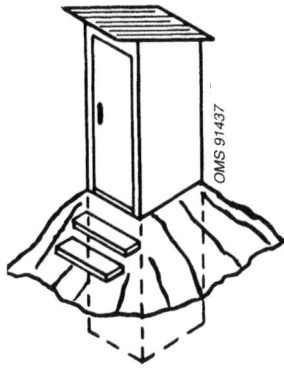

Fig. 6.18. Latrine sur remblai

bien compacté, construit avec un talus stable et assez épais pour empêcher tout suintement sur les côtés (Fig. 6.18). On évitera d'utiliser des remblais de terre sur les sols argileux, car il pourrait y avoir des suintements à la base du remblai faute d'infiltration dans le sol.

On peut utiliser des fosses surélevées pour tous les autres types de latrine (LAA, à chasse, à deux fosses). Elles sont d'usage courant lorsque la nappe est voisine de la surface du sol. Une légère élévation peut quelquefois suffire à éviter d'éclabousser l'usager ou de bloquer la tubulure d'arrivée de la fosse par de l'écume flottante.

Latrines à trou foré

Dans les latrines de ce type, on utilise un trou foré avec une tarière au lieu de creuser une fosse, et on peut descendre jusqu'à 10 m de profondeur ou plus, bien qu'on se borne en général à 4-6 m. On peut exécuter très rapidement des trous de 300 à 500 mm de diamètre manuellement ou à la machine lorsque le sol est ferme, stable et ne contient pas de rochers ou de grosses pierres. Si les faibles diamètres sont plus faciles à obtenir, en revanche la durée de la fosse est alors très brève. Ainsi un trou de 300 mm et 5 m de profondeur peut servir à une famille de 5 personnes pendant deux ans environ.

Le faible diamètre des trous augmente le risque d'obstruction et la grande profondeur celui de contamination de l'eau souterraine. Même s'il n'y a pas obstruction, les parois sont souillées au voisinage du sommet, d'où un risque d'infestation par les mouches. Toutefois, ces latrines sont très commodes en cas d'urgence, ou pour une courte période, parce qu'on peut en installer rapidement un grand nombre et utiliser des dalles légères portables.

On devra les chemiser au moins sur les premiers 50 cm environ avec un matériau étanche (béton ou argile cuite). Comme le diamètre est faible et la durée d'utilisation souvent courte, on n'a pas besoin de chemiser sur toute la hauteur.

Fosses septiques

On utilise couramment les fosses septiques pour traiter les eaux usées des maisons individuelles dans les zones résidentielles clairsemées, celles d'établissements comme les écoles, les hôpitaux et celles de petits immeubles d'habitation. Ces eaux peuvent ne provenir que des toilettes, mais comporter aussi les eaux ménagères.

Les fosses septiques, avec leur système d'élimination des effluents, offrent une bonne partie des avantages du tout-à-l'égout normal. Toutefois, elles coûtent plus cher que la plupart des systèmes d'assainissement individuel et ne sont probablement pas dans les moyens des classes défavorisées. En outre, elles exigent suffisamment d'eau canalisée pour chasser tous les déchets par les canalisations qui les alimentent.

Processus de traitement

Les eaux provenant des toilettes et éventuellement des cuisines et des salles de bain sont amenées par la tuyauterie dans une fosse étanche où elles sont partiellement traitées. Après un certain temps, en général de 1 à 3 jours, le liquide ainsi traité sort de la fosse et s'élimine — souvent dans le sol — par des puits perdus ou des drains de terre cuite disposés en tranchée (Fig. 6.19). Une grande partie des problèmes posés par les fosses septiques sont dus à ce qu'on néglige trop souvent l'élimination de ces effluents.

Fig. 6.19. Système de rejet sur fosse septique

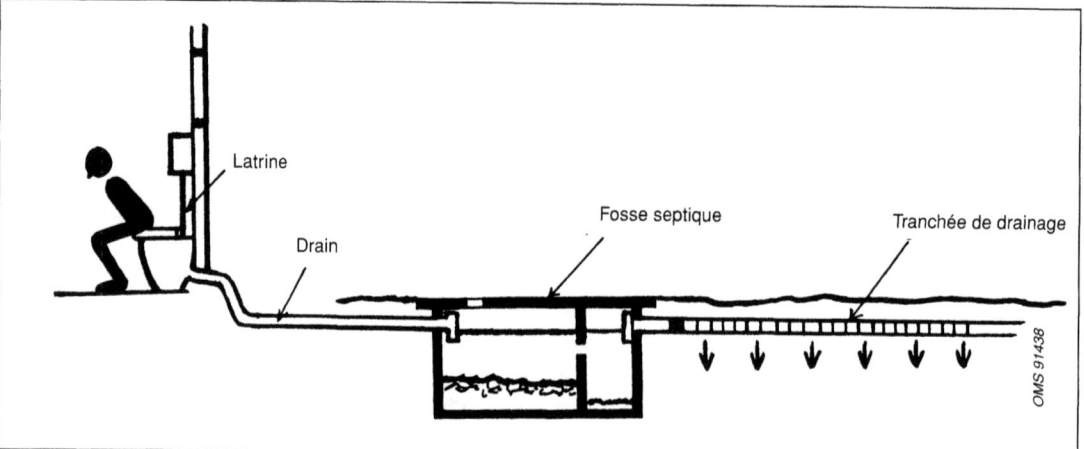

Sédimentation

Les fosses septiques sont conçues, entre autres, pour assurer l'immobilité du liquide et, par voie de conséquence, faciliter la sédimentation des matières solides en suspension, dont on se débarrasse ensuite en enlevant périodiquement le dépôt. Majumder et al. (1960) signalent que l'élimination des matières solides en suspension dans trois fosses du Bengale occidental a atteint 80%; des taux similaires ont été constatés dans une fosse près de Bombay (Phadke et al., date non précisée). De toute façon, presque tout dépend de la durée de rétention, des dispositifs arrivée et de sortie du liquide ainsi que de la fréquence de vidange du dépôt. Lorsque de fortes chasses arrivent dans la fosse, elles entraînent une concentration momentanément élevée de matières solides en suspension dans l'effluent par suite du brassage que subissent les dépôts déjà constitués.

Ecume

Graisses, huiles et autres matériaux plus légers que l'eau flottent à la surface et constituent une couche d'écume susceptible de se trans-

CHAPITRE 6. UTILISATION ET ENTRETIEN

former en croûte assez dure. Les liquides se déplacent alors entre cette croûte et le dépôt.

Digestion et solidification des boues

La matière organique, présente dans les boues déposées et la couche d'écume, est décomposée par des bactéries anaérobies, qui la transforment pour une grande part en eau et en gaz. Les boues déposées au fond du réservoir tendent à durcir sous le poids du liquide et des matières solides qui les surmontent. Il s'ensuit que leur volume est très inférieur à celui des matières solides contenues dans les effluents bruts qui entrent dans la fosse. Les bulles de gaz qui se dégagent provoquent une certaine perturbation de l'écoulement. La vitesse du processus de digestion croît avec la température, avec un maximum vers 35 °C. L'utilisation de savon ordinaire en quantité normale ne devrait guère affecter le processus de digestion (Truesdale & Mann, 1968). En revanche, l'emploi de grosses quantités de désinfectant tue les bactéries, ce qui inhibe le processus.

Stabilisation des liquides

Le liquide des fosses septiques subit des modifications biochimiques, mais on n'a guère de données sur la disparition des micro-organismes pathogènes. Majumder et al. (1960) ainsi que Phadke et al. (date non précisée) ont constaté que bien que 80-90% des œufs d'ankylostomes et d'*Ascaris* aient disparu des fosses septiques étudiées, 90% des effluents contenaient encore un nombre considérable d'œufs viables. Comme les effluents sortant des fosses septiques sont anaérobies et contiennent sans doute un nombre important de germes pathogènes pouvant constituer une source d'infection, on ne devra pas les utiliser pour l'irrigation des cultures ni les décharger dans les canaux ou les drains de surface sans l'autorisation des autorités sanitaires locales.

Principes de conception

Les principes qui guident la conception des fosses septiques sont:
— de fournir une durée de rétention suffisante pour que les eaux usées qui arrivent dans la fosse puissent déposer leurs matières solides et se stabiliser.
— d'assurer la stabilité du liquide ce qui favorise le dépôt ou la flottaison des matières solides
— de faire en sorte qu'il n'y ait pas d'obstruction et d'assurer une ventilation suffisante pour les gaz.

Facteurs à prendre en compte pour le calcul d'une fosse septique

Le type de conception esquissé plus loin prévoit un volume suffisant à la fois pour la rétention du liquide et pour le stockage des boues et de l'écume. Le volume nécessaire à la rétention du liquide dépend du nombre des usagers et de la quantité d'eaux usées rejetées dans la fosse, lesquelles peuvent contenir ou non les eaux ménagères ou seulement les eaux vannes. Le volume pour le stockage des boues et de l'écume dépend de la fréquence des vidanges, de la température et des moyens de nettoyage anal utilisés.

Calcul de la capacité d'une fosse septique

Durée de rétention

On admet que 24 heures de rétention suffisent pour les boues, mais cette durée doit correspondre à la situation qui existe juste avant la vidange, après quoi la durée de rétention augmente puisque le liquide profite de la place libérée par les boues et l'écume.

Les normes d'utilisation prévoient une durée de rétention allant d'à peine 24 heures jusqu'à 72 heures. Théoriquement, la sédimentation s'améliore avec l'allongement de la durée de rétention, mais la vitesse de sédimentation est en général maximale au cours des premières heures. La sédimentation est gênée par les perturbations de l'écoulement provoquées par la configuration des orifices d'entrée et de sortie. Le problème est vraisemblablement plus important dans les petites fosses que dans les grandes (dont la capacité hydraulique est mieux à même d'atténuer les perturbations) et on peut donc admettre que la durée de rétention peut être réduite dans les fosses de grand volume (Mara & Sinnatamby, 1986). La norme brésilienne d'utilisation (Associaçao Brasileira de Normas Técnicas, 1982) autorise une rétention réduite pour les grandes fosses septiques, comme celles qu'utilisent les structures collectives ou les petites communautés. En résumé, pour un débit d'eau rejetée de Q m³ par jour, la norme recommande les durées T de rétention suivantes (en heures):

Pour Q inférieur à 6 $T = 24$
Pour Q compris entre 6 et 14 $T = 33 - 1,5 Q$
Pour Q supérieur à 14 $T = 12$

Volume de la rétention

Si la fosse septique reçoit des eaux ménagères et des eaux vannes, la totalité de l'eau rejetée par l'immeuble représente en général une part importante de l'eau fournie par le réseau de distribution. Quand on connaît le volume d'eau distribuée par personne, on peut estimer que l'eau rejetée représente 90% de ce volume. Si celui-ci dépasse 250 l par personne et par jour, la différence correspond probablement à l'arrosage des jardins. Dans le plupart des pays en développement, on peut tabler sur environ 100 à 200 l d'eaux usées par personne et par jour.

Si seules les toilettes sont reliées à la fosse septique, le volume des eaux vannes peut être estimé d'après le nombre supposé d'utilisations de la chasse par les usagers, par exemple, 4 chasses de 10 l par personne et par jour.

La capacité minimale nécessaire pour une rétention de 24 heures est donnée par la formule

$$A = P \times q \text{ litres}$$

où A = volume pour une rétention de 24 heures
   P = nombre de personnes desservies par la fosse septique
   q = débit des eaux vannes (en litres) par personne et par jour

Volume nécessaire à l'accumulation des boues et de l'écume

Le volume nécessaire à l'accumulation des boues et de l'écume dépend de facteurs qui ont été étudiés au Chapitre 5. Pickford (1980) a proposé la formule:

$$B = P \times N \times F \times S$$

dans laquelle
  B = capacité d'accumulation des boues et de l'écume (en litres)
  N = nombre d'années entre deux vidanges des boues (souvent 2-5 ans; on peut tabler sur une vidange plus fréquente lorsqu'il existe un service fiable et bon marché
  F = facteur qui relie la vitesse de digestion à la température et à la périodicité des vidanges. On le trouve au Tableau 6.2
  S = vitesse d'accumulation des boues et de l'écume, qu'on peut estimer à 25 litres par personne et par an dans les fosses qui ne reçoivent que les eaux vannes et à 40 l lorsqu'il s'y ajoute les eaux ménagères.

Tableau 6.2 Valeur du facteur F pour la détermination du volume nécessaire à l'accumulation des boues et de l'écume

Nombre d'années entre les vidanges	Valeur de F		
	Température ambiante		
	>20°C toute l'année	>10°C toute l'année	<10°C en hiver
1	1,3	1,5	2,5
2	1,0	1,15	1,5
3	1,0	1,0	1,27
4	1,0	1,0	1,15
5	1,0	1,0	1,06
6 ou plus	1,0	1,0	1,0

Capacité totale de la fosse
La capacité totale C de la fosse est donnée par :
$$C = A + B \text{ litres}$$

En pratique, il y a des limites à la taille minimale des fosses qu'on peut construire. Les indications ci-après sont illustrées par des exemples donnés au Chapitre 8.

Forme et dimensions des fosses septiques
Lorsqu'on a déterminé la capacité totale d'une fosse septique, il faut déterminer sa profondeur, sa longueur et sa largeur. On vise à obtenir une distribution égale du débit, sans secteurs morts et sans «courts-circuits», (c'est-à-dire, sans que le courant qui arrive ne traverse brutalement la fosse en moins de temps que la durée de rétention).

Dans certaines fosses, il peut exister deux compartiments ou plus, limités par des cloisons déflectrices. La sédimentation et la digestion peuvent avoir lieu, pour l'essentiel, dans le premier compartiment, une partie seulement des particules en suspension étant entraînée vers le deuxième. Les chasses d'eaux vannes qui entrent dans la fosse réduisent l'efficacité de la sédimentation, mais leur effet est moins marqué dans le deuxième compartiment. Laak (1980) a indiqué à la suite de plusieurs études que les fosses à plus d'un compartiment fonctionnent avec plus d'efficacité que les fosses à un seul. Il a également montré que le premier compartiment doit être deux fois plus long que le suivant. On n'a pas chiffré les avantages éventuels de plus de deux compartiments.

Pour déterminer les dimensions extérieures d'une fosse rectangulaire on pourra suivre les recommandations ci-après :

1. La profondeur du liquide depuis le fond de la fosse jusqu'à la hauteur de la tubulure de sortie ne doit pas être inférieure à 1,2 m; une profondeur de 1,5 m est préférable. En outre, on laissera un espace libre de 300 mm entre le niveau du liquide et le couvercle de la fosse.
2. La largeur sera d'au moins 600 mm, espace minimal pour que les maçons ou les vidangeurs puissent travailler. Certaines normes préconisent une longueur de 2 à 3 fois la largeur.
3. Pour une fosse de largeur l, la longueur du premier compartiment sera égale à $2\,l$ et celle du deuxième égale à l (Fig. 6.20). En général, la profondeur ne devra pas dépasser la longueur totale.

Il s'agit là de valeurs minimales. Il n'y a aucun inconvénient à ce que les fosses soient plus grandes, et il peut même coûter moins cher de construire des fosses plus grandes en utilisant des éléments préfabriqués entiers au lieu de les couper. Divers modèles de fosses sont étudiés au Chapitre 8.

Fig .6.20. Dimensions de la fosse

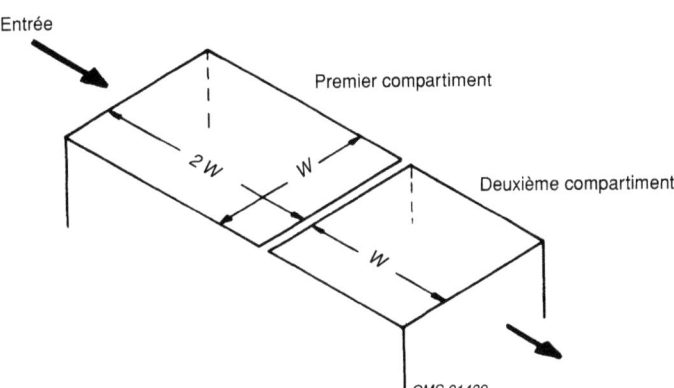

Construction

La construction d'une fosse septique exige habituellement l'assistance et la supervision d'un ingénieur ou au moins d'un contremaître compétent en la matière. Le dessin des tuyaux de chutes et de la tubulure de sortie conditionne le fonctionnement de la fosse. Il est particulièrement important de vérifier les niveaux pour les grandes fosses dont l'agencement du tuyau de chute, de la tubulure de sortie et des cloisons déflectrices peut être complexe.

Pour les petites fosses domestiques, le fond est généralement fait de béton non armé, suffisamment épais pour résister à la poussée d'Archimède lorsque la fosse est vide. Si le sol est médiocre et la fosse importante, le fond peut éventuellement être armé. Pour les parois on a en général recours à la maçonnerie de briques, de moellons ou de pierres avec crépissage au ciment pour assurer l'étanchéité. Les grandes fosses en béton armé destinées à desservir des collectivités ou des immeubles d'habitation exigent l'intervention d'un ingénieur qualifié pour être correctement construites.

Le couvercle de la fosse est habituellement composé d'une ou plusieurs plaques de béton et doit résister à toute charge qui pourrait lui être imposée.

On utilisera des plaques amovibles au-dessus de l'entrée et de la sortie. Les plaques de couverture circulaires ont l'avantage de ne pas risquer de tomber dans la fosse quand on les mobilise, contrairement aux plaques rectangulaires.

On construit souvent les fosses avec des éléments préfabriqués de toutes sortes, y compris des tuyaux de grand diamètre. L'expérience montre toutefois que les problèmes posés par l'aménagement de l'entrée et de la sortie ne sont pas compensés par l'utilisation de tuyaux. De nombreux systèmes brevetés qu'on trouve dans le commerce font appel à des plaques en amiante-ciment, en plastique renforcé par fibres de verre et à d'autres matériaux.

PARTIE II. DÉTAILS DE LA CONCEPTION, DE LA CONSTRUCTION, DE L'EXPLOITATION ET DE L'ENTRETIEN

Fig. 6.21. Tuyau d'entrée dans la fosse septique

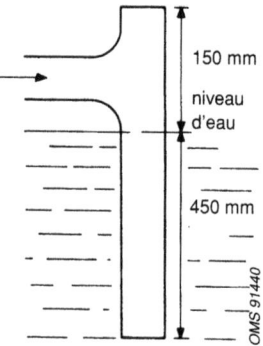

Entrée

Les eaux usées doivent entrer dans la fosse en perturbant le moins possible les liquides et les solides que la fosse contient déjà. Chasses et turbulences diminuent l'efficacité de la sédimentation et peuvent provoquer l'entraînement par les effluents d'une quantité importante de matières solides. Les Fig. 6.21 et 6.24 montrent des dispositifs convenables d'entrée.

Les chasses de WC et la vidange des éviers et des baignoires provoquent une augmentation rapide du débit, dont on peut limiter les effets en utilisant des tuyaux de drainage de grand diamètre (au moins 100 mm) et en leur donnant une pente réduite (1/66) à l'approche de la fosse septique. Sections et pentes des drains entre immeubles et fosses septiques peuvent être spécifiés dans les règlements locaux de construction.

Sortie

Pour les fosses de moins de 1,2 m de largeur un simple tube en T peut suffire. Un couvercle situé au-dessus permettra de le libérer de toute obstruction éventuelle. Au lieu du tube en T, un déflecteur en tôle galvanisée, en ciment armé ou en amiante-ciment peut être installé devant la tubulure de sortie (Fig. 6.22). Avec un déflecteur situé au-dessus de la sortie, il y a moins de risque que les boues soient remises en suspension et emportées hors de la fosse. Pour les fosses de plus de 1,2 m de large, on peut utiliser un déversoir sur toute la largeur, qui permettra un débit régulièrement réparti sur toute cette largeur. On prévoira l'installation d'un pare-écume plongeant dans la fosse, qui empêchera l'écume de passer par dessus le déversoir (Fig. 6.23).

Fig. 6.22. Déflecteur à la sortie d'une fosse septique

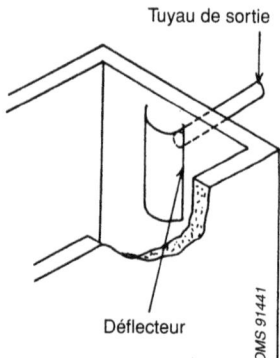

Fig. 6.23. Fosse septique utilisant un déversoir sur toute la largeur

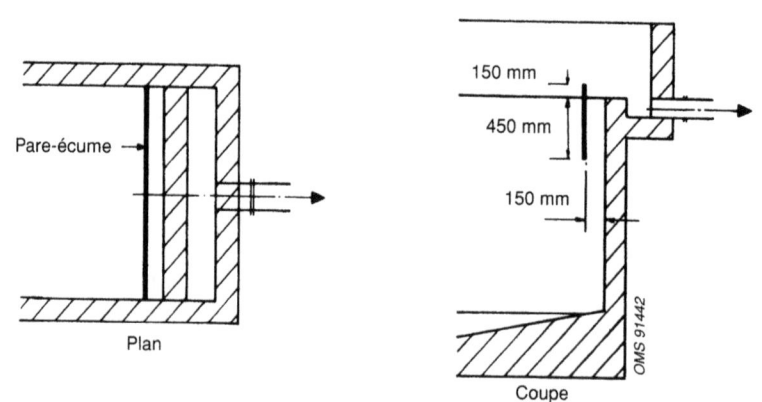

Cloisons de séparation

Quand une fosse est divisée en deux compartiments ou plus, on relie ceux-ci par des fentes ou de petites longueurs de tuyau au-dessous de l'écume et au-dessus du dépôt, comme on le voit sur la Fig. 6.24. On prévoira au moins deux de ces systèmes pour obtenir une répartition du débit sur toute la largeur.

Ventilation de la fosse

Les processus anaérobies qui sont à l'œuvre dans la fosse produisent des gaz qui doivent pouvoir s'échapper. Si le drainage de tout le bâtiment est muni d'un évent à sa partie la plus haute, les gaz peuvent remonter les drains pour sortir. Sinon, on installera un évent à sortie grillagée sur la fosse elle-même.

Fig. 6.24. Fosses septiques montrant divers moyens de liaison entre compartiments

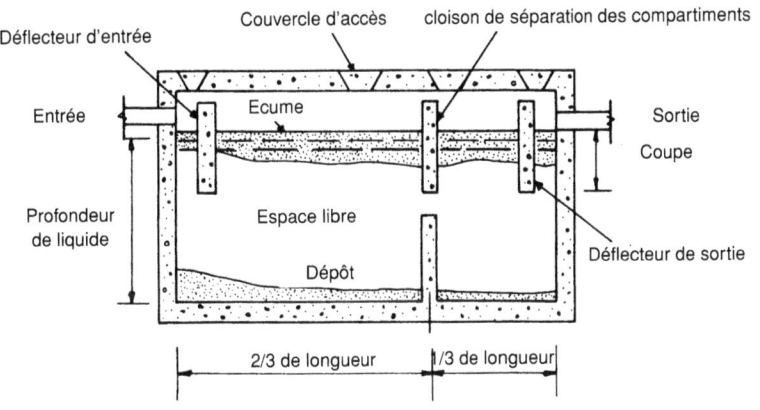

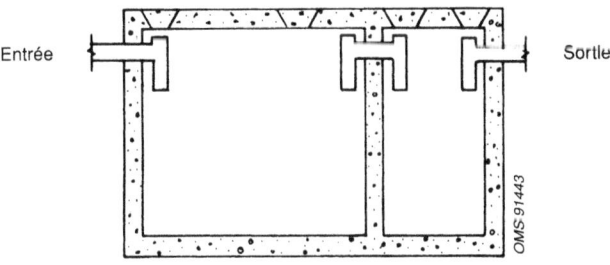

Radier

Certaines normes recommandent une pente descendante vers l'entrée et, cela, pour deux raisons. D'abord, l'accumulation des boues est plus importante au voisinage de l'entrée, d'où la nécessité d'une plus grande profondeur. Ensuite, la pente favorise le mouvement des boues vers l'entrée lors des vidanges. S'il y a deux compartiments, le deuxième aura un radier plat alors que le premier aura un radier en pente de 1 sur 4 vers l'entrée. Pour le calcul du volume de la fosse, on fera comme si le radier était plat à partir de son plus haut niveau, ce qui fait que la pente donnera à la fosse un volume plus grand. L'inconvénient des radiers inclinés est qu'il faut creuser plus profond l'emplacement de la fosse et que cela complique la construction qui, de ce fait, est plus coûteuse.

Utilisation et entretien

Mise en service de la fosse

Le démarrage de la digestion anaérobie d'une fosse neuve peut être lent: une bonne idée est de l'«ensemencer» au moyen d'un peu de boues prélevées dans une fosse qui fonctionne depuis quelque temps. On assure par ce procédé la présence des micro-organismes nécessaires et, donc, le démarrage rapide de la digestion (Mac Carty, 1964).

Entretien

Il est nécessaire de procéder à des inspections régulières pour vérifier s'il y a lieu de vidanger et si l'entrée ou la sortie ne sont pas colmatées. On doit nettoyer la fosse quand les boues et l'écume occupent le volume spécifié dans le projet de construction. Une règle simple veut qu'on vidange lorsque le dépôt occupe entre la moitié et les deux tiers de la profondeur totale entre le niveau du liquide et le radier. L'un des problèmes avec les fosses septiques, c'est qu'elles continuent à fonctionner lorsqu'elles sont presque pleines. Dans ce cas, le liquide qui entre se fraie un passage à travers le dépôt en quelques minutes au lieu de séjourner dans la fosse le temps nécessaire.

La meilleure façon de vidanger la fosse consiste à utiliser une citerne à dépression, qui aspire les boues au moyen d'un tuyau flexible relié à une pompe à vide. Si les couches inférieures du dépôt ont durci, on peut les mobiliser avec un jet d'eau provenant du camion citerne ou les morceler avec une bêche à long manche afin de pouvoir les pomper.

Si on ne dispose pas d'une citerne à dépression, il faut évacuer manuellement le dépôt au moyen de seaux. Il s'agit là d'un travail désagréable, qui n'est pas sans risques pour la santé des exécutants.

On prendra soin d'éviter de répandre les boues autour de la fosse pendant la vidange, car le dépôt d'une fosse septique contient aussi des excréments frais et présente un risque de contamination d'origine fécale. Il est donc nécessaire de procéder à une élimination soigneuse.

Après la vidange, on ne lavera ni videra la fosse complètement. On laissera un peu du dépôt dans la fosse pour assurer la continuité de la digestion.

Cabinets à eau

Le cabinet à eau est une latrine installée au-dessous ou à côté d'une fosse septique. Il s'avère utile quand la fourniture d'eau est limitée (Fig. 6.25).

Fig. 6.25. Cabinet à eau

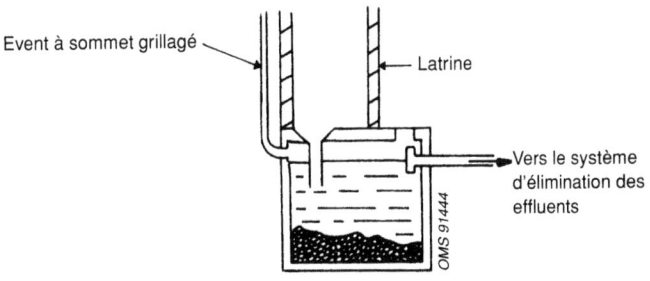

Quand il est installé au-dessus de la fosse, on suspend sous le siège ou le trou de défécation un tuyau de chute de 100-150 mm de diamètre qui amène les excréta directement dans la fosse. Ce tuyau plonge de 75 mm sous le niveau du liquide, ce qui constitue un joint hydraulique qui empêche les gaz de remonter dans la cabane et limite l'accès des mouches et des moustiques à la fosse. On peut aussi utiliser un siège équipé d'une cuvette à siphon. Si la latrine est simplement adjacente à la fosse, on la relie à celle-ci par un tuyau. Les effluents aboutissent dans un puits absorbant, une tranchée de drainage ou les égouts. Il n'y a généralement qu'un petit débit d'effluent et il est de ce fait très concentré.

Fig. 6.26. Cabinet à eau avec une cuvette nettoyée par le liquide d'une auge

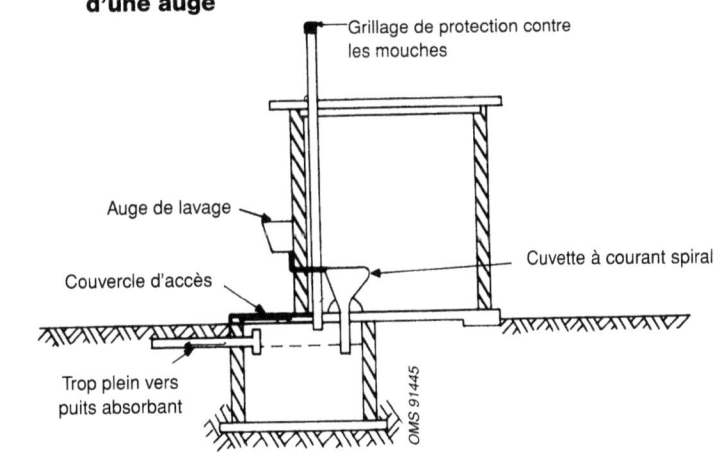

Afin qu'il existe toujours un joint hydraulique à l'extrémité du tuyau de chute, il est essentiel que le niveau du liquide soit maintenu. Si la fosse est complètement étanche à l'eau, un seau d'eau journalier pour le lavage de la cuvette suffit à compenser l'évaporation. Cependant, la pratique montre que la plupart des fosses souffrent de fuites. Même lorsque toute l'eau usée domestique aboutit à la fosse, il n'est pas absolument sûr qui le niveau dépasse toujours l'extrémité du tuyau (Fig. 6.26). A Calcutta, les cabinets à eau utilisés par des gens qui se servent d'eau pour leur nettoyage anal comportent un joint hydraulique incorporé au tuyau de chute (Pacey, 1978).

On peut calculer comme pour les fosses septiques le volume à prévoir pour les fosses de cabinets à eau. Un nettoyage régulier du dépôt et de l'écume est essentiel, ce qui implique un couvercle amovible. On installe souvent aussi un tuyau d'évent.

Elimination des effluents des fosses septiques et des cabinets à eau

Une fosse septique ou celle d'un cabinet à eau ne sont finalement que l'association d'un réservoir de rétention et d'un digesteur. A part les pertes par infiltration ou évaporation, le débit de sortie est égal au débit d'entrée. L'effluent reste concentré en valeur absolu et on n'insistera jamais assez sur la nécessité d'éliminer de façon sûre les effluents des fosses septiques.

L'effluent d'une grande fosse desservant des groupes d'immeubles ou des structures collectives peut se traiter par les moyens habituels, comme les lits bactériens. L'effluent des fosses septiques et des cabinets à eau pour maisons individuelles est normalement rejeté dans des puits filtrants ou des tranchées de drainage pour s'infiltrer dans le sol. Les capacités d'infiltration données par le Tableau 5.4 (page 42), peuvent servir à calculer la superficie à donner aux parois des puits filtrants et des tranchées de drainage.

Il est malheureusement impossible de prédire la longévité de ces systèmes d'élimination des effluents, car elle dépend à la fois de l'efficacité de la fosse septique et de l'état du sol. Il se forme souvent des mares de liquide stagnant lorsque la fosse septique reçoit à la fois des eaux vannes et des eaux ménagères et les évacue dans un terrain de drainage trop petit ou engorgé, avec le risque infectieux que cela entraîne. On peut éviter la surcharge du terrain de drainage en n'envoyant à la fosse que les eaux vannes et en traitant à part les eaux ménagères qui sont beaucoup moins dangereuses pour la santé que leur mélange partiellement traité avec les eaux vannes. Kalbermatten et al. (1980) ont proposé d'utiliser des fosses septiques à trois compartiments, le dernier étant destiné aux eaux ménagères. Dans ce cas, on pourra alors considérer que la vitesse d'infiltration des effluents doit être 2 fois plus élevée que dans le cas des fosses à deux compartiments.

Puits filtrants

Les puits qu'on utilise à la sortie des fosses septiques ont généralement 2-5 m de profondeur et un diamètre de 1-2,5 m. Leur capacité ne doit pas être inférieure à celle de la fosse septique.

Selon la nature du sol ou le prix local des matériaux de construction, on construira des puits soit chemisés, soit remplis de pierres ou de morceaux de briques. Les chemisages sont faits soit de briques, soit de parpaings, soit d'une maçonnerie en nid d'abeille ou à joints ouverts (Fig. 6.27), comme les chemisages des fosses de latrine qui seront décrites au Chapitre 7. On peut augmenter la capacité d'infiltration des sols en remplissant tout l'espace situé derrière les chemises avec du sable ou du gravier (Cairncross & Feachem, 1983). On peut remplir un puits non chemisé avec des matériaux durs concassés de plus de 50 mm de diamètre, comme de la pierre ou des briques séchées au four (Fig. 6.28).

Que la partie principale du puits soit chemisée ou remplie, les 500 mm au sommet devront être constitués d'un anneau de maçonnerie, de briques ou de parpaings rejointoyés au mortier afin de constituer un support solide pour la couverture. L'anneau peut être construit en encorbellement pour réduire la couverture (généralement en béton armé) qui sera ensuite recouverte de 200-300 mm de terre pour interdire l'entrée aux insectes.

La surface nécessaire à l'infiltration se calcule à partir des données du Chapitre 5, comme l'indique l'exemple 8.6 du Chapitre 8. L'augmentation du diamètre du puits se traduit par un accroissement du volume à excaver et du prix de la plaque de couverture disproportionné par rapport au gain de surface de paroi qu'on peut espérer. Il s'ensuit que si une grande surface d'infiltration est nécessaire, il peut être plus économique de faire appel aux tranchées de drainage.

Fig. 6.27. Puits absorbant chemisé

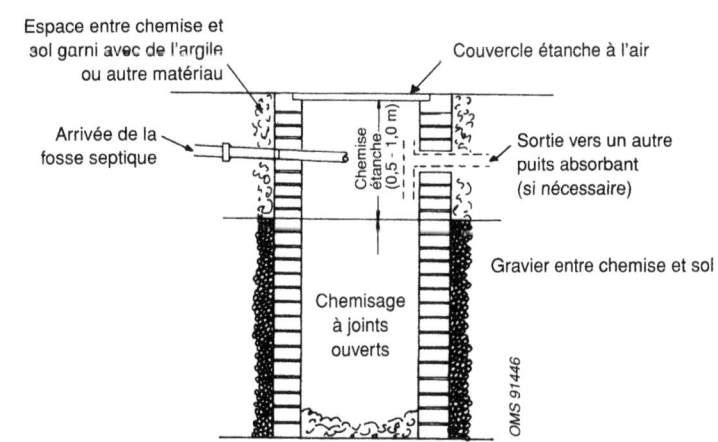

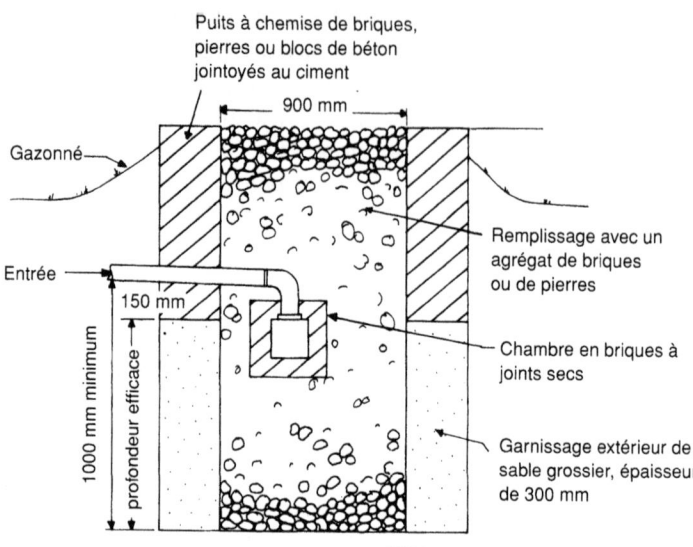

Fig. 6.28. Puits absorbant non chemisé

Tranchées de drainage

Pour éliminer une grande quantité d'effluents provenant de fosses septiques, on utilise souvent des tranchées qui permettent d'étaler le débit sur une vaste zone, ce qui réduit le risque de surcharge. Ces tranchées créent une zone de drainage. On transporte l'effluent dans des tubes habituellement de 100 mm de diamètre, entre les extrémités desquels on laisse un espace de 10 mm environ. On utilise souvent des tuyaux de grès non émaillé finis soit par des extrémités ordinaires soit par un assemblage à manchon. Avec les extrémités ordinaires, on recouvre la partie supérieure de l'espace avec du papier goudronné ou de la feuille de plastique pour empêcher l'entrée de sable ou de limon. Avec les assemblages à manchon, on peut utiliser de petites cales de pierre ou de ciment pour centrer les embouts mâles dans les manchons (Fig. 6.29).

On creuse les tranchées de drainage en général sur une largeur de 300-500 mm et une profondeur de 600-1 000 mm sous le sommet des tuyaux. On pose souvent les tuyaux avec une pente de 0,2-0,3 % sur un lit de cailloux à l'anneau de 20-50 mm. On remet sur les cailloux une épaisseur de 300-500 mm de terre protégée par de la paille ou du papier de construction contre l'entraînement par l'eau (Fig. 6.30).

Si on a besoin de plusieurs tranchées, il vaut mieux les disposer en série (Cotteral & Norris, 1969). Elles sont alors pleines ou vides, ce qui permet au terrain qui borde les vides de revenir en état sous conditions aérobies (Fig. 6.31).

Fig. 6.29. Raccord de tuyauterie ouvert dans une tranchée de drainage

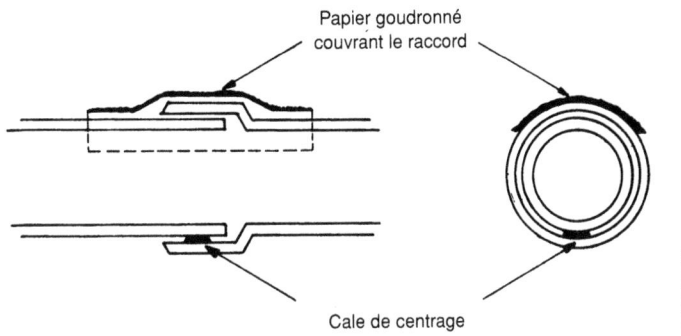

Fig. 6.30. Tranchée de drainage

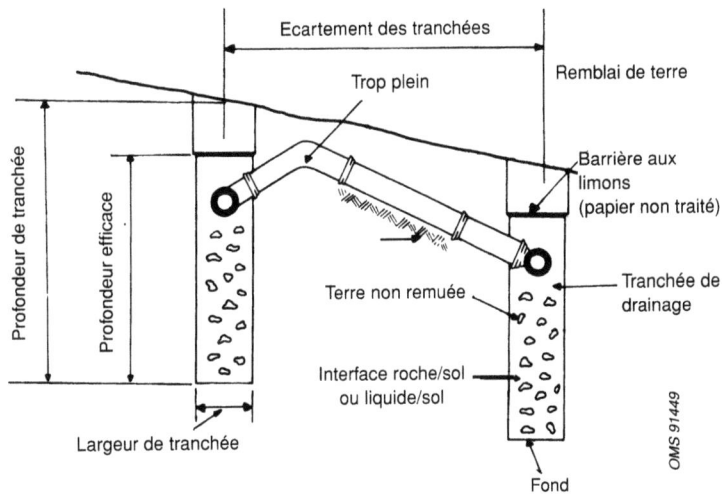

Fig. 6.31. Tranchées de drainage creusées dans un chemin de drainage et raccordées en série. A-A montre la section de la Fig. 6.30.

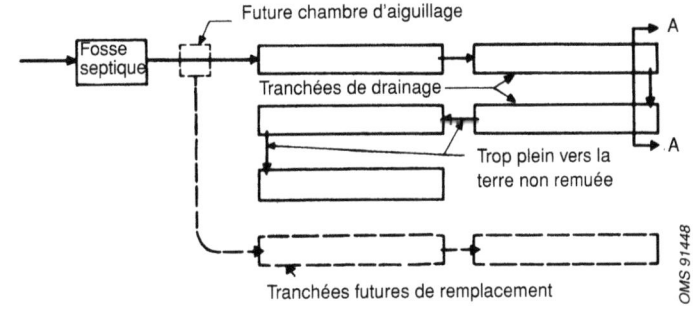

Si on dispose les tranchées en parallèle, elles auront tendance à toutes contenir un peu d'effluent. Les tranchées doivent être espacées de 2 m, ou de deux fois leur profondeur si celle-ci dépasse 1 m.

La longueur de tranchée se calcule en divisant le débit de l'effluent par la vitesse d'infiltration et en tenant compte des deux parois, comme les exemples donnés au Chapitre 8 en sont l'illustration.

Latrines à compostage

On discutera dans l'Annexe 1 la valeur du compostage des excréta avec de la matière organique sèche. Il existe deux types de latrines à compostage, celles à deux compartiments, qui utilisent des bactéries anaérobies, et celles à compostage en continu, qui utilisent des bactéries aérobies.

Latrines à deux compartiments

Chaque latrine comporte deux chambres utilisées en alternance (Fig. 6.32). Au départ, on étale sur le fond d'une des chambres une couche d'un matériau organique absorbant, par exemple de la terre sèche, et cette chambre devient le lieu de défécation. Après chaque utilisation, on recouvre les fèces avec de la cendre de bois, ou avec un matériau similaire, qui désodorise les excréments en cours de décomposition et absorbe l'excès d'humidité.

Lorsque le compartiment est aux trois quarts plein, on nivelle le contenu au moyen d'un bâton et on achève le remplissage avec de la terre sèche réduite en poudre, après quoi on scelle le trou de défécation. Pendant que le contenu de ce premier compartiment se décompose par voie anaérobie, on utilise le deuxième compartiment. Quand ce dernier est plein à son tour, on vide le premier grâce à une porte ménagée au voisinage du fond et la chambre est remise en service. Le contenu s'utilise comme amendement.

Chaque compartiment doit être assez grand pour contenir les excréta d'au moins deux ans. Cette durée est nécessaire pour que la plupart des germes pathogènes disparaissent et qu'on puisse donc récupérer le compost. Les capacités recommandées vont de 1,1 m^3 (Winblad & Kalama, 1985) à 2,23 m^3 (Wagner & Lanoix, 1960).

Normalement, la superstructure couvre les deux chambres, avec un trou de défécation sur chacune. On scelle un couvercle, au mortier de chaux ou avec de l'argile, sur le compartiment qui n'est pas utilisé. Sur le trou du compartiment en service, on pose un couvercle à l'épreuve des mouches pendant qu'on ne se sert pas de la latrine. On peut installer un tuyau d'évent pour éviter l'odeur, mais il semble que le fait de couvrir les fèces avec de la cendre suffise à éliminer les mauvaises odeurs.

Il est capital de combattre l'humidité pour que la latrine fonctionne correctement. Les latrines à compostage ne conviennent donc pas là où on utilise de l'eau pour le nettoyage anal. Il est courant de recueillir séparément les urines, de les étendre avec 3-6 parties d'eau et de les utiliser comme engrais (bien qu'il puisse y avoir un risque pour la santé). Certaines installations comportent un puits filtrant directement sous les compartiments pour que l'excès d'humidité soit drainé dans le sol (Fig. 6.33). On peut ainsi éliminer l'urine, mais au prix de la perte d'un engrais précieux et au risque de polluer l'eau souterraine. Pour absorber l'excès d'humidité et améliorer la qualité du compost final, on jette dans les chambres de la cendre de bois, de la sciure, de l'herbe, des déchets végétaux et autres matières organiques.

Fig. 6.32. Latrine à deux compartiments

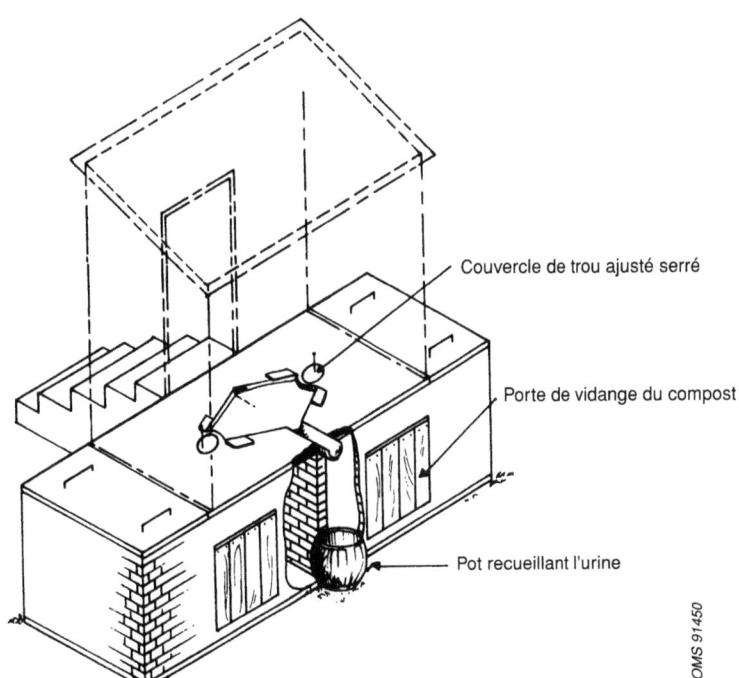

Outre qu'elle fournit une ressource réutilisable, la latrine à deux compartiments a l'avantage de s'installer n'importe où. Comme les chambres sont maintenues sèches, il n'y a pas pollution du sol environnant, même avec des fosses enterrées. Dans les terrains rocheux, où lorsque le niveau de la nappe phréatique est élevé, on peut construire les compartiments au-dessus de sol. Les parois et le fond devront être étanches à l'eau.

On a utilisé avec succès des latrines à deux compartiments au Vietnam (Mc Michael, 1976) et au Guatemala (Buren et al., 1984). Ailleurs, les essais n'ont généralement pas donné satisfaction. La plupart des inconvénients tiennent au problème de l'humidité. Le fonctionnement correct des latrines est difficile à faire comprendre aux usagers et il faut déployer des efforts considérables pour apprendre aux gens à s'en servir. On laisse souvent le contenu trop s'humidifier, ce qui rend la chambre malodorante et difficile à vidanger.

Fig. 6.33. Latrine à deux compartiments avec puits absorbants

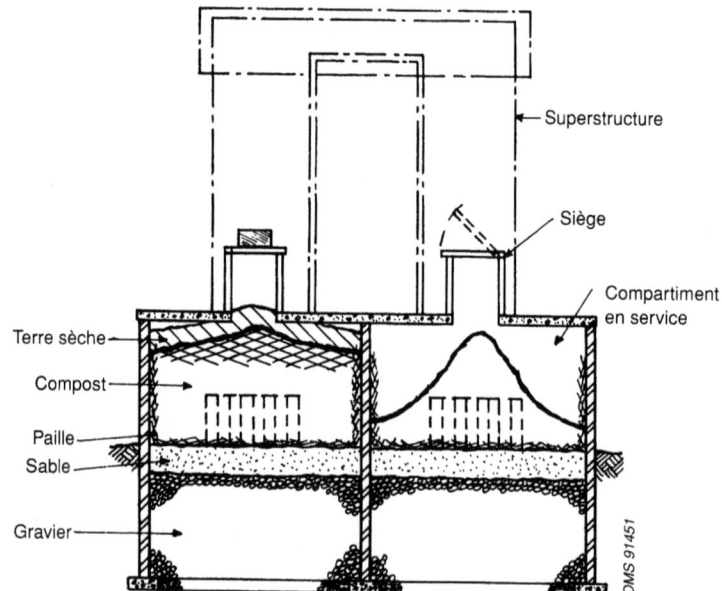

Latrines à compostage en continu

Elles comportent des compartiments en pente, étanches à l'eau, d'environ 3 m de long. Les excréta tombent d'une toilette. Les déchets organiques de la cuisine et du jardin y sont jetés par une ouverture séparée (Fig. 6.34).

On favorise la circulation de l'air à travers le tas de déchets au moyen de canalisations en U inversé et d'un tuyau d'évent, ce qui empêche l'anaérobiose et élimine par évaporation l'excès d'humidité. A mesure que de nouveaux matériaux sont déversés dans la chambre, le matériau ancien avance progressivement vers le fond, puis glisse dans un compartiment plus petit d'où on l'enlève périodiquement.

Le système s'est avéré satisfaisant dans les maisons de campagne et autres bâtiments isolés des pays industrialisés, où on l'installe quelquefois dans la cave, sous la latrine et la cuisine. On a essayé au Botswana et en Tanzanie de l'adapter aux matériaux africains et aux coutumes locales (Winblad & Kalama, 1985) en utilisant des fosses construites en béton ou en moellons et sable. On a constaté qu'il ne convenait pas à cause de son prix élevé et d'une exploitation délicate. En effet, il est capital, pour que le système fonctionne, de maintenir un rapport carbone-azote et un taux d'humidité convenables. En pratique, on s'aperçoit que c'est le problème de l'humidité qui est le plus difficile à maîtriser. Les mouches et les odeurs sont souvent gênantes, surtout peu après la mise en service.

Fig. 6.34. Toilette à compostage en continu

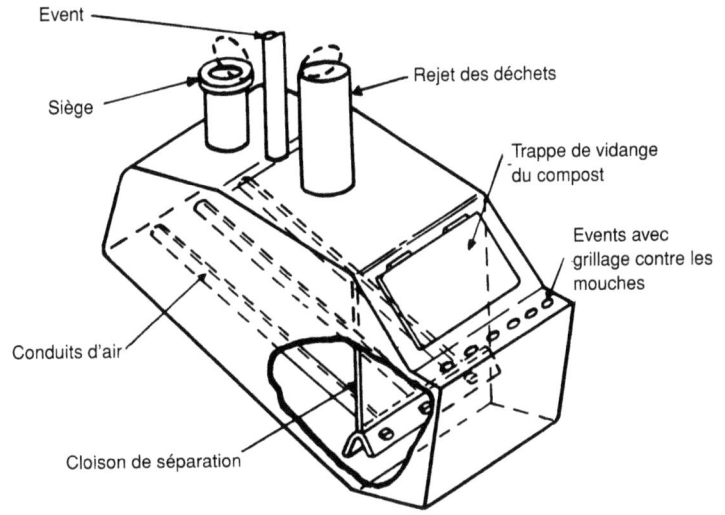

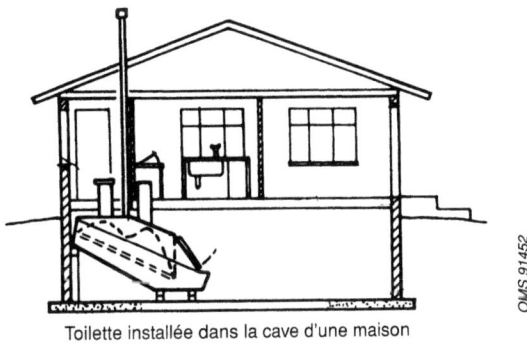

Toilette installée dans la cave d'une maison

Latrines multiples

Dans certains contextes culturels, on préfère que les hommes et les femmes, ou encore les enfants et les adultes, aient des latrines séparées. Il y a également un besoin de latrines multiples là où se réunissent un grand nombre de gens, comme les écoles, les restaurants et les bureaux, etc. Lorsque les latrines possèdent un joint hydraulique, on peut les relier par des canalisations à une fosse unique (Fig. 6.35). On peut aussi construire des latrines améliorées (LAA) au-dessus d'une fosse unique, mais il faut limiter les sièges à deux par évent. On a élaboré une latrine LAA multiple à deux fosses où chaque cabine est dotée de deux trous de défécation ou de deux sièges (Fig. 6.36), qu'on utilise alternativement, de la même manière que les latrines LAA normales à deux fosses. On bouche et scelle les trous non utilisés. Les cloisons qui séparent la fosse en deux doivent en occuper toute la hauteur.

Fig. 6.35. Liaison entre plusieurs latrines à chasse d'eau sur une seule fosse

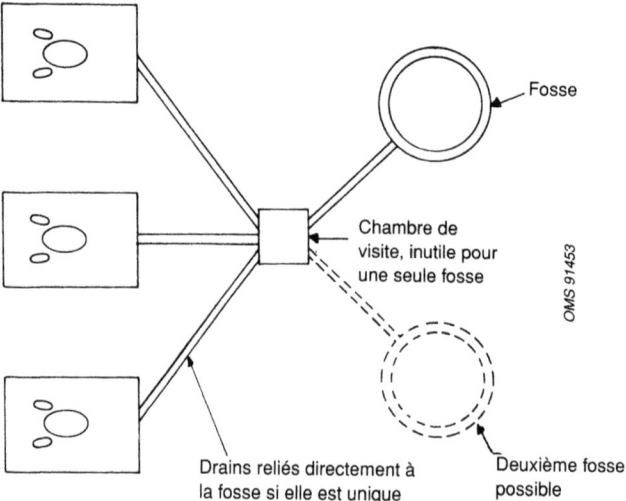

Autres latrines

Latrines à tinette

Le système d'évacuation des excréta provenant des latrines à tinette constitue l'une des formes les plus anciennes de l'assainissement organisé. On trouve encore des latrines à tinette dans nombre de villes d'Afrique, d'Amérique latine et d'Asie parce que leur très faible coût les rend attrayantes pour les municipalités désargentées.

Dans certaines zones rurales ou périurbaines, les membres de la famille jettent les gadoues sur le tas de fumier ou les utilisent directement comme engrais. Dans les grandes et les petites villes, le ramassage des tinettes est souvent confié à des vidangeurs qui ont passé un contrat avec les usagers ou les municipalités. On vide parfois les tinettes dans des récipients plus importants installés au voisinage des latrines; les vidangeurs les transportent ensuite à la main ou sur la tête. On utilise aussi des charrettes à bras ou a traction animale, des bicyclettes et des tricycles.

CHAPITRE 6. UTILISATION ET ENTRETIEN

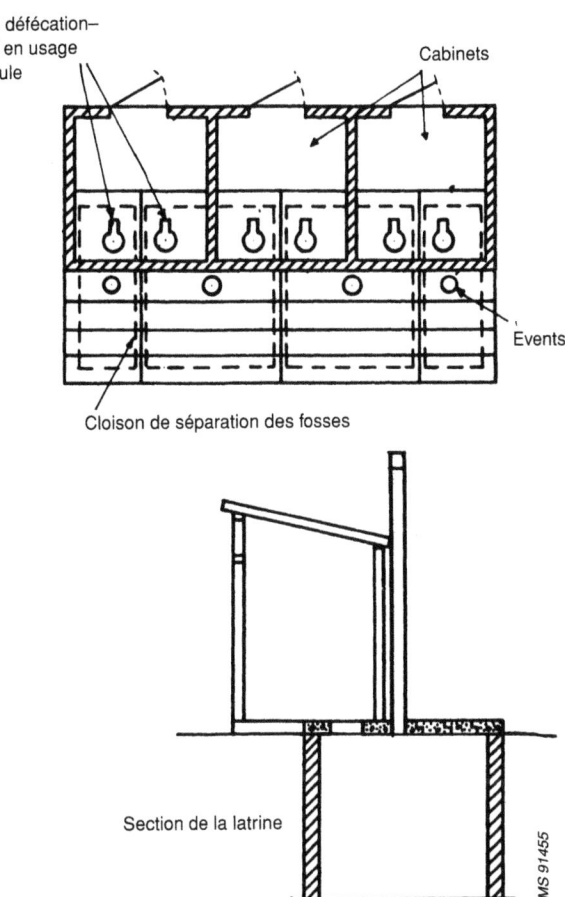

Fig. 6.36. Latrine multiple ventilée à deux compartiments par cabinet

Pour les raisons exposées au Chapitre 4, le ramassage des gadoues ne doit jamais être envisagé comme amélioration des programmes d'assainissement, et toutes les latrines à tinette devront être remplacées aussitôt que possible.

Ces latrines sont d'ailleurs de moins en moins utilisées. Toutefois, pendant encore de nombreuses années elles resteront pour certains la seule forme d'assainissement. Dans ce qui suit nous proposons quelques améliorations en attendant de passer à des formes plus acceptables d'assainissement.

Utilisation correcte

On place une tinette en matériau résistant à la corrosion au-dessous du trou de défécation ou du siège d'une latrine à tinette, dont la

PARTIE II. DÉTAILS DE LA CONCEPTION, DE LA CONSTRUCTION, DE L'EXPLOITATION ET DE L'ENTRETIEN

chambre sera munie de portes arrières toujours fermées, sauf lors du ramassage et du remplacement du récipient. On profitera du ramassage pour nettoyer la chambre. Quand on n'utilise pas la latrine, on fait obstacle aux mouches en bouchant le trou au moyen d'un couvercle muni d'un long manche. Si on dispose d'un siège, on le munit d'un couvercle à charnière (Fig. 6.37).

On remplace à l'intervalles réguliers, de préférence la nuit, le récipient sali par un propre. Les tinettes pleines iront dans un dépôt ou station de transfert pour y être vidées, nettoyées et désinfectées avec un produit du genre phénol ou crésol. Dans certaines localités, pour chaque latrine, on utilise habituellement deux récipients de couleurs différentes. Les récipients seront fermés par un couvercle ajusté pendant leur transfert et les opérateurs recevront un vêtement de protection complet. Une gestion bien contrôlée est indispensable. Les tinettes en mauvais état seront réparées ou remplacées et les véhicules de transport correctement entretenus.

Dans certaines installations, l'urine est détournée des tinettes afin de réduire le volume traité. Elle est habituellement dirigée vers des puits absorbants mais, recueillie à part, elle peut servir directement comme engrais. Les eaux de lavage des récipients et des chambres à tinettes doivent être envoyées dans des puits absorbants et ne doivent en aucun cas pouvoir polluer le sol environnant.

Méthodes d'élimination

La décharge des gadoues à tort et à travers, dans des cours d'eau ou en plein air, est inadmissible et entraîne des risques pour la santé.

Fig. 6.37. Latrine à tinette

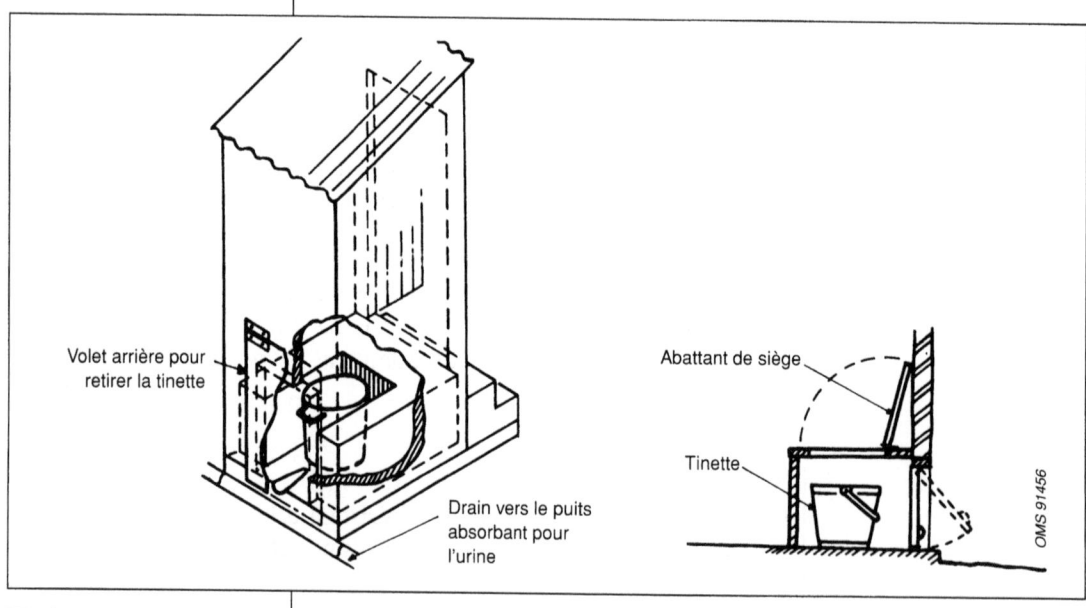

Egouts

On trouve quelquefois des latrines à tinette dans des agglomérations partiellement dotées de tout-à-l'égout et, dans ce cas, il peut être commode de vider les tinettes dans un collecteur. Il faut étudier avec soin les points de déversement pour éviter de contaminer les alentours et les installer aussi près que possible des stations d'épuration. On pourra être amené à ajouter de l'eau pour empêcher l'engorgement des égouts.

Usines de traitement

On peut déverser le contenu des tinettes dans le courant des égouts à l'entrée de la station de traitement, au niveau des fosses de sédimentation et d'aération, ou directement dans les bassins de stabilisation ou les cuves de digestion des boues.

Tranchées

On peut déverser les gadoues dans des tranchées profondes de 1 m jusqu'à 300 mm du bord et finir de les remplir avec de la terre excavée, bien compactée pour empêcher que des mouches n'apparaissent ou que les excréta ne soient déterrés par des animaux. En fin de journée, il faut recouvrir tous les excréta à l'air libre avec au moins 200 mm de terre bien compactée. La tranchée une fois remplie, on n'y touchera plus pendant au moins deux ans, après quoi on pourra de nouveau la creuser pour la réutiliser et se servir de son contenu comme engrais. On choisira le site des tranchées au voisinage de la zone de ramassage, mais loin des habitations. Le terrain devra posséder un sol poreux profond, être situé bien au-dessus du niveau de la nappe phréatique et ne pas être inondable.

Réutilisation

Les gadoues peuvent servir d'engrais après la destruction des micro-organismes pathogènes. On peut aussi en ajouter à l'eau des bassins de pisciculture (voir Annexe 1).

Fig. 6.38. Elimination en tranchées des excréta de latrines à tinette

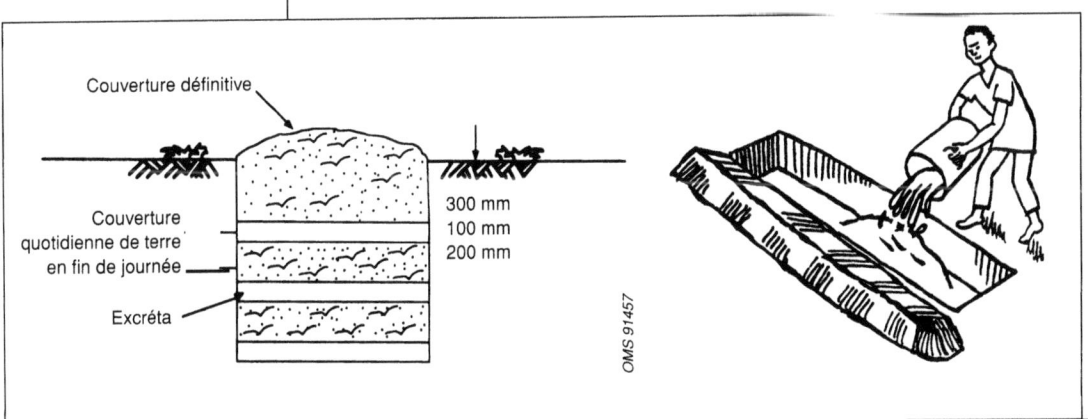

Latrines à fosse

Les latrines à fosse apportent une solution au problème des vidanges fréquentes qu'exigent les tinettes. Une cuve ou une fosse étanche, située sous la latrine ou près de celle-ci recueille les fèces, l'urine et quelquefois les eaux ménagères. On peut quelquefois se contenter d'une capacité suffisante pour deux à trois semaines d'accumulation des excréta sans vidange. Le système est satisfaisant si le ramassage est fiable et hygiénique et les fosses correctement protégées des mouches, ventilées et munies de joints hydrauliques.

Quelquefois, les matières de vidange sont extraites à la main et emportées au moyen de réservoirs montés sur des charrettes, ce qui est tout à fait déconseillé. Vider les fosses avec des pompes à main ne donne pas davantage satisfaction car leur débit est faible (environ 400 litres à l'heure) et l'évacuation complète est un travail long et pénible. La méthode est évidemment à déconseiller également.

Les citernes à dépression motorisées peuvent assurer une bonne vidange, mais il faut prévoir un cadre institutionnel pour en assurer l'exploitation et l'entretien. La plupart des citernes ne peuvent d'ailleurs pas aspirer des matières de vidange où la proportion de solides dépasse 12%, mais certaines d'entre elles sont prévues pour ajouter de l'eau dans les fosses avant l'aspiration.

En établissant les plans des compartiments, on devra prévoir une capacité supplémentaire destinée à tenir compte des irrégularités dans les intervalles entre les ramassages. Dans les collectivités qui disposent de moyens financiers, de pièces de rechange et d'un bon service d'entretien, on n'aura besoin que de 15 à 20% de capacité supplémentaire. En revanche, il sera sage de prévoir 50% lorsque l'entretien des véhicules est médiocre.

Le fonctionnement des fosses s'est avéré nuancé, car il dépend principalement de l'entretien des véhicules et des moyens financiers disponibles. Les fosses sont souvent mal construites et posent des problèmes de mouches et d'odeur, de pollution du sol et d'épaississement des matières à vidanger. Il n'est donc pas recommandé de continuer à construire des latrines de ce type.

Fosses d'aisances

Les fosses d'aisances, comme les latrines à compartiments, sont des réservoirs étanches aux liquides avec des couvercles scellés (à cause des moustiques). Cependant, elles sont généralement situées à l'extérieur des locaux et reçoivent les eaux ménagères comme les eaux vannes. Elles ont une capacité suffisante pour plusieurs mois d'utilisation (Fig. 6.39). Les frais pour une vidange régulière de toutes les eaux usées d'une maison bien alimentée en eau canalisée peuvent être très élevés, faisant des fosses d'aisances un moyen coûteux d'assainissement.

Toilettes chimiques

Les toilettes chimiques modernes sont normalement des types suivants :

- à seau cylindrique de 20 à 30 litres muni d'un siège en plastique; après vidange et nettoyage, on met 50 mm de liquide dans le récipient.

Fig. 6.39. Fosse d'aisances

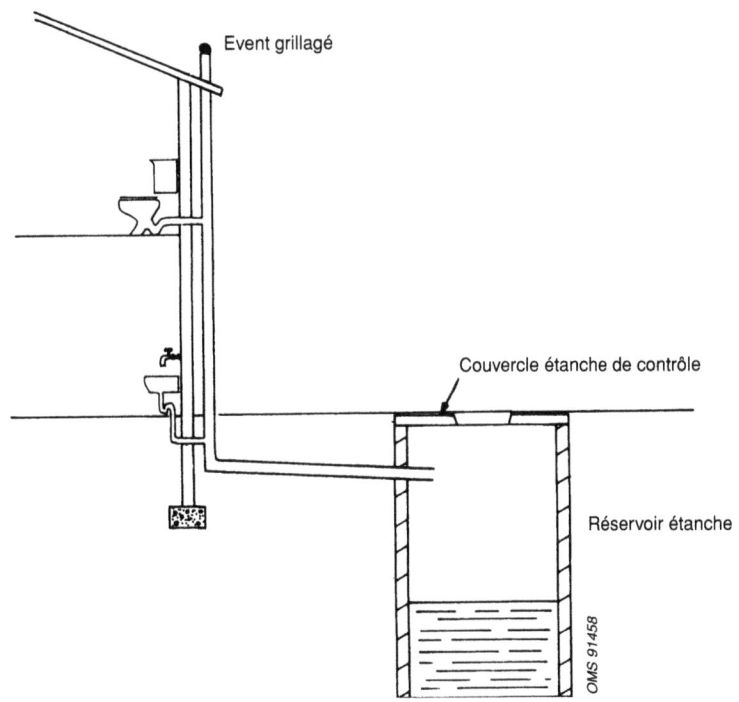

Fig. 6.40. Toilette chimique à chasse d'eau manuelle

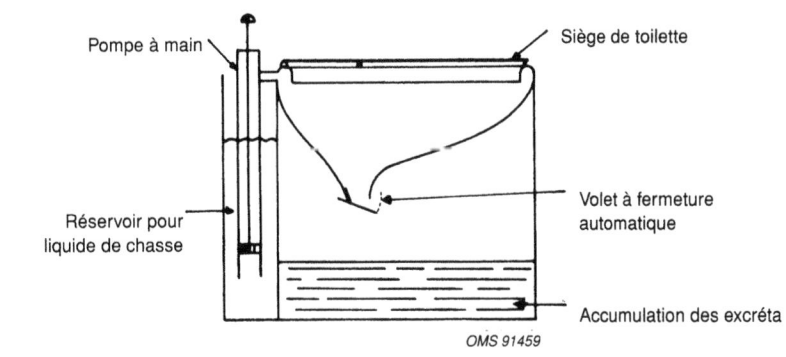

PARTIE II. DÉTAILS DE LA CONCEPTION, DE LA CONSTRUCTION, DE L'EXPLOITATION ET DE L'ENTRETIEN

- à deux réservoirs. Le réservoir de lavage contient un mélange d'eau douce et d'un produit désodorisant qu'on pompe manuellement jusqu'au bord de la cuvette; c'est un réservoir de stockage de déchets qui reçoit les matières évacuées (Fig. 6.40).
- à un réservoir unique qui porte la cuvette de lavage. Une pompe manuelle ou électrique fait circuler de l'huile, soutirée à la base du réservoir à travers un filtre et renvoyée autour du bord de la cuvette; celle-ci est munie d'un clapet équilibré qui empêche de voir les matières (Fig. 6. 41)).

Le liquide est normalement un produit chimique étendu d'eau qui rend les excréta sans danger ni odeur. Une fois le récipient rempli, on décharge son contenu dans des puits, des égouts ou des réservoirs de stockage.

On utilise les toilettes chimiques dans les avions, les cars à long rayon d'action, les maisons de vacances et les chantiers de construction. Les produits chimiques utilisés sont chers.

Fig. 6.41. Toilette à recirculation d'huile

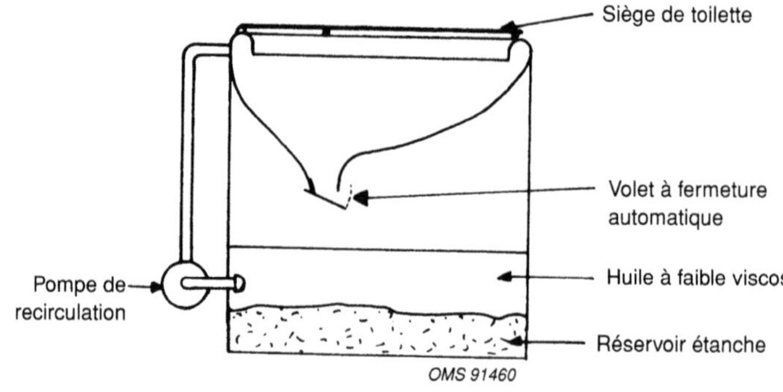

Latrines suspendues

Il s'agit ici d'une cabane dont le plancher se situe au-dessus du niveau d'un cours d'eau (Fig. 6.42). Un trou de défécation ménagé dans le plancher permet aux excréta de tomber directement dans l'eau. On installe quelquefois un tuyau de chute entre le plancher et l'eau. On ne doit pas utiliser ce type de latrine quand on peut installer des latrines à fosse. Toutefois, elles peuvent être le seul moyen d'assainissement offert aux gens qui vivent sur une terre inondée en permanence ou selon la saison.

Selon Wagner & Lanoix, ces latrines sont acceptables, aux conditions suivantes :

- L'eau réceptrice devra être toute l'année suffisamment salée pour empêcher la consommation humaine.
- On installera la latrine au-dessus d'une eau assez profonde pour que le fond ne soit jamais exposé à marée basse ou pendant la saison sèche.

- On choisira soigneusement le site pour que les matières solides flottantes soient entraînées loin du village.
- Les accès, pilotis, trous de défécation et cabane devront être construits de manière à garantir la sécurité des adultes et des enfants.
- Les excréta ne seront jammais rejetés dans de l'eau dormante ou dans une eau utilisée pour la baignade.

Fig. 6.42. Latrine suspendue

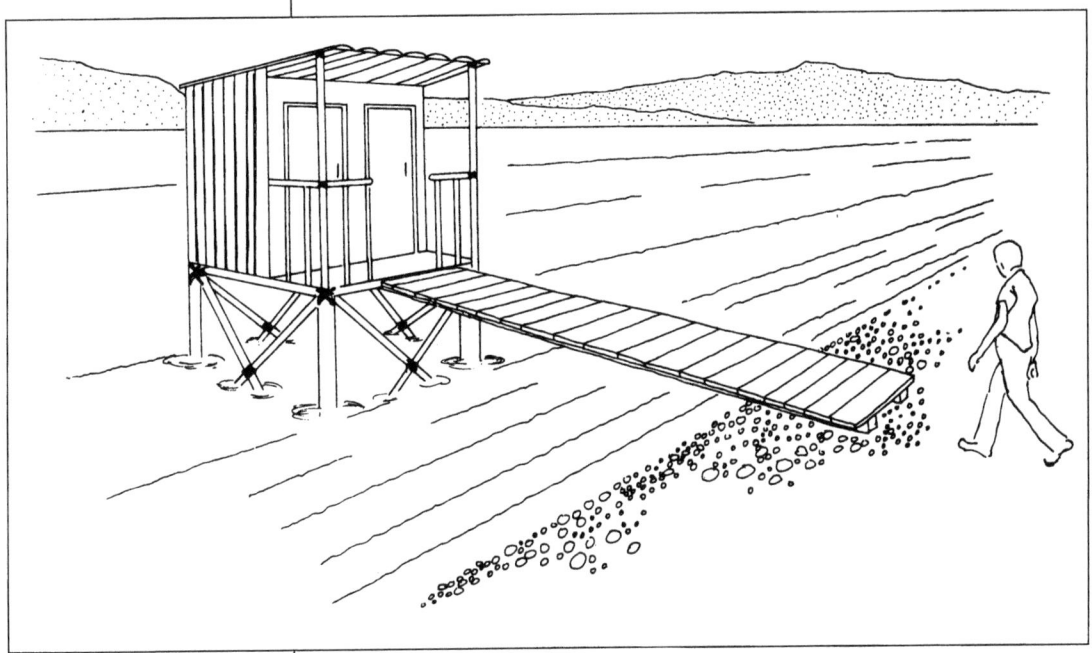

CHAPITRE 7
Eléments et construction des latrines

De nombreux éléments des systèmes d'assainissement sont communs à différents types de latrines. Dans le présent chapitre, nous allons examiner les détails techniques des éléments suivants;

— fosses et doublages intérieurs;
— sol des latrines, qu'on peut mouler directement sur le terrain lorsque les fosses ou cuves sont déportées;
— plaques de couverture posées directement sur les fosses, déportées ou non;
— repose-pieds et trous de défécation;
— sièges;
— joints hydrauliques, cuvettes, tuyaux et chambres de visite;
— tuyaux d'évent;
— superstructures.

Fosses

Excavation

La plupart des fosses sont prévues pour l'assainissement d'une seule maison, ce qui demande en général une fosse unique de 1 m^2 en surface et 3 m ou plus de profondeur (des fosses plus importantes sont cependant courantes dans certaines zones) ou deux fosses de moindre profondeur (jusqu'à 1,5m). La fosse est circulaire, carrée ou rectangulaire. Circulaires, elles sont plus stables, à cause de l'effet naturel de voussure des parois de l'excavation, qui n'ont aucun angle vif pour concentrer les efforts (Fig. 7.1). D'un autre côté, les fosses carrées ou rectangulaires sont jugées plus faciles à creuser. La profondeur dépend souvent des habitudes locales. Il est généralement avantageux de creuser les puits aussi profondément que possible, mais cette profondeur dépend des caractéristiques du terrain, du prix du doublage intérieur et du niveau de la nappe phréatique.

Revêtement des fosses

La nécessité de ce revêtement dépend du type de latrine en construction et des caractéristiques du sol. Dans les fosses septiques ou celles des cabinets à eau, qui doivent être étanches, on monte toujours un doublage. Toutefois, pour les latrines à fosse, on n'a besoin d'un doublage que si le terrain risque de s'ébouler.

Fig. 7.1. Résistance des différentes formes de fosse

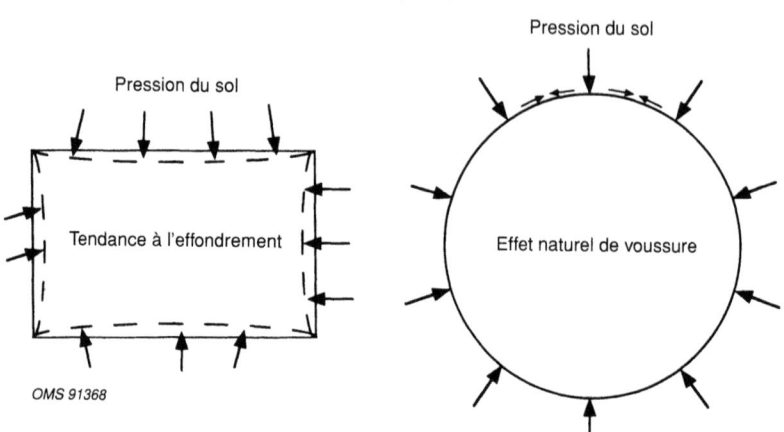

Il est difficile de savoir à l'avance si le sol sera autoporteur. Si des excavations ont déjà été creusées dans le voisinage, des fosses peu profondes par exemple, et qu'elles sont restées autoporteuses pendant plusieurs années, on peut admettre sans risque que la fosse n'aura pas besoin de soutien. Les sols granulaires, comme les sables ou les graviers, ont généralement besoin d'être soutenus. Les sols cohésifs, comme les limons ou les argiles, et les sols qui comportent une forte proportion d'oxyde de fer, comme les latérites, sont souvent autoporteurs. Toutefois, ces sols peuvent perdre leurs propriétés autoporteuses lorsqu'ils sont mouillés, comme c'est souvent le cas lorsque le niveau de la nappe phréatique est variable.

S'il y a le moindre doute, il est prudent de supposer que le terrain n'est pas autoporteur. On recommande de plus en plus de prévoir un doublage sur toutes les fosses, surtout lorsqu'on les a prévues pour plus de cinq ans. L'effondrement d'une fosse profonde peut être extrêmement dangereux pour l'homme qui la creuse. Si l'effondrement se produit quelques années plus tard il peut coûter très cher au propriétaire et être très ennuyeux pour les usagers. Dans tous les cas, on doit chemiser le sommet sur 300-500 mm, et l'étancher, pour qu'il porte la dalle supérieure (et, si nécessaire, toute la superstructure) et pour qu'il empêche la contamination de la surface et l'entrée de la vermine.

Le chemisage doit utiliser tout matériau apte à soutenir le terrain et à durer pour la vie prévue de l'installation. On utilise couramment et valablement des briques cuites au four, des moellons de béton, du ferrociment et de la pierre de carrières locales, mais aussi des blocs de terre stabilisés, des vieux fûts d'huile (dont la vie est malheureusement limitée quand les eaux souterraines sont corrosives) et des tuyaux de terre cuite non émaillés.

La pierre de carrière, si elle est bon marché, constitue un doublage satisfaisant. On utilisera les blocs les plus réguliers pour les 500 mm du sommet et ils seront jointoyés au ciment. On peut utiliser des pierres moins régulières pour la partie inférieure du doublage sans mettre du ciment dans les joints verticaux. Il faut s'adresser à des constructeurs — des maçons — qualifiés et expérimentés si l'on veut que le doublage tienne suffisamment longtemps. Si on utilise de la pierre locale, on vérifiera sa durabilité, car certaines pierres se détériorent lorsqu'elles sont exposées à l'air ou à l'eau ou encore à des périodes de sécheresse et d'humidité qui alternent fréquemment.

On ne recommande généralement pas d'utiliser un cuvelage de bois de scierie ou de bambou, qui risque les attaques des insectes ou des champignons et a souvent une vie limitée. Quelques bois durs peuvent cependant donner satisfaction s'ils sont traités au goudron, à la créosote ou tout autre produit de préservation qui allonge leur vie. On veillera à ce qu'aucun de ces produits ne suinte dans l'eau de la nappe, car ils peuvent être toxiques (OMS, 1984). On utilise quelquefois de la canne ou du bambou tressés pour la partie inférieure de la fosse, les matériaux plus durs étant réservés aux 500 mm du sommet. Cependant, à moins qu'on envisage une durée extrêmement courte pour les fosses, on évitera ces matériaux.

Construction

Fosses peu profondes

Dans presque tous les cas, et jusqu'à 1,5 m, on peut creuser les fosses à la profondeur définitive et attaquer le revêtement par le bas. Si le sol est très meuble, on peut devoir donner une certaine pente aux parois afin de les empêcher de s'ébouler. Le revêtement terminé, on remplit le vide entre celui-ci et le sol, de préférence avec un matériau granuleux, comme du sable ou du gravier, qui permet un remplissage homogène, sans gros vides, et constitue un filtre contre l'entraînement dans la fosse de particules de terre. Des vides qui subsisteraient derrière le revêtement entraîneraient sur celui-ci des contraintes locales capables de le faire s'affaisser.

On prévoit habituellement pour le revêtement une fondation comparable à celle d'une maison. Dans la plupart des cas, une largeur de fondation double de l'épaisseur de la paroi est suffisante. (Fig. 7.2). Si les sols sont très meubles, on doit souvent prévoir une fondation plus large afin que le revêtement n'ait pas tendance à s'enfoncer sous l'effet de son propre poids (Fig. 7.3). En revanche, si la charge de la superstructure n'est pas directement appliquée sur le revêtement, on peut se passer d'une fondation élargie, puisqu'elle n'a plus à supporter que le poids du revêtement, lui-même diminué du frein exercé par la friction entre celui-ci et le sol.

Les puits absorbants ou filtrants ont besoin d'une paroi poreuse pour que les eaux usées puissent s'échapper dans le sol, ce qui s'obtient par un choix judicieux du matériau de revêtement. Celui-ci consiste alors, par exemple, en un briquetage, une maçonnerie de pierre ou de parpaings, dont une partie des joints verticaux ne sont pas garnis au mortier.

Fig. 7.2. Revêtement pour fosse peu profonde en sol dur

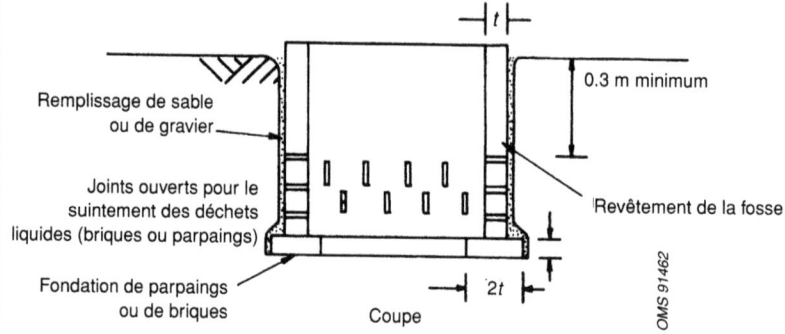

Fig. 7.3. Revêtement pour fosse peu profonde en sol meuble

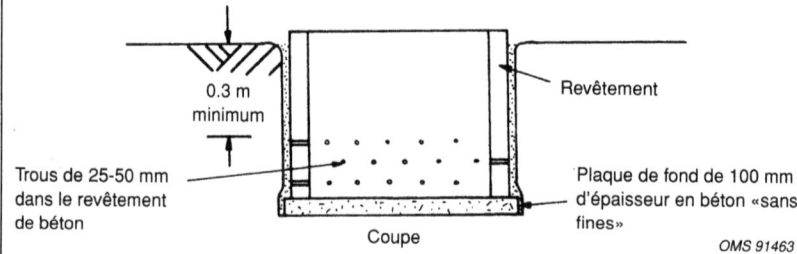

Ces joints dégarnis peuvent se limiter à un certain nombre d'assises de la maçonnerie (par exemple toutes les trois ou quatre) plutôt qu'étendus à toute la surface. Ainsi, ce sont les joints complètement garnis qui supportent la charge exercée par le sol sur le revêtement. Lorsque le sol est relativement solide, on utilise une technique nid d'abeille, plus ouverte, avec seulement de petits tas de mortier jetés entre les joints de la maçonnerie. On peut aussi se servir de briques spécialement fabriquées, avec des extrémités biseautées, utilisables pour les fosses circulaires dotées d'un trou central permettant l'infiltration (D.J.T. Webb, communication personnelle).

On confère aux anneaux pour revêtement en ferrociment, béton ou terre cuite, une certaine porosité par des trous de 25 à 50 mm de diamètre. Dans une autre méthode, les joints des anneaux sont tenus écartés par de petits cailloux ou de petites briques. En outre, les anneaux en béton peuvent être exécutés en utilisant un mortier «sans fines», c'est-à-dire fabriqué avec des matériaux dont les agrégats fins sont éliminés (les sables par exemple). Un mélange d'une partie de

CHAPITRE 7. ELÉMENTS ET CONSTRUCTION DES LATRINES

ciment pour quatre parties de gravier propre (avec éléments à l'anneau de 6-18 mm) convient parfaitement. Si on fait appel à des anneaux prémoulés, les 100 mm du haut et du bas de ces anneaux seront constitués de béton normal pour leur conférer une résistance plus élevée.

Fosses profondes

La méthode d'excavation des puits profonds dépend de la stabilité du sol pendant le creusement. Si le sol est autoporteur, on peut travailler sur toute la hauteur et monter le revêtement ensuite. Si ce n'est pas le cas, on doit construire le revêtement en même temps que l'on creuse.

Quand on peut creuser le sol sans avoir besoin de le revêtir, on tient compte de l'épaisseur du revêtement futur. La précision des cotes verticales nécessite le fil à plomb et un gabarit (circulaire ou rectangulaire) s'impose pour le respect des cotes latérales. Si les dimensions sont correctes, on dépensera moins pour la construction du revêtement et le remplissage arrière. Quelquefois, au voisinage de la surface, le sol se désagrège et pourrait s'effondrer. Dans ce cas, on fait appel à une chemise intérieure provisoire d'un mètre de hauteur (Fig. 7.4).

Fig. 7.4. Excavation pour une fosse à revêtement par anneaux préfabriqués en béton

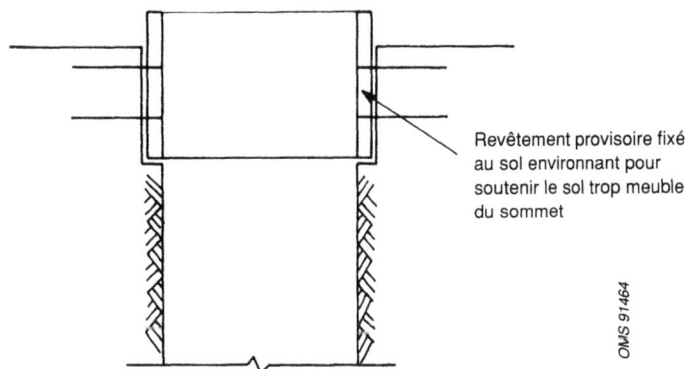

Si le revêtement définitif doit être construit avec des anneaux prémoulés, il faut évidemment que la chemise provisoire ait un diamètre intérieur plus grand que le diamètre extérieur des prémoulages.

Lorsque l'excavation a atteint la profondeur prévue, on nivelle et on nettoie le fond. En terrain solide, on peut faire une saignée dans la paroi latérale et y construire une poutre circulaire. Si le sol est au contraire extrêmement friable et que le revêtement soit susceptible de s'y enfoncer, il est possible de remplacer la poutre circulaire par une plaque exécutée en béton «sans fines» de 75 à 100 mm d'épaisseur, qui couvrira tout le fond de la fosse et distribuera le poids du revêtement sur une surface plus importante, donc réduira la pression et empêchera l'éventuelle remontée du sol (Fig. 7.3).

Construction des revêtements

Anneaux prémoulés
L'utilisation d'anneaux prémoulés en béton ou en terre cuite (Fig. 7.5) pour le revêtement des fosses a l'avantage de permettre la préfabrication du revêtement. C'est particulièrement utile dans le cas de sols peu résistants parce que cela réduit le temps pendant lequel le sol n'est pas soutenu. Les anneaux situés au voisinage du fond peuvent être, selon les besoins, de nature poreuse pour permettre aux déchets liquides de filtrer dans le sol environnant, ou bien être hermétiques et constituer un réservoir étanche prévu pour accélérer la vitesse de digestion des boues. L'anneau le plus voisin de la surface devra être complètement hermétique pour éviter toute entrée d'eau superficielle ou de rongeurs ou encore la contamination du sol. De même que pour les puits peu profonds, l'espace entre anneaux et parois sera rempli de sable ou de gravier.

Revêtements en briques, parpaings ou pierres
Ils sont construits de façon analogue à ceux en anneaux préfabriqués, en ce sens qu'ils partent des fondations. Dans le cas de puits très profonds, il peut être prudent de laisser faire la prise du ciment assez longtemps avant le remplissage de l'espace entre parois et revêtement, afin d'éviter que celui-ci ne se déforme sous le poids. Sauf sur les 300-500 derniers millimètres, les joints resteront ouverts, comme on l'a vu précédemment, pour favoriser l'infiltration des liquides dans le sol.

Fig. 7.5. Fond de fosse avec revêtement d'anneaux préfabriqués en béton

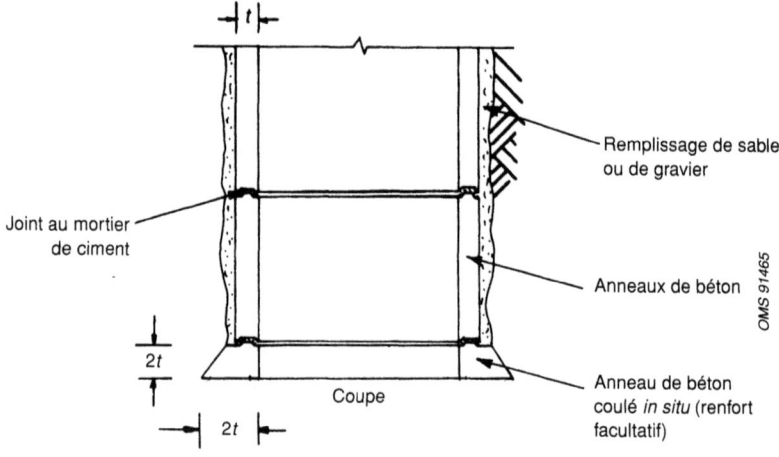

Fig. 7.6. Fosse avec revêtement en béton *in situ*

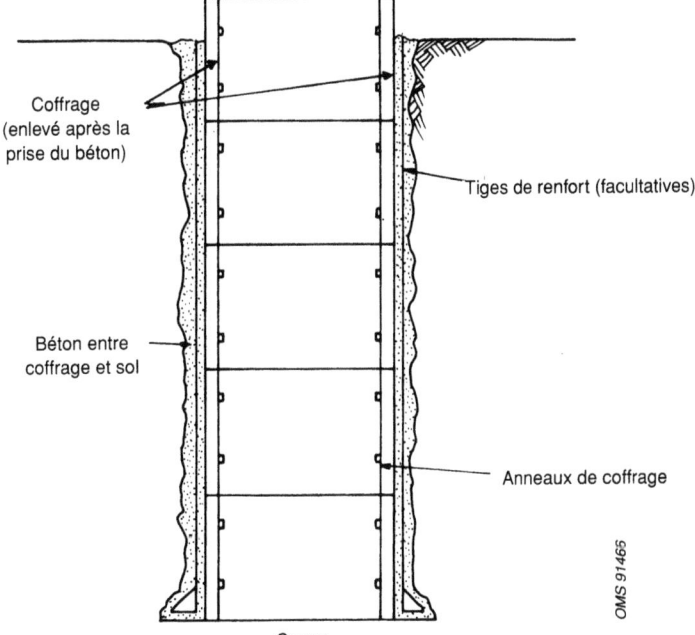

Coupe

Revêtement en béton in situ
Avec cette méthode, le trou est doublé avec du béton coulé derrière un coffrage de hauteur convenable pour permettre le compactage (Fig. 7.6). Normalement, ce béton n'a pas besoin d'être armé. Cependant, une armature légère a l'avantage de réduire les fissurations dues au retrait. On peut rendre le revêtement poreux en laissant de petits trous dans le béton (en y insérant des bouts de tuyau de 25 à 50 mm de diamètre, placés entre le coffrage et les parois). On peut aussi utiliser un béton «sans fines».

Revêtement en ferrociment
On appelle «ferrociment» le matériau obtenu en projetant du ciment sur des couches de fin treillis (comme le treillis à volaille à mailles hexagonales). Ce produit est solide, léger, ne nécessite aucun coffrage et offre une grande facilité de mise en œuvre. On l'utilise de plus en plus pour la construction de réservoirs d'eau et de dalles de couverture de latrines et on peut l'adapter à la fabrication de doublages.

Dans certains pays, le terme s'applique à tout matériau à base de béton renforcé avec du métal. Aujourd'hui, on désigne spécifiquement ainsi un matériau comportant plusieurs couches de fin grillage d'acier (généralement du treillis à mailles hexagonales avec du fil de 0,7-1,3 mm et des ouvertures de 12 mm). Sur les différentes couches reliées par du fil très fin (tous les 150 mm), on projette un mortier riche (un volume de ciment pour deux de sable) pour obtenir une épaisseur totale finale de 25 mm environ.

Après avoir creusé le trou, on nettoie aussi bien que possible ses parois des éléments qui s'en détachent et on y applique directement une couche de mortier d'environ 12 mm. On recouvre ce mortier de deux ou trois épaisseurs de grillage d'acier maintenues en place par de longs cavaliers qui s'enfoncent dans les parois à travers le ciment. On applique alors une nouvelle couche de mortier, chassée fermement dans les trous du grillage. La couche de finition couvrant le grillage aura au moins 10 mm d'épaisseur. Lorsqu'on veut un revêtement poreux, on poinçonne des trous à travers le mortier avant durcissement définitif.

On peut également préparer au sol des anneaux en ferrociment et s'en servir comme on le fait des anneaux en béton.

Excavation en terrain meuble

Lorsque le terrain est meuble et risque de s'effondrer s'il n'est pas étayé, ou lorsque la fosse pénètre dans la nappe phréatique, la méthode de construction la plus courante fait appel à la fabrication d'un revêtement sur le terrain qu'on dépose ensuite dans un début d'excavation. On extrait la terre par dessous et on laisse le revêtement s'enfoncer en occupant le vide qu'on vient de lui offrir. Il s'agit ici de la méthode des «caissons» (Fig. 7.7).

En pratique, on creuse une excavation aussi profonde que possible (déterminée par les caractéristiques locales du terrain). On y dépose un anneau prémoulé dont la partie inférieure est dotée d'un bord tranchant, on place d'autres anneaux au-dessus du premier jusqu'à atteindre le niveau du sol. On commence alors à creuser à l'intérieur des anneaux: à mesure qu'on enlève de la terre au-dessous du bord tranchant, les anneaux s'enfoncent sous leur propre poids, et on en rajoute jusqu'à atteindre la profondeur fixée.

Cette méthode autorise l'emploi de revêtements en brique ou en parpaings, à condition, toutefois, qu'ils soient construits assez haut en-dessus du terrain pour que le mortier ait le temps de faire sa prise avant que le revêtement ne s'enfonce dans le sol. La construction à nids d'abeilles n'est normalement pas assez solide pour être utilisable comme caisson.

Lorsqu'on utilise la méthode des caissons parce que la nappe est élevée, on entreprend le creusement vers la fin de la saison sèche, c'est-à-dire, quand le niveau de la nappe est au plus bas. A mesure que le caisson pénètre dans l'eau, on peut continuer à creuser sous le bord jusqu'à un mètre en écopant le matériau avec un seau ou une pelle de forme spéciale.

Fig. 7.7. Creusement d'une fosse par la méthode des caissons

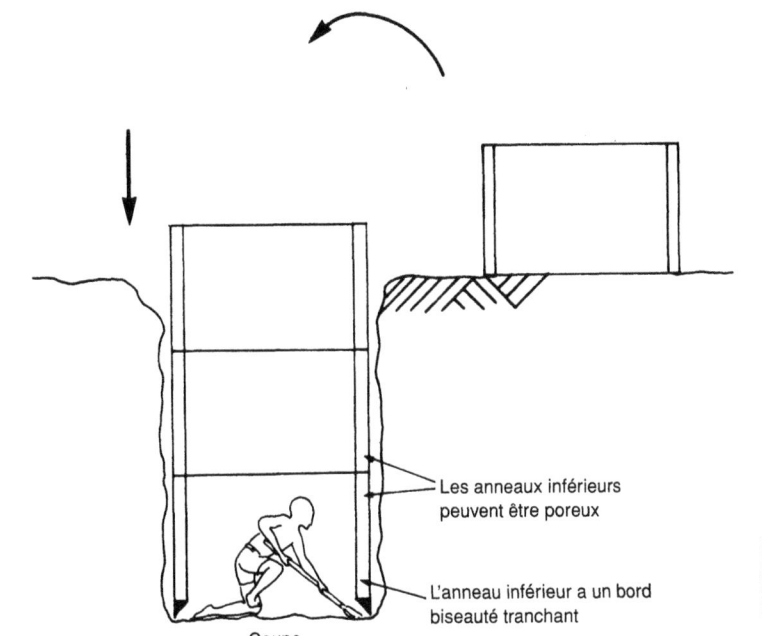

Coupe

Remplissage derrière les revêtements

Tout vide qui se trouve entre les revêtements et les parois de l'excavation doit être rempli soit avec de la terre excavée compactée soit, le cas échéant, avec du sable ou du gravier. Lorsque le sol est particulièrement friable, le remplissage du sommet peut se faire avec un mortier léger ou un mélange terre-ciment pour lui conférer une résistance améliorée. Ce renfort peut avoir une certaine importance si le sommet de la fosse s'est trouvé exagérément évasé pendant la construction.

Planchers

Ces planchers, qu'ils reposent à même le sol ou sur le bord d'une fosse, doivent être lisses et étanches, pour permettre un nettoyage facile tout en gardant un aspect satisfaisant pour l'usager. La face supérieure doit dépasser d'au moins 150 mm le niveau du sol environnant (Fig. 7.8) afin que ni la pluie ni l'eau de surface ne pénètrent dans la latrine.

Une légère pente facilitera le nettoyage et empêchera l'excès d'eau de se retrouver en flaques. Cette pente ira normalement des bords vers le trou de défécation ou la cuvette centrale afin que l'eau de lavage s'écoule dans la fosse et ne souille pas la partie qui entoure la dalle. Une pente de 20 mm des bords vers le trou central suffit pour que, sur un plancher de 1,5 m de largeur, il ne se forme pas de flaques (Fig. 7.8). Lorsqu'on utilise des sièges, la pente doit partir du support du siège vers l'extérieur afin que l'eau de lavage s'écoule obligatoirement en direction de l'entrée de la latrine.

Si la dalle prémoulée est plus petite que la surface du plancher intérieur de la cabane, on veille à ce que la surface comprise entre la dalle et le mur intérieur de la cabane soit parfaitement étanche. Si on laisse une portion de terre nue, elle finira par être souillée et infestée d'ankylostomes. Cependant, afin de diminuer les dépenses, il faut que cette surface soit la plus petite possible. On réduit ainsi les frais de construction du plancher et de la cabane. Quoi qu'il en soit, le trou ou la cuvette doivent être suffisamment loin du mur de la cabane pour que l'usager ne soit pas obligé de s'appuyer contre celui-ci pour déféquer. Il est normal de laisser une surface de plancher minimale de 80 cm de large et d'un mètre de long (Mara, 1985 b).

Dalles

Spécifications

Une dalle de latrine a deux objectifs principaux: être à la fois un élément de support et un élément d'étanchéité. Elle doit être capable de supporter le poids des usagers et éventuellement celui de la cabane. Elle ferme hermétiquement la fosse, à l'exception du trou de défécation et, si nécessaire, du trou pour le tuyau d'évent.

Fig. 7.8. Spécifications des dalles de couverture

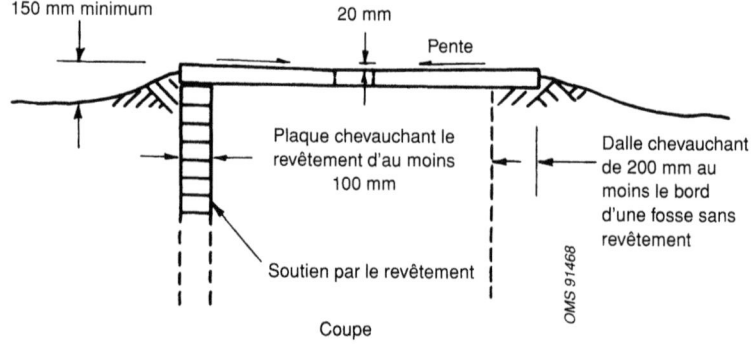

Cela facilite la lutte contre les mouches et les odeurs et réduit le risque de pénétration de rongeurs ou d'infiltrations d'eau dans la fosse. Lorsque la dalle se compose de plusieurs plaques (pour rendre plus facile les manipulations de mise en place ou d'enlèvement pour vidange), ou lorsqu'il a été prévu un couvercle amovible, on étanchéifiera les joints entre les diverses pièces avec un mortier léger de chaux ou de boue. Pour porter le poids d'un individu, la dalle doit se comporter structurellement comme un pont. Lorsqu'un siège est prévu, il faudra tenir compte de la charge supplémentaire. Selon la conception, les matériaux capables d'étaler les efforts de tension et de compression coûtent souvent plus cher que ceux d'usage courant dans les constructions à bon marché, si bien que la dalle est souvent un des éléments les plus coûteux pour l'usager. Il est donc important de s'assurer que la conception convient au but recherché tout en faisant appel à un minimum de matériaux coûteux.

Comme la dalle repose normalement soit sur une fondation, soit sur le bord du revêtement (voir Fig. 7.8), son poids et celui de l'utilisateur sont également répartis sur le sol. On veillera particulièrement au cas où la dalle supporte aussi une partie du poids de la cabane. Si le terrain est médiocre, la fondation prévient son affaissement ou son effondrement. Toute solution de continuité entre la dalle et le revêtement doit être étanchéifiée au moyen de terre ou d'un mortier léger pour empêcher les entrées d'eau, ainsi que les allées et venues des petits animaux et des insectes.

Fig. 7.9. Contraintes de tension et de compression dans une dalle de couverture

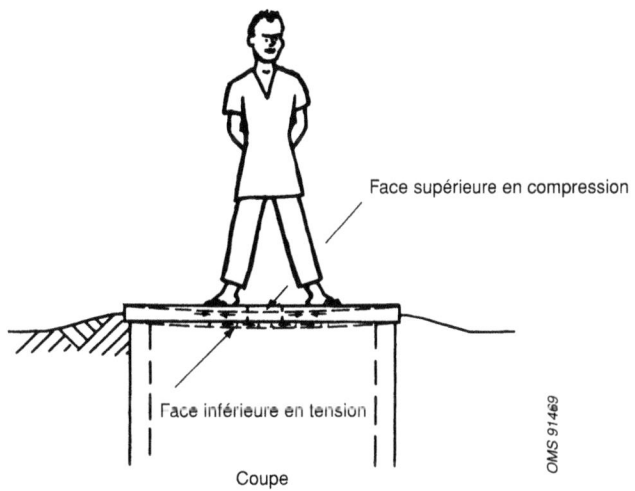

Lorsque le diamètre de l'excavation est plus grand que prévu, il arrive qu'on fasse reposer les dalles prémoulées sur des pieux de bois. C'est une pratique peu recommandable, parce qu'une forte charge sur les pieux a des chances de les faire céder rapidement.

Cependant, de petites dalles (500 par 500 mm), faites pour constituer un siège à la turque hygiénique et peu coûteux sur des latrines existantes, ne surchargeront pas un support en bois (Fig. 7.10).

Fig. 7.10. Petites dalles pour améliorer les structures en bois et terre

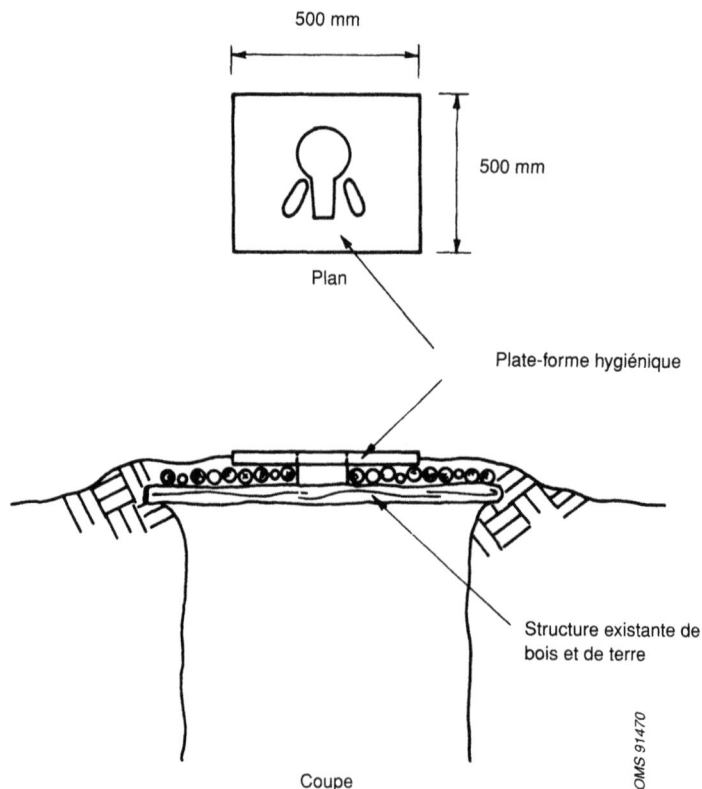

La dalle de la latrine doit donner un sentiment de sécurité et ne pas trop fléchir sous le poids de l'usager. Elle doit être aussi propre et attrayante que possible pour que les gens s'y sentent à l'aise, ce qui diminue le risque de voir la latrine mal utilisée ou souillée.

Pour les fosses déportées des latrines à chasse d'eau, il faut une dalle de couverture pour prévenir les entrées de mouches et de rongeurs et constituer une protection, surtout pour les enfants. Trou de défécation en moins, les spécifications sont les mêmes que pour une dalle normale.

Formes des dalles à pose directe

La forme et les dimensions de la fosse sont les premiers facteurs à prendre en compte lors du projet d'une dalle soutenue. Les fosses peuvent être rondes, carrées ou rectangulaires et on constate généralement que telle ou telle forme finit par devenir la norme dans une zone donnée.

Les latrines à trou foré ont une faible ouverture et, de ce fait, n'exigent que des dalles très simples, dont la forme est dictée par les besoins de l'usager (repose-pieds correctement écartés) plutôt que par la taille du trou à recouvrir. Les fosses plus grandes, creusées à la main, de 1-1,5 m, exigent une dalle d'une portée suffisante pour fermer l'ouverture. On peut diminuer la portée nécessaire en terminant le revêtement par une maçonnerie en encorbellement (Fig. 7.11), ce qui réduit du même coup la quantité de matériau nécessaire pour la dalle, et partant, son prix.

Fig. 7.11. Réduction de la portée d'une plaque

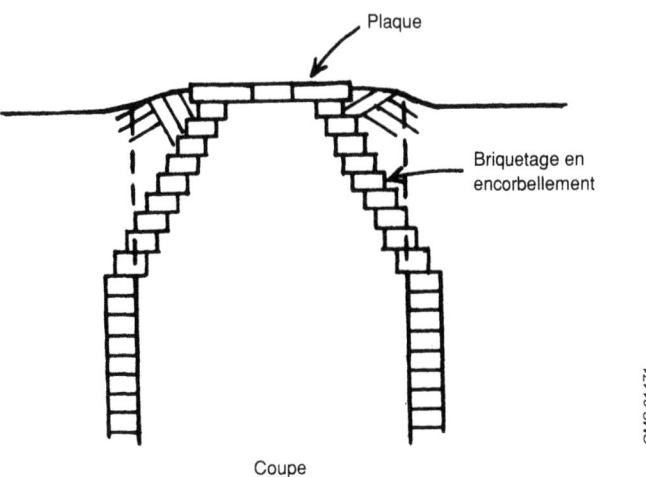

On peut utiliser des dalles préfabriquées ou construites *in situ*, ce qui implique de les confectionner au-dessus de la fosse, exactement à l'endroit où on en a besoin. Dans les programmes importants assistés par des organismes d'aide, les dalles sont construites dans un lieu commode, à l'écart des latrines sur lesquelles on doit les poser après les y avoir transportées. Leur poids et leur forme sont alors des éléments importants à prendre en compte.

Le type de latrine détermine aussi la forme des dalles. Les latrines à joint hydraulique, les cabinets à eau, les fosses ventilées et les fosses fermées par un couvercle ont toutes des exigences différentes. Par exemple, le besoin d'un trou supplémentaire pour le tuyau d'évent rend impossible, dans les latrines ventilées, l'utilisation d'une dalle bombée non renforcée.

Normalement, la dalle déborde de 100 mm le bord du revêtement ou de la fondation sur laquelle elle repose pour assurer une bonne répartition de la charge. On peut porter le débordement sur la fosse à 200 mm lorsque cette fosse n'est pas doublée et que la dalle porte alors directement sur le sol (Fig. 7.8).

Dalles à base de ciment et composants

Dans la plupart des pays, ce sont les dalles de béton ou à base de ciment qui offrent la méthode la plus économique et la plus durable pour couvrir les fosses des latrines. La facilité de liaison du ciment avec d'autres matériaux et son aptitude à fournir une surface étanche et propre en fait le choix évident dans la plupart des programmes.

Le béton est un mélange de ciment, gravier, sable et eau. Quand il a pris, c'est un matériau dense et dur, extrêmement résistant à la compression mais peu à la tension. Si on le moule sous forme d'une simple dalle plate jetée à travers une fosse, son propre poids auquel s'ajoute celui d'une personne va provoquer un fléchissement au centre. A mesure que la charge augmente, de petites fissures de tension apparaissent à la face inférieure. Sous de fortes charges, les fissures peuvent gagner vers le haut à travers le béton jusqu'à la rupture de la dalle. Pour éviter cela, des barres d'acier (ou d'autres systèmes de renfort) peuvent être introduites dans la partie inférieure pour absorber la tension et empêcher les fissures de se développer.

Béton non armé

Il est inutile de prévoir une armature pour les petites dalles qu'on utilise pour couvrir les latrines à trou foré ou offrir une plateforme hygiénique à la partie siège des dalles à soutènement de bois (voir Fig. 7.10). Lorsqu'on veut une portée supérieure à 0,5 m, on peut couler une plaque «bombée», dont l'effet de voûte dirige la charge sur la zone d'appui du terrain. La partie inférieure de la dalle est ainsi maintenue en compression, ce qui permet l'économie d'une armature. Selon ce principe, on peut construire des dalles de couverture légèrement bombées, qui se montrent assez résistantes pour supporter l'usager en plus de leur propre poids, sans avoir besoin d'une coûteuse armature d'acier. La dalle économique mise au point au Mozambique selon ce principe (Fig. 7.12) a rencontré un franc succès. Ces dalles ont environ 40 mm d'épaisseur et 100 mm de bombement au centre pour obtenir l'effet requis (International Development Research Center, 1983).

Comme ces plaques sont bombées vers l'extérieur, on ménage, sur le pourtour immédiat du trou de défécation, une zone dotée d'une flèche inverse d'environ 100 mm pour ramener toutes les saletés vers la fosse. C'est dans les terrains sableux qui absorbent rapidement l'eau de lavage en excès que ces dalles sont le plus efficace.

Afin de donner à la dalle son bombement, on prépare un monticule de terre, compactée et lissée à la forme voulue, sur lequel on coule ensuite le béton. Pour supprimer tout risque d'adhérence entre le béton frais et la terre, on recouvre celle-ci d'une feuille de plastique, de vieux sacs de ciment, ou encore d'huile moteur usée. On finit le rebord du moule avec une bande circulaire d'acier tirée d'un fût d'huile. Autour du trou central, on amincit le ciment afin de pouvoir ménager une pente vers le trou. On laisse durcir la plaque moulée pendant plusieurs jours.

Fig. 7.12. Dimensions des plaques bombées sans renforcement

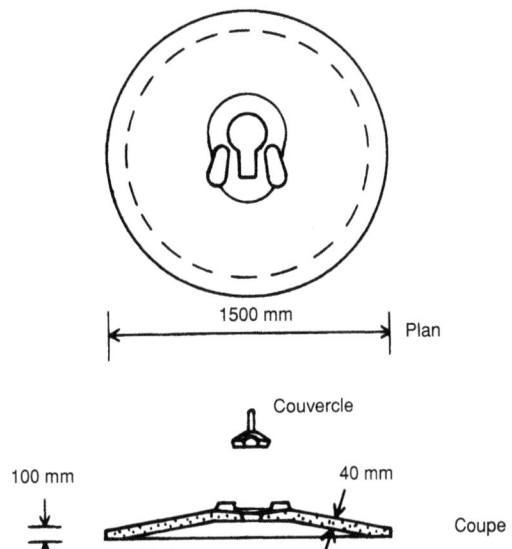

Pour économiser de la place sur le chantier de moulage, on pourra couler jusqu'à cinq dalles l'une sur l'autre. On utilise pour cela une dalle déjà coulée qui sert de moule inférieur pour la dalle suivante. Il faut être tout particulièrement attentif au mortier brassé pour les dalles minces non armées. On utilisera un agrégat à l'anneau maximal de 10 mm et un peu plus de ciment que d'habitude. Les proportions recommandées sont d'une partie en volume de ciment pour deux parties de sable et une partie et demie d'agrégat à l'anneau de 6-10 mm.

On peut également couler des dalles non armées dans un moule rectangulaire avec une surface supérieure plate et une partie inférieure bombée (Fig. 7.13). Comme une dalle non armée ne peut pas supporter un deuxième trou voisin du premier pour le tuyau d'évent, c'est en fermant hermétiquement le trou de défécation qu'on empêche les mouches, les odeurs et les blattes de sortir de la fosse. Le couvercle est d'autant mieux ajusté qu'on le coule directement dans le trou avec interposition d'une couche de papier de sac à ciment pour empêcher le béton frais de coller à l'ancien.

On peut utiliser un briquetage pour former une voûte au-dessus d'une fosse rectangulaire (Fig. 7.14) en utilisant une armature de bambou, de roseaux ou de perches brutes qu'on laisse sur place. On nivelle le dessus de la voûte par un remplissage de sable de rivière surmonté d'une couche de 20 mm de sable et ciment en pente vers le centre. Ces travaux ne consomment que peu de ciment et pas d'acier,

Fig. 7.13. Plaque semi-bombée

Plan

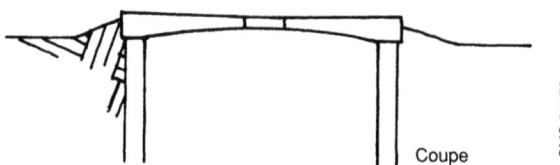

Coupe

Fig. 7.14. Revêtement avec voûte en brique et support

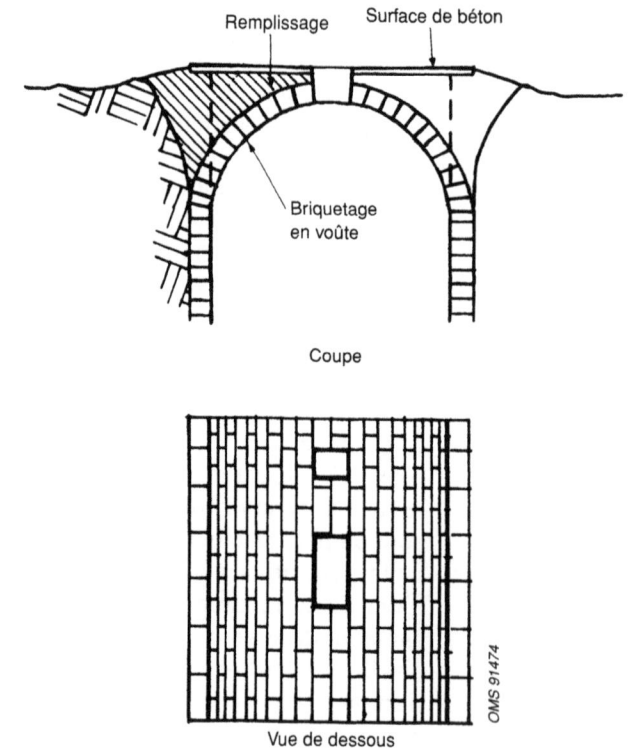

mais exigent toutefois l'intervention de maçons qualifiés et on ne peut rien faire par prémoulage. De plus, les fosses ne sont vidangeables qu'à travers le trou de défécation.

Béton armé

On a vu qu'à cause de son manque de résistance aux efforts de tension, on renforce souvent le béton au moyen d'autres matériaux, le plus souvent par des armatures d'acier. Le tableau 7.1 fournit des détails sur l'acier à béton utilisé pour les tailles courantes de dalles de couverture. Des barres d'acier doux, de 6 mm de diamètre, espacées de 150 mm, ou de 8 mm espacées de 250 mm, permettent normalement de supporter une dalle de 80 mm d'épaisseur ayant jusqu'à 1,5 m de portée, celle-ci étant mesurée lorsqu'elle est minimale, c'est-à-dire qu'il s'agit de la distance la plus courte entre deux points d'appui sur lesquels porte la dalle. Si elle est bien montée, l'armature de la dalle permet de supporter au moins six adultes avec une portée de 1,5 m. Pour les faibles portées indiquées, on n'a pas besoin d'acier supplémentaire pour la finition autour de l'ouverture de la fosse.

Tableau 7.1 Espacement des barres d'acier dans les dalles en béton armé[a]

Epaisseur des dalles	Diamètre des barres	Espacement des barres (mm) pour une portée minimale des dalles de:				
(mm)	(mm)	1 m	1,25 m	1,5 m	1,75 m	2 m
65	6	150	150	125	75	50
	8	250	250	200	150	125
80	6	150	150	150	125	75
	8	250	250	250	200	150

[a] Les barres d'acier sont fixées en dessous de la dalle, et sont recouvertes d'une épaisseur minimale de 12 mm de béton. Elles sont placées avec les espacements ci-dessus dans les deux directions. Diamètres et espacements ont été calculés pour un béton de classe 20 et des armatures en acier doux avec limite élastique de 210N/mm², ou un grillage en acier à haute résistance (limite élastique de 485 N/mm²).

L'armature est placée dans deux directions, c'est-à-dire avec un jeu de barres perpendiculaire à l'autre (Fig. 7.15). Pour les dalles rectangulaires, c'est le jeu parallèle à la portée minimale qui est placé sous le jeu correspondant à la portée maximale. On a supposé une limite élastique de 210 N/mm². On vérifiera soigneusement que l'acier est bien de la qualité nécessaire.

Lorsqu'on monte l'armature barre par barre, on peut en oublier par erreur. Une des manières d'éviter ce risque est de constituer une grille avec des barres de plus petit diamètre soudées ensemble, grille qu'on découpera ensuite à la forme requise, mais évidemment, on perdra les chutes de découpe. Normalement, un grillage en barres de 7 mm espacées de 200 mm, correspondant à une section de 193 mm^2/m (acier à 485 N/mm^2) constitue une armature suffisante.

Fig. 7.15. Dalle rectangulaire en béton armé (détails de l'armature au Tableau 7.1)

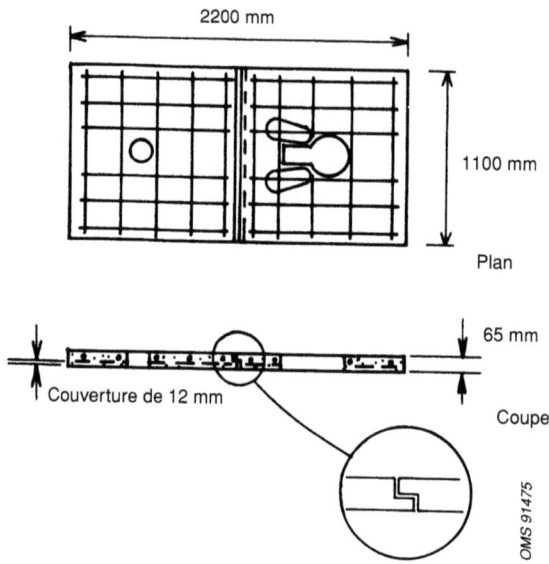

Lorsqu'on arme du béton avec de l'acier, il faut veiller à ce que celui-ci soit complètement enrobé. Il faut au moins 12 mm de béton sous les barres et à leurs extrémités pour assurer la protection contre la corrosion par l'humidité et les gaz issus des fosses. Lorsque le béton est mis dans un moule, on le compacte par une vibration manuelle ou mécanique qui chasse les bulles d'air et assure la durabilité de la dalle finie. Des moules simples en acier ou en bois se réutilisent plusieurs fois pour donner la forme requise, à condition de faire appel à un agent démoulant convenable. Il y en a de nombreuses marques, mais de l'huile moteur usagée est tout aussi efficace pour empêcher le béton de coller au moule. Une autre méthode utilise une feuille de plastique ou du papier de sacs à ciment. Les mêmes produits peuvent servir entre le sol et le dessous de la dalle. Le trou de défécation est mis en forme au moyen d'un moule en bois de dessin adéquat avec un rebord biseauté. Pour le trou d'évent, on peut utiliser une chute de tuyau en plastique qu'on retire quelques heures après la coulée et qu'on peut, bien entendu, réutiliser.

On peut également réaliser le renforcement en acier en faisant appel à un prémoulage sur ferrociment. La méthode a été décrite dans le paragraphe relatif à la construction des doublages (p. 98). Ce type de dalle est assez solide pour recevoir la charge prévue, mais il est trop flexible pour le confort des usagers s'il est plat. On peut le raidir en le bombant ou en nervurant son intrados (Fig. 7.16). On utilise normalement quatre couches de treillis pour une portée de 1 m. Pour que le produit obtenu ait une résistance convenable, il faut s'assurer que le mortier a bien été chassé à travers toutes les couches de grillage et compacté à l'état de matériau dense.

On utilise les armatures en acier de diverses façons dans les différents pays, selon les prix et la disponibilité du matériau. A cause du prix élevé de l'acier, on a fait de nombreuses tentatives pour trouver des moyens moins coûteux. L'une d'elles fait appel à des fibres courtes non connectées à faible module d'élasticité. Il s'agit soit de fibres naturelles comme le sisal, le jute, la fibre de noix de coco, le chanvre de Manille ou de Madras, soit de fibres artificielles, comme le polypropylène fibrillé. Les fibres sont hachées et mélangées au mortier. L'utilisation de ces fibres à faible module ne renforce pas vraiment le béton *stricto sensu*, c'est-à-dire en supportant la contrainte d'élongation, mais elle a une action bénéfique parce qu'elle améliore la tenue du béton à la formation de minuscules fissures de retrait (Parry, 1985). Ce béton «non armé» acquiert une résistance à la traction qui ne serait pas possible normalement. Afin de diminuer les contraintes à la traction, on donne aux pièces armées de fibres une forme bombée sur l'intrados.

On utilise véritablement toutes sortes d'armatures, comme du fil de fer barbelé, du fil de clôture, des débris métalliques d'automobile ou de machines outils à la casse, des profilés en surnombre, donc à peu près n'importe quoi de ce qu'on a sous la main. Bien qu'on fasse ainsi une certaine économie, il faut la plupart du temps utiliser plus de béton pour enrober des morceaux d'acier importants, ce qui ne se traduit finalement qu'assez rarement par une économie.

Fig. 7.16. Dalle en ferrociment

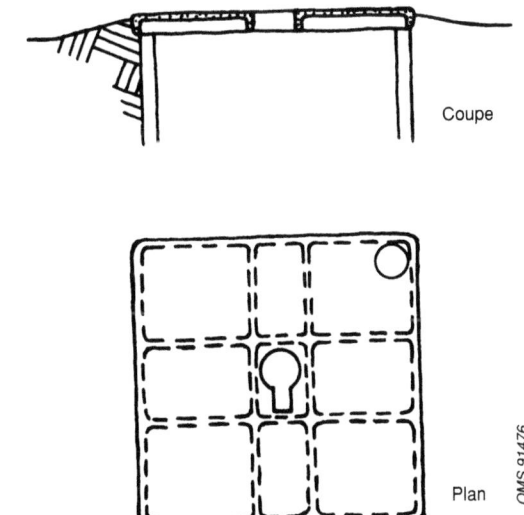

Le bambou offre un excellent rapport solidité-poids et, grâce à son faible coût, des bandes de ce bois peuvent remplacer les barres d'acier. Il est également très important que cette armature soit totalement enrobée pour éviter que de l'eau ou des vapeurs puissent la faire pourrir. On devra utiliser des produits de préservation en traitement initial. Une méthode recommandée (CNUEH, non daté) consiste à tremper l'extrémité du bambou dans de la céruse et du vernis à 10% pour bloquer l'absorption de l'eau du mortier, encore humide quand il vient d'être mis en place. Même lorsqu'on les traite, on peut encore douter un peu de la durée des armatures en bambou.

Lorsque le ciment est relativement cher, on peut utiliser la technique connue sous le nom de briquetage renforcé, dans laquelle le béton est remplacé par des briques entières, ou des moitiés, qui reposent sur des nervures en béton armé (Fig. 7.17). Il est nécessaire de prévoir un enduit de ciment sur la partie supérieure de la dalle pour qu'elle résiste à la souillure par les usagers.

Fig. 7.17. Dalle en briquetage renforcé

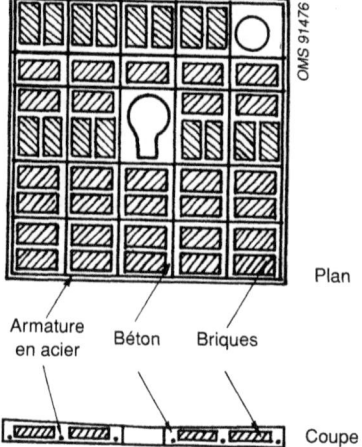

Les mélanges à béton

Il existe divers mélanges (c'est-à-dire différentes proportions de ciment, sable, gravier et eau) pour différentes applications. Le plus courant est le 1 : 2 : 4 (un volume de ciment pour deux volumes de sable et quatre volumes de granulat). Le sable doit être propre et dur et on peut le calibrer par tamisage sur du grillage à moustiques. Les granulats grossiers comportent des cailloux de 6-18 mm et doivent être débarrassés des fines. Le mélange présente un volume final d'environ 70% de la somme des volumes des éléments séparés secs.

Ciment et granulat doivent être brassés avec une quantité spécifique d'eau pour obtenir la solidité maximale possible avec la quantité de ciment mise en jeu. Pour les mélanges brassés et mis en place à

CHAPITRE 7. ELÉMENTS ET CONSTRUCTION DES LATRINES

la main, le rapport ciment-eau est d'environ 0,55 en poids, c'est-à-dire un poids d'eau approximativement égal à la moitié du poids de ciment. Le ciment pèse 1400 kg/mètre cube et l'eau 1000 kg/mètre cube; un sac de ciment de 50 kg représente donc un volume de 0,035 mètre cube. Avec la composition 1 : 2 : 4 du mélange à béton, pour un sac de ciment de 50 kg, il faudra donc 0,070 mètre cube de sable lavé, 0,140 mètre cube de granulat et 0,027 mètre cube d'eau, et on obtiendra 0,17 mètre cube de béton.

Le volume d'eau ainsi déterminé s'applique lorsque le sable et le granulat sont «saturés à surface sèche». Sous les climats chauds et secs, les petits pores du granulat ont plus de chances d'être «secs comme passés au four» plutôt que saturés. Dans ce cas, la quantité d'eau spécifiée plus haut serait insuffisante et entraînerait un mortier très dur, impossible à travailler. On devra donc soigneusement humidifier le granulat avant le brassage. Le dosage correct a pour résultat un béton assez dur, mais qu'on peut travailler et qui laisse apparaître une pellicule d'eau à sa surface lorsqu'on la lisse à plat avec une truelle. Si on a mis trop d'eau, la résistance est considérablement réduite, de 50% si l'excès d'eau est de 50%, ce qui revient, en fin de compte, à gaspiller la moitié du sac de ciment.

Pour contrôler si la quantité d'eau est correcte, on prépare un mortier d'essai qu'on soumet ensuite au test d'affaissement : on tasse le mélange dans un moule conique (Fig. 7.18), qui ressemble à un seau renversé de 300 mm de haut et sans fond. Après démoulage, le tronc de cône ainsi obtenu ne doit pas s'affaisser de plus de 100 mm pour du béton destiné à être armé et d'un peu moins pour du béton non armé.

Fig. 7.18. Contrôle de la teneur en eau par cône d'affaissement

Soins à donner au béton (cure du béton)

Après l'avoir coulé, faire «la cure du béton», c'est-à-dire le maintenir à l'humidité: on le couvre soit avec du sable mouillé, de la paille, de la feuille de matière plastique ou des feuilles de palmier et on le garde aussi frais et humide que possible. La réaction chimique qui lie entre elles les particules de ciment dépend de la quantité d'eau présente. Si la chaleur solaire a desséché l'eau de la surface du béton, la réaction ne peut avoir lieu et la surface de la dalle ne tiendra pas. Sous les climats chauds et secs, il faut arroser deux fois par jour le béton et sa couverture de protection pendant les sept jours qui suivent la coulée. Si on ne le fait pas, il n'atteindra que 60% de la résistance prévue; si on l'humidifie pendant trois jours, sa résistance n'atteindra encore que 80% mais si on l'humidifie pendant sept jours, elle atteindra pratiquement 100% (Reynold & Steedman, 1974).

Une bonne règle à observer sur le terrain est la suivante: «Brasser le béton aussi sec que possible et le maintenir ensuite aussi mouillé que possible».

La meilleure façon de vérifier la résistance d'une dalle est de lui faire subir un essai sous contrainte sept jours après la coulée. Comme, en principe, la latrine n'est utilisée que par une personne à la fois, en faisant monter 5 ou 6 sur la dalle, on aura une bonne marge de sécurité. Pour cela, on pose le bord de la dalle sur quatre ou cinq briques placées en terrain plat et on fait monter les gens dessus en évitant, bien entendu, qu'ils ne se tiennent juste au-dessus d'une brique support. Estimer la résistance des dalles préfabriquées en les faisant tomber du camion de livraison sur le lieu d'utilisation, étant entendu que celles qui ne sont pas cassées sont acceptables, est une pratique à déconseiller.

La surface finale du béton doit être propre, dense et sans défaut. Elle absorbe l'urine à moins qu'on ne l'ait efficacement rendue étanche par une couche d'un produit spécial, de peinture brillante résistant aux alcalis, de peinture bitumineuse ou par deux couches d'une solution à 25% de silicate de sodium (Khanna, 1985).

On applique quelquefois une couche mince de mortier sur une dalle plate juste après la coulée afin de créer la pente désirée vers le trou. Mais on doit intervenir avant que le béton ne soit complètement sec, faute de quoi on risque de voir la couche rapportée s'écailler à l'usage. Partout où on le peut, on a intérêt à prévoir la pente dans la coulée même. On obtient une surface dense en lissant à la truelle la surface du béton au moment où la prise commence. On peut aussi couler la pièce à l'envers sur une feuille de plastique, ce qui assure une bonne finition de la surface.

On coule en général séparément les repose-pieds sur la dalle déjà durcie et rendue granuleuse, lors du dernier talochage, aux endroits où doivent se trouver les repose-pieds, dont les gabarits de forme peuvent utiliser n'importe quel matériau disponible, comme le bois ou le fer blanc. On relie entre eux et à des points fixes les gabarits de forme, afin que les repose-pieds se trouvent toujours dans la même position l'un par rapport à l'autre et par rapport à la dalle (Fig. 7.19).

Fig. 7.19. Moule de coulée pour repose-pieds

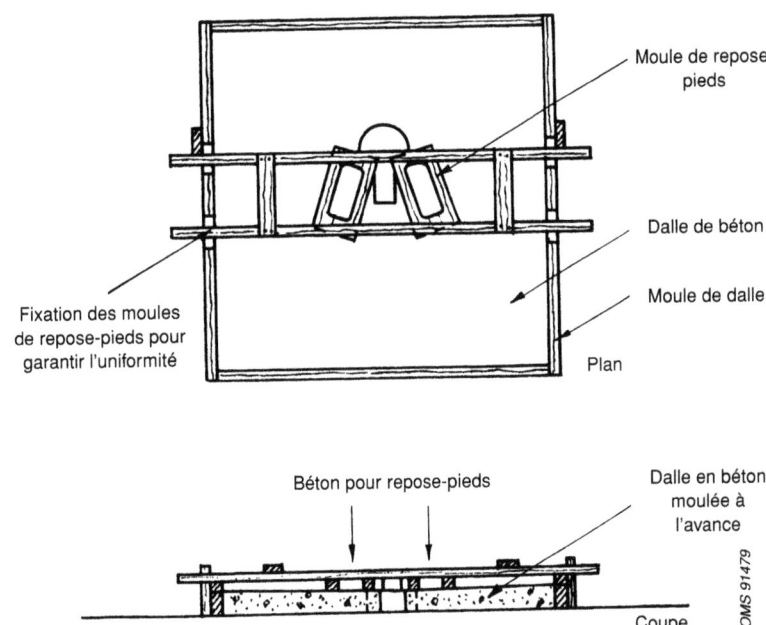

Poids des dalles en béton

Si les dalles en béton doivent être déplacées, leur poids est un élément à prendre en compte. Par exemple, une dalle circulaire de 1,5 m de diamètre pèse environ 275 kg en 65 mm d'épaisseur et 340 kg en 80 mm d'épaisseur. Une dalle rectangulaire destinée à couvrir une fosse de 2,2 m x 1,1 m et de 65 mm d'épaisseur (environ 360 kg) pourrait être construite en plusieurs éléments pour en faciliter le transport (Fig. 7.20). Les dalles circulaires ne sont généralement pas construites en plusieurs éléments. Quand on doit les déplacer, deux ou trois hommes suffisent à les faire rouler sur chant (Fig. 7.21). C'est très utile sur le chantier de fabrication et on peut même utiliser cette technique pour le transport sans véhicule vers le site d'installation.

Le béton pour d'autres éléments

On coule *in situ* le béton pour le plancher des latrines qui ne sont pas directement au-dessus des fosses. On peut utiliser une formule plus légère (1 : 3 : 6) mais il faut procéder à la cure du béton comme plus haut. Avant la coulée, on mettra soigneusement en place le tuyau de sortie et la cuvette.

On fabrique également en béton les dalles de couverture des fosses déportées, les planchers et les couvercles des fosses septiques. Les parois de ces dernières sont généralement construites en parpaings ou en briques cuites au four et crépies au ciment. Les exigences de qualité sont les mêmes que celles décrites plus haut pour les différents éléments.

Fig. 7.20. Dalle rectangulaire en deux éléments

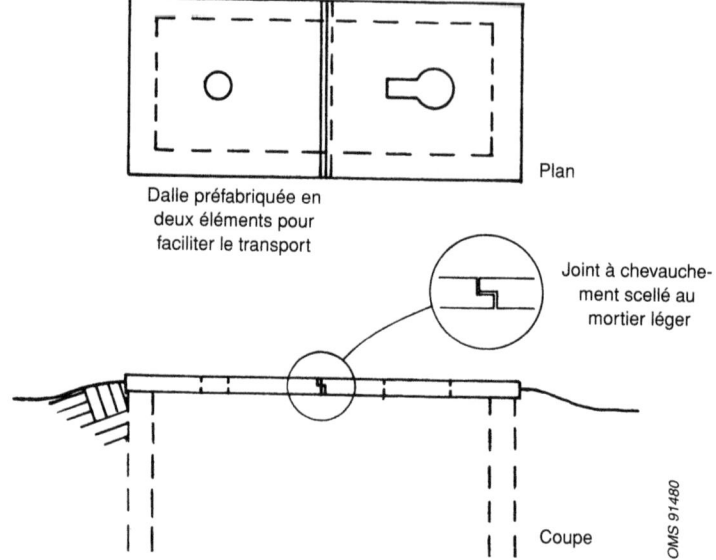

Fig. 7.21. Dalle circulaire facilitant le transport

Autres matériaux pour les dalles

Bois

Les couvertures les plus simples dans les zones rurales sont faites de perches brutes et de branchages posés côte à côte au-dessus de la fosse. Une dalle en bois de construction risque toujours d'être détériorée à cause de la pourriture fongique due aux gaz humides dégagés par les fosses et aussi, dans les pays tropicaux, par l'action des termites et autres xylophages. Les bois durables tels que le cœur de certains bois durs tropicaux sont normalement trop chers pour les latrines mais on peut s'attendre à ce qu'ils tiennent de façon satisfaisante pendant plusieurs années.

Afin de les lier ensemble et de créer une surface unie, on enduit souvent les perches ou branchages avec une couche épaisse de boue (Fig. 7.22). Il y a un peu partout des gens compétents pour fabriquer des plan-chers de boue qui sont presque aussi durs que du ciment et offrent une surface tout à fait unie. Un sol rugueux ou malsain n'est pas une fatalité. Il existe de nombreux moyens pour améliorer les boues avec des matériaux locaux, par exemple en brassant la boue avec un liquide obtenu en faisant détremper toute une nuit des déjections animales.

Fig. 7.22. Dalle en bois et terre

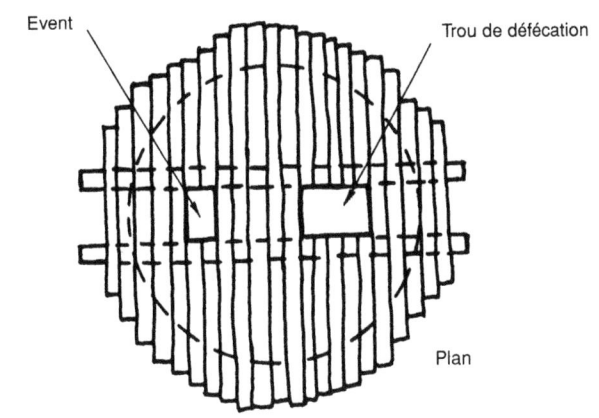

Dans certaines régions, on mélange à la boue du charbon de bois ou d'autres granulats de petites dimensions ou, encore, on ajoute de la bouse de vache et on finit par un barbouillage de cendres. On a eu aussi l'occasion de constater que la terre des fourmilières permet d'obtenir une surface dure et pratiquement étanche (Denyer, 1978). Si on ne veille pas à la bonne condition des surfaces, des larves d'ankylostome risquent de pénétrer dans les pieds des usagers.

On peut prolonger la vie d'une dalle en bois brut avec un enduit de terre et de ciment qui protège le bois. On peut aussi déposer sur la surface une couche mince de ciment qui la protège contre l'ankylostome et en améliore l'hygiène. Cependant, il est plus économique d'utiliser une dalle en ciment que l'on posera sur une nouvelle fosse quand la première sera remplie. Dès qu'il faut plus d'un demi-sac de ciment pour stabiliser la boue, la dalle de béton est probablement une solution moins coûteuse.

Dans les régions où le bois est abondant, des poutres sciées ou équarries à la hache soutenant une plateforme en planches sont préférables à de la boue sur lattis de perches (Fig. 7.23). On peut tenir la surface propre et les risques d'effondrement imminent sont normalement visibles à l'usager adulte.

On peut améliorer la durée du bois par certains traitements, dont l'efficacité est fonction de la quantité d'agent de préservation que les bois sont capables d'absorber, ce qui dépend de leur perméabilité et du procédé utilisé. Comme produits de préservation, on peut utiliser le goudron ordinaire, les huiles de goudron comme la créosote, des agents à base aqueuse comme les dérivés du cuivre, du chrome ou de l'arsenic, ainsi que certains solvants organiques (Tack, 1979). Chaque agent préservateur a ses propres caractéristiques et ses utilisations particulières. Lorsqu'on ne dispose pas de bois traités et que l'utilisation d'agents de préservation revient cher à petite échelle, d'autres moyens d'améliorer la durabilité peuvent être finalement moins coûteux à la longue.

Fig. 7.23. Dalle en bois de scierie

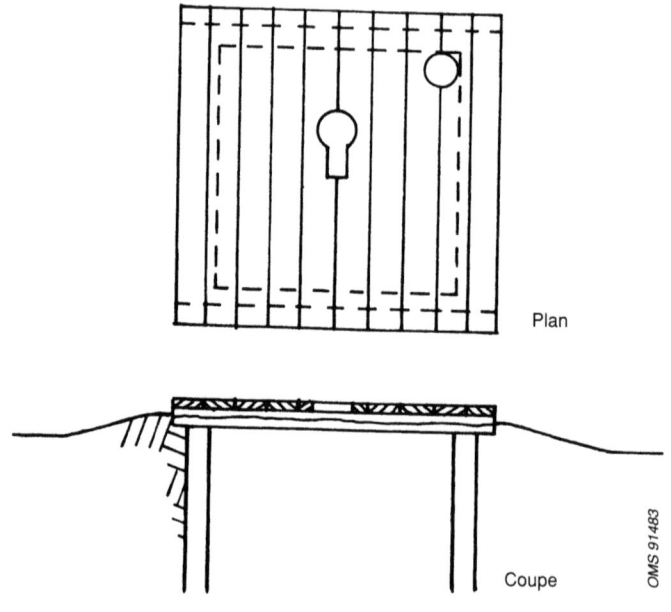

Une simple dalle en bois est souvent considérée comme impropre, car certaines personnes répugnent à utiliser des latrines dont ils craignent qu'elles ne s'effondrent sous eux. Cependant, le danger d'effondrement est généralement moindre que les risques encourus du fait de l'absence d'assainissement. Faute de mieux, une couverture rudimentaire en perches qu'il faut reconstruire au bout de quelques années est encore préférable à pas de latrine du tout.

Ferrailles et acier

En ville, où l'assainissement a un caractère d'urgence, les matériaux, même les moins chers, comme les perches mal équarries, sont généralement limités et relativement coûteux. Les habitants adoptent les moyens les plus simples, comme des pièces d'automobile à la casse, pour jeter un support à travers l'ouverture des fosses, qu'ils recouvrent ensuite d'une surface obtenue à partir de fûts de pétrole déroulés ou de tôles de toiture galvanisées. Ces matériaux ne sont évidemment pas étanches, mais ils permettent à l'usager de disposer d'un trou de défécation relativement sûr au lieu du coin de la rue. On ne peut cependant pas recommander ces méthodes s'il y a des risques, surtout pour les enfants.

Matériaux divers

On a fabriqué des dalles en toutes sortes d'autres matériaux, comme les plastiques (PCV) renforcés de fibre de verre, la céramique et les fibres de verre pour faire face à des besoins et à des situations spécifiques. Les planchers en matière plastique ont tendance à fléchir sous le poids de l'usager à moins qu'ils ne soient fortement nervurés. On utilise quelquefois ces matériaux pour obtenir un fini particulier sur une dalle en béton.

Repose-pieds et trous de défécation

Les repose-pieds sont nécessaires pour éloigner les pieds de l'usager de la dalle au cas où celle-ci serait déjà souillée, et pour donner à l'usager une position telle qu'il ne risque pas de salir la dalle ou le bord du trou. Position et dimensions des repose-pieds sont fonction des besoins des gens dans chaque région. La Fig. 7.24 montre une configuration typique. Selon la société à laquelle elle appartient, sa taille et la flexibilité de ses tendons, une personne déféquera entre ses pieds ou derrière ses chevilles. Les pieds peuvent être parallèles ou faire un angle. Il est donc conseillé de vérifier auprès des jeunes et des gens âgés, auprès des femmes comme auprès des hommes quelle configuration choisir. Selon Mc Clelland & Ward (1976), qui ont travaillé sur un échantillon de 140 personnes, la distance des talons à l'anus de l'adulte accroupi varie de 0 à 0,25 m avec une moyenne de 0,13 m pour les hommes et 0,10 m pour les femmes.

Fig. 7.24. Positions possibles du repose-pieds

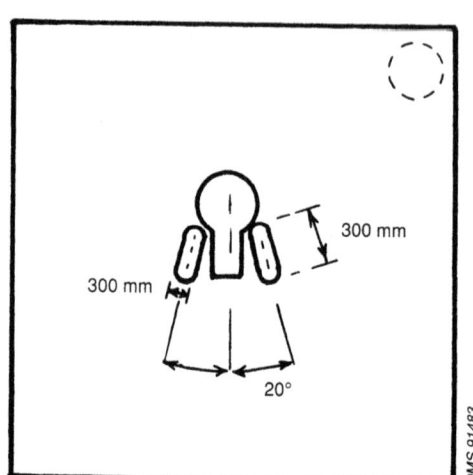

Les excréments tombent dans la fosse en passant soit directement par le trou de défécation soit par l'intermédiaire d'un joint hydraulique. On donnera plus loin des détails sur ce joint. Les trous doivent être assez larges pour limiter la souillure des bords, mais pas au point d'effrayer les enfants. Le trou peut être rectangulaire, elliptique, en poire ou circulaire avec une extension rectangulaire étroite, comme un trou de serrure (Fig. 7.25). On adoptera une largeur maximale de 180 mm et une longueur totale d'au moins 350 mm. Dans les dalles en béton, le noyau qui forme le trou sera prévu avec une dépouille facilitant son retrait après la coulée.

Sièges pour latrines

Dans de nombreuses régions du monde, les gens préfèrent la position assise pour déféquer. Pour faire un siège de latrine, on construit (ou on monte) un support sur la dalle. Le niveau du siège doit être tel qu'il soit confortable pour la majorité des usagers (Fig. 7.26), soit normalement environ 350 mm au-dessus de la dalle.

Le support peut être construit sur place en briques, béton, blocs de boue ou bois et on veillera à ce qu'il limite la contrainte subie par la dalle. Une construction lourde ajoute du poids à la dalle qui doit donc être renforcée, donc plus chère. Lorsque les usagers en ont les moyens financiers, on peut faire appel à des produits soit du commerce soit exécutés à la demande, en céramique, plastique renforcé de fibres de verre, PCV ou ferrociment.

L'intérieur du siège doit être conçu pour éviter une souillure permanente par les excréments, souillure qui signifie plus d'odeurs et de mouches. On peut penser à l'utilisation d'un trou de grand diamètre (250 mm ou plus), mais on risque alors de dissuader les enfants, apeurés par cette grande ouverture. On peut aussi se contenter d'un trou de 180 mm avec un revêtement intérieur très lisse, en mortier de ciment, ou réalisé par une fourrure rapportée (fibre de verre ou céramique par exemple)(Fig 7.27). Une troisième solution est apportée par un trou conique, de 180 mm de diamètre au sommet et de 300 mm à la base, à l'entrée de la dalle.

Fig. 7.25. Trous de défécation de différentes formes et moules

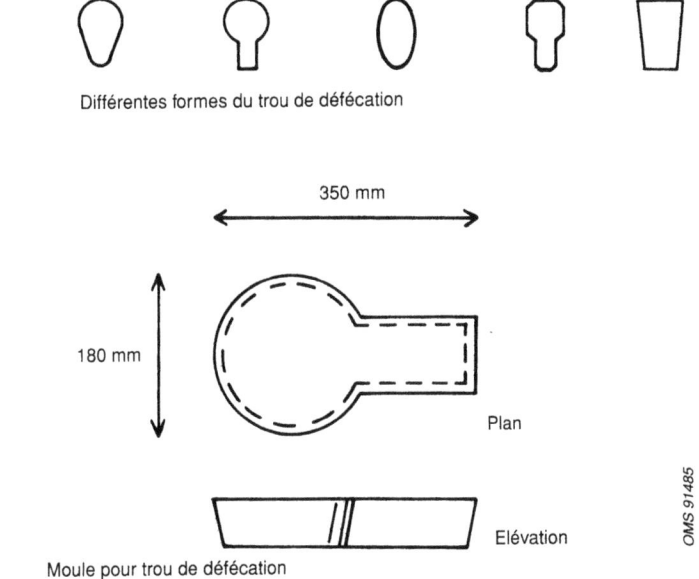

Fig. 7.26. Siège de latrine

Fig. 7.27. Chemise de siège sur piét

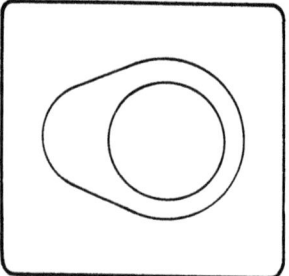

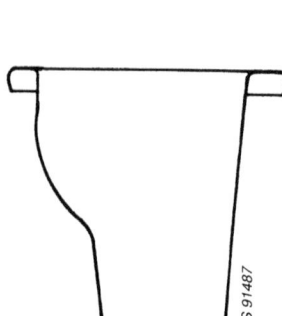

Si possible, on donnera un léger surplomb au siège, ce qui permettra de l'utiliser en enfilant les pieds dessous, comme si on était accroupi.
Le piétement du siège, de construction locale, va de la boîte rectangulaire à l'extrémité de laquelle l'usager s'assoit, éventuellement à cheval, avec un pied de chaque côté — au cylindre de section ovale ou circulaire. Il est important d'avoir une bonne étanchéité entre le piétement et la dalle.

On peut installer un couvercle de siège pour isoler une fosse non ventilée. Lorsqu'on ménage un évent, on obtient un bon courant d'air vers la fosse en ouvrant légèrement le couvercle, comme dans le cas de la cuvette traditionnelle avec chasse d'eau.

On peut ainsi installer un système spécial, avec une ouverture de faible dimension, pour encourager les enfants à utiliser la latrine. On peut aussi agrandir la partie supérieure du piétement pour y installer un deuxième siège à ouverture réduite — éventuellement plus bas — spécialement destiné aux enfants.

Joints hydrauliques et cuvettes

Une latrine à chasse d'eau utilise un joint hydraulique (siphon) pour empêcher les odeurs et les insectes de monter de la fosse dans la latrine. Ce joint peut faire partie de la cuvette (Fig. 7.28) ou s'y trouver raccordé immédiatement dessous (Fig. 7.29). Dans les installations autonomes, le lavage est normalement le résultat d'un courant assez puissant pour chasser les excréments à travers le joint hydraulique.

Fig. 7.28. Ensemble cuvette et siphon pour latrine à chasse directe

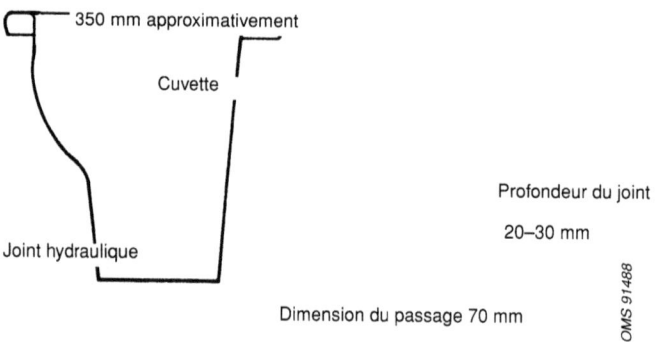

La cuvette appartient soit au système à position accroupie soit au système à position assise (avec piétement).
La quantité d'eau nécessaire dépend du dessin de la cuvette ou du piétement, de la profondeur et du volume du joint hydraulique et de la section minimale du passage à travers le joint. Pour un joint situé directement au-dessus de la fosse, environ un litre d'eau suffit nor-

Fig. 7.29. Cuvette et siphon pour latrine déportée à chasse

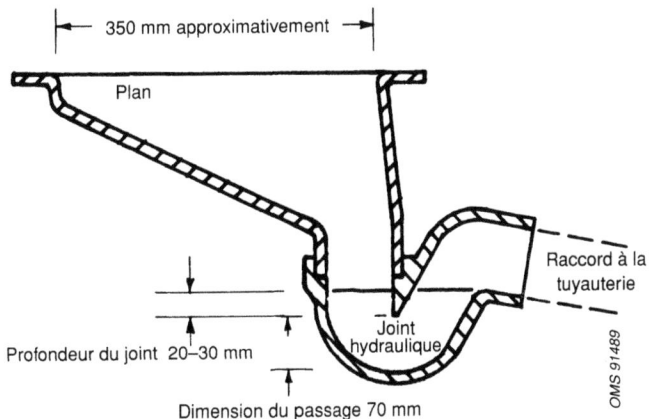

malement pour le lavage. On peut avoir besoin de deux litres si la fosse est déportée et de trois litres pour une cuvette perfectionnée avec piétement et fosse déportée.

La profondeur du joint hydraulique est mesurée par la hauteur d'eau qu'il faudrait enlever d'un siphon rempli pour laisser passer l'air (Fig. 7.28). Le volume du joint est la quantité d'eau que contient le siphon au repos; la section minimale de passage est l'ouverture à travers laquelle l'eau doit s'écouler et dont le diamètre peut être plus petit que celui du tuyau de liaison. La profondeur du joint dans des WC traditionnels est de 50 mm environ. En tout cas, plus le joint est profond, plus il exige d'eau de chasse. Dans les latrines à chasse d'eau, on réduit la profondeur du joint au minimum compatible avec son existence par temps très chaud. Le volume du joint est diminué par l'évaporation. La perte est proportionnelle au temps qui s'écoule entre deux chasses, au degré d'exposition au rayonnement solaire direct et au mouvement de l'air. On considère comme raisonnable une profondeur de joint de 20 mm avec une section optimale de passage de 70 mm (Mara, 1985 b).

Il est déconseillé d'utiliser des joints hydrauliques qu'on peut supprimer pendant la saison sèche pour diminuer la consommation d'eau. Il est en effet probable qu'on ne remettra pas le siphon en place au début de la saison des pluies et que la latrine ne fonctionnera donc plus efficacement.

Types de joints hydrauliques

Lorsque le joint hydraulique est placé sur une fosse à chute directe, la cuvette et le joint doivent ne constituer qu'une seule pièce, avec une cuve hémisphérique qu'on désigne du nom de siphon en S. Par ce système, on s'efforce de faire en sorte que le déversement se fasse au centre de la fosse et non contre son revêtement, qui risquerait d'en souffrir. Ce genre de joint est facilement endommagé par les usagers qui essaient de le dégager lorsqu'il est bloqué en se servant d'une tige à l'endroit où la paroi de ciment est mince et n'est pas soutenue. Comme les fosses à chute directe ont perdu de leur faveur à cause des problèmes de vidange, l'usage du siphon en S a, lui aussi, décliné.

Dans de nombreux pays, la cuvette est fabriquée séparément du joint, parce que c'est plus facile et que cela simplifie la tâche de l'installateur, en lui donnant plus de liberté quant à la position de la fosse déportée par rapport à la cuvette. Le système normal, dont la sortie est inclinée, est appelé siphon en P, alors que le système à sortie verticale est appelé siphon en S.

Matériaux pour les joints hydrauliques

Les cuvettes et les joints hydrauliques ou siphons, peuvent être fabriqués en divers matériaux par des industriels ou l'équipe technique du projet selon des spécifications précises. La céramique, comme la faïence blanche ou la poterie vernissée, sont les matériaux traditionnels des cuvettes et des piétements. Malheureusement, ces articles peuvent être chers à l'achat et exigent des emballages soignés pour les transporter en toute sécurité. Ils peuvent également être lourds et exiger des dalles renforcées pour les fosses à chute directe. Notamment à cause des problèmes de transport et de manutention, l'utilisation des matières plastiques est en train de se généraliser. Les cuvettes armées en fibre de verre et les siphons en polyéthylène haute densité (PEHD) sont légers et faciles à transporter, même à bicyclette et, bien que plus chers, les usagers les préfèrent souvent aux systèmes en ciment décrits ci-après.

Les cuvettes et siphons les moins chers sont fabriqués avec du mortier de ciment (épaisseur 10-30 mm), au voisinage des points de vente ou de livraison. On peut les produire à grande échelle sans installations industrielles et réparer facilement les pièces détériorées. Ces produits sont vraisemblablement moins lisses que ceux de l'industrie et une réaction entre l'urine et le ciment entraîne normalement l'apparition de taches sur les surfaces et des odeurs à la sortie des siphons. On peut limiter ce défaut en ajoutant au mortier de la poussière et des éclats de marbre. Une fois sèche, on peut frotter la surface avec une pierre à polir, qui donne un agréable fini mosaïque. On a enfin la possibilité d'améliorer l'aspect en colorant le mortier.

Une autre méthode de production fait appel à des moules de coulée avec lesquels on fabrique la cuvette et le siphon par moitié au moyen d'un mortier 1 : 2 : 2 tassé autour du noyau et qu'on laisse durcir pendant 24 heures. Après démoulage, on assemble les deux moitiés au moyen d'une pâte de ciment. Avec cette même pâte on aura lissé l'intérieur des pièces. Un des inconvénients du système monobloc est qu'on ne peut pas orienter celui-ci en direction de la fosse déportée.

Utilisé actuellement dans 3 millions de foyers ruraux, le modèle Thai utilise un moule en deux parties. On le coule d'un seul coup, y compris la plate-forme, et on n'a donc pas besoin d'un assemblage au ciment. La profondeur et l'angle d'orientation du siphon sont uniformes. On peut couler rapidement un grand nombre de pièces, ce qui permet de fournir en très peu de temps des latrines à chasse d'eau à un grand nombre de foyers (J.T. Visscher, communication personnelle).

En coulant cuvette et siphon séparément, on peut utiliser des moules très simples, fabriqués à partir d'argile et de cosses, ou de briques enduites ou encore de béton, et qui sont réutilisables plusieurs fois. Il faut, bien entendu, utiliser un agent de démoulage qui empêche le béton de coller au moule. Il existe des marques déposées dans le commerce, mais de l'huile moteur usée ou même un badigeonnage à la bouse de vache sont efficaces et peu coûteux.

Les piétements de latrines à chasse peu exigeantes en eau (environ 3 litres) sont normalement fabriqués en céramique afin de présenter un aspect très lisse. Des éléments moins efficaces peuvent être fabriqués avec des matériaux à base de ciment (ferrociment, ciment renforcé de fibres et béton avec éclats de marbre).

Tuyaux et chambres de visite

On peut raccorder le siphon à une fosse déportée au moyen d'une tuyauterie classique (voir Fig. 6.9, p.60) ou par une rigole couverte (voir Fig. 6.10, p.60). Lorsqu'on utilise deux fosses, une chambre de visite est nécessaire à la fonction pour qu'on puisse diriger le courant liquide sur l'une ou l'autre des fosses (voir Fig. 6.15, p.63).

Le tuyau, ou la rigole, ne doit pas avoir moins de 75 mm de large et devra être aussi direct et aussi lisse que possible. Toute rugosité ou coude brutal a pour effet de ralentir le débit des excréments, et même de le bloquer parce qu'il se sera formé un dépôt. Les tuyauteries ordinaires les meilleur marché conviennent parfaitement, quelles soient en terre cuite, plastique ou fibrociment. La pente minimale est de 1 pour 30 pour les tuyauteries lisses et de 1 pour 15 pour les tuyaux rugueux ou les rigoles creusées à la main. Si la pente est trop faible on peut craindre un engorgement.

Lorsque le tuyau traverse le mur d'une superstructure (voir Fig. 6.12 et 6.13, pp. 61 et 62) il faut prendre des précautions particulières. Si possible, il est préférable de laisser une certaine flexibilité au niveau des raccords ou dans la rigole afin que des différences entre le tassement de la superstructure et celui du revêtement ne provoquent pas de dégâts. Il est vraisemblable qu'il n'y aura pas de charge particulière sur le sol situé au-dessus du tuyau de liaison, mais s'il y a une quelconque possibilité qu'un véhicule puisse passer entre la latrine et la fosse, il faudra utiliser un lit de pose et une protection classiques.

Le tuyau, ou la rigole, doit avancer assez loin dans la fosse pour que les eaux vannes se déversent directement au voisinage du centre et évitent ainsi de laisser se former des dépôts en dégoulinant le long de la paroi.

Lorsqu'une rigole couverte relie les deux fosses, un simple raccord en T oblique permet de dériver le courant liquide vers l'une ou l'autre. Pour assurer le raccordement entre fosses et latrine, il est nécessaire de prévoir une chambre de visite d'une taille suffisante pour faciliter la construction des branches. Elle doit permettre aussi la dérivation du courant par blocage temporaire de l'une ou de l'autre des branches. On recommande une dimension intérieure d'au moins 250 mm (Roy et al. 1984). La dalle de couverture de la chambre sera amovible pour qu'on y accède facilement, mais suffisamment bien fixée pour que les enfants ne puissent la soulever.

Fig. 7.30. Tuyau droit pour évent

Tuyaux d'évent

Le tuyau d'évent, c'est-à-dire le tuyau qui relie la fosse à l'air extérieur a deux objectifs: (1) créer un courant d'air entre la cabane et l'extérieur de la fosse, passant par le trou de défécation; (2) servir de source lumineuse qui attire les mouches vers l'écran grillagé fixé au sommet du tuyau. Cet évent est normalement tout droit et monte verticalement au-dessus de la fosse de façon que la lumière du sommet soit directement visible par les mouches de la fosse (Fig. 7.30). En outre, les tuyaux droits donnent un débit d'air maximal, alors que les coudes absorbent une partie de l'énergie du courant d'air.

Avec certains types de dalle de couverture, ou lorsque la dalle existante doit être munie d'un évent, on peut avoir besoin de faire sortir l'air horizontalement sous la dalle avant de le diriger vers la verticale. Dans ce cas, il faut une source auxiliaire de lumière qu'on obtient au moyen d'une fenêtre transparente (verre ou plexiglas) située au niveau du coude (Fig. 7.31). Les mouches sont d'abord attirées vers cette lumière mais, ne pouvant sortir, elles suivent le courant vers la lumière du haut.

Le courant d'air dans l'évent est essentiellement créé par le vent qui balaie le sommet du tube et dont l'effet de succion entraîne l'air de la fosse vers le haut du tuyau. Afin que le tirage soit satisfaisant, le sommet de l'évent doit dépasser d'au moins 500 mm la partie la plus haute du toit, sauf si celui-ci est conique. Dans ce cas, il suffit que le tuyau arrive jusqu'au faîte. Bien entendu, il n'est pas interdit d'avoir un évent encore plus haut pour obtenir ainsi un courant d'air plus puissant. La vitesse du vent augmente avec un accroissement même léger de la hauteur au-dessus du sol, d'où un effet de succion plus important. En outre, plus la hauteur est grande, moins on risque d'être gêné par l'écran des bâtiments environnants, ou par toutes autres obstructions qui créent des turbulences capables de réduire, ou même d'inverser, le tirage dans l'évent. Tous les grands arbres ou les branches en surplomb au voisinage de l'évent diminuent l'efficacité des latrines ventilées. De même, on évitera de mettre un capot de cheminée sur l'évent, parce qu'il réduirait le débit de l'air, et de toute façon la pluie ne risque guère de pénétrer par l'ouverture.

Fig. 7.31. Tuyau coudé pour évent avec fenêtre

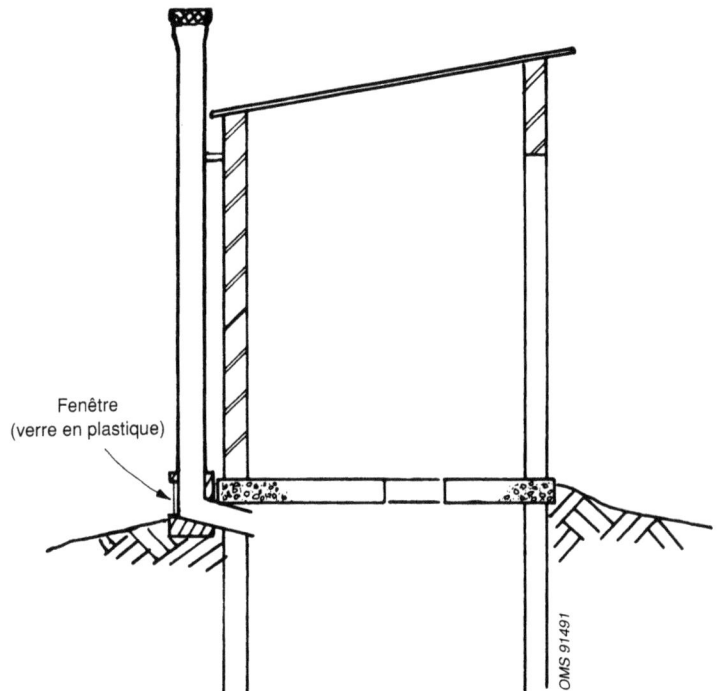

On devra donc placer l'évent dans la position la plus favorable pour saisir tout mouvement de l'air qui balaie l'extrémité supérieure du tube. En général, on installe les évents à l'extérieur des superstructures, surtout lorsque les matériaux de construction rendent difficile l'étanchéité de la traversée du toit.

Lorsque le tuyau est isolé, on peut le rendre solidaire de la paroi de la superstructure au moyen d'une fixation adéquate, colliers d'acier galvanisé, fil de fer galvanisé ou autre matériau non corrosif. Dans la mesure du possible, l'évent devra être situé du côté de la cabane qui fait face à l'équateur, c'est-à-dire du côté le plus ensoleillé. En effet, lorsque le soleil réchauffe la surface du tuyau, la température de l'air à l'intérieur de celui-ci augmente, ce qui accroît le tirage. On peut encore accroître cet effet thermique en peignant l'évent en noir. Toutefois, c'est le mouvement de l'air au-dessus de l'extrémité de l'évent qui conditionne le tirage et, même placé à l'intérieur de la cabane, l'évent fonctionne efficacement.

On peut également accroître le tirage en utilisant une superstructure en forme de spirale dans laquelle l'air s'engouffre. S'il n'y a pas d'autres orifices de ventilation, cela crée une surpression à l'intérieur de la superstructure qui force l'air à passer à travers le trou de défécation et la fosse, puis dans l'évent. Toutefois, lorsque les vents sont particulièrement capricieux et ont souvent tendance à souffler d'une direction opposée à celle de l'ouverture de la superstructure, il peut alors se créer une dépression qui aspire l'air fétide de la fosse et l'entraîne dans la cabane (Figure 7.32).

Fig. 7.32. Dispositions de superstructures, évents et fosses

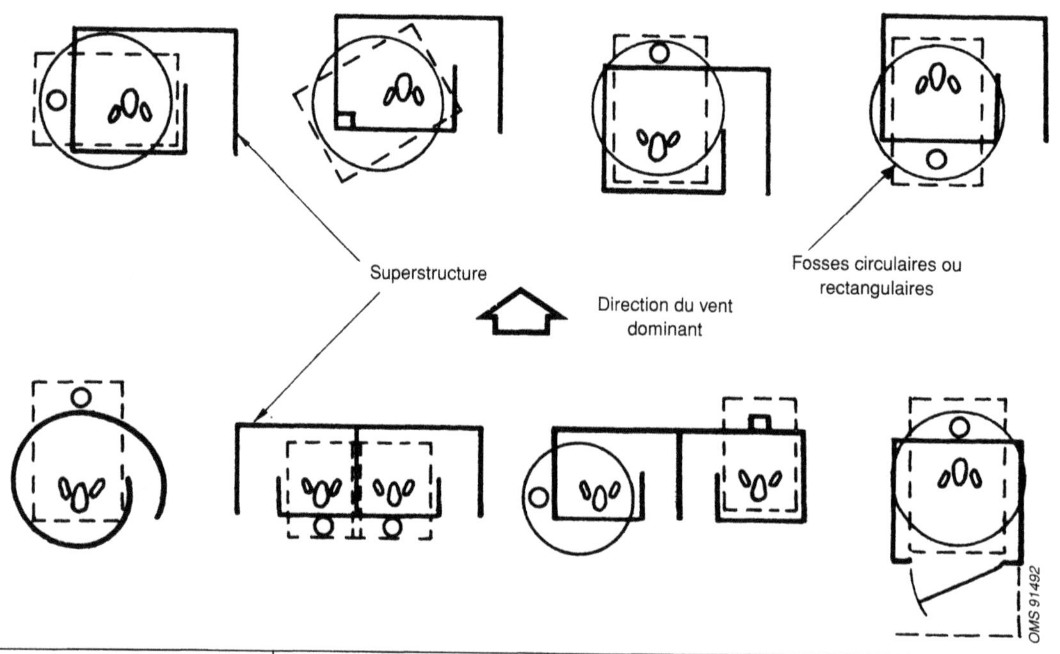

Dimension du tuyau d'évent

Les évents ont une section circulaire ou quadrangulaire et sont construits avec toutes sortes de matériaux. Les tuyaux circulaires ont normalement un diamètre intérieur de 150 mm au moins avec les matériaux lisses (PCV ou amiante-ciment) ou de 230 mm pour les matériaux rugueux (comme les tuyaux en ciment de production locale). Toutefois, dans les lieux exposés à des vents forts, on peut se contenter de diamètres plus faibles. En principe, il est avantageux d'élargir l'évent d'environ 50 mm à son sommet pour tenir compte de la perte de charge, c'est-à-dire de la réduction d'énergie cinétique, et, par conséquent, du tirage, par suite du passage de l'air à travers le grillage anti-mouches (Fig. 7.33). Il y a un risque de voir des toiles d'araignée, de la saleté ou des cadavres d'insectes se déposer sur le grillage et freiner ainsi le courant d'air. En évasant le tuyau au voisinage du sommet on tend à compenser ce freinage.

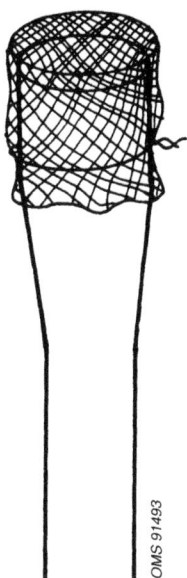

Fig. 7.33. Event évasé avec grillage anti-mouches

Matériaux

Parmi les matériaux convenant à la fabrication des tuyaux d'évent, on trouve l'amiante-ciment, le PCV non plastifié, les briques, les parpaings, les bambous évidés, la terre de fourmilière, les roseaux, les bambous et le jute enduits de ciment (Ryan & Mara, 1983). Le choix du matériau doit tenir compte de sa durabilité, de sa disponibilité, de la qualification des fabricants, du prix et des moyens financiers disponibles. Le PCV ordinaire devient fragile quand il est exposé à un fort ensoleillement et on doit utiliser une qualité stabilisée dans la mesure du possible. Comme la tôle galvanisée subit une corrosion en atmosphère humide, il est déconseillé de l'employer pour les évents sauf dans les climats très secs.

Cheminées en briques et parpaings

On peut construire évents et cheminées en briques et parpaings jointoyés au mortier de ciment. La section intérieure sera d'au moins 230 mm². Le grillage anti-mouches sera déployé sur la surface au sommet des dernières briques. En le pinçant sous la dernière assise, on crée un réceptacle qui reçoit les feuilles et autres débris. Cette cheminée peut être construite à part ou bien dans un angle de la superstructure. Selon Morgan & Mara (1982), le tirage reste bon très avant dans la nuit parce que le briquetage ne restitue que lentement (en plusieurs heures) la chaleur emmagasinée.

Tuyaux de fabrication locale

Avec des roseaux, des perches, de petits bambous ou des lanières de grands bambous assemblés avec de la ficelle ou du fil de fer on peut faire un matelas qui servira de support pour du mortier au ciment. On enroule ce matelas de 2,5 x 1 m autour d'anneaux faits avec des tiges encore vertes pour obtenir un tube de quelque 300 mm de diamètre, qu'on met debout sur le sol et dont on enduit la partie supérieure avec un mortier composé d'une partie de ciment pour trois parties de sable. Une fois que ce mortier a pris, on dresse le tube contre la paroi de la latrine et on finit de l'enduire. On peut aussi laisser le tube sur le sol et le faire rouler pour finir l'enduit avant de le mettre debout.

On peut également utiliser de la toile d'emballage. A cette fin, on commence par faire un tube de 250 mm de diamètre avec un treillis constitué de barres de 4 mm espacées de 100 mm d'axe en axe et soudées par points. Sur ce tube, on coud de la toile de jute ou de chanvre bien tendue et du grillage anti-mouches à l'une des extrémités. On enduit de plusieurs couches le support ainsi obtenu au moyen d'un mortier à une partie de ciment pour deux parties de sable jusqu'à une épaisseur totale de 10 mm. L'évent est alors prêt au montage. Une autre technique fait appel au ferrociment, avec trois ou quatre couches de grillage enduit au mortier et sans toile.

Ecrans anti-mouches

Les écrans anti-mouches doivent utiliser un matériau qui supporte la température, le rayonnement solaire et les gaz corrosifs provenant des fosses. On considère que les meilleurs matériaux sont l'acier inoxydable et l'aluminium. Ils sont certes relativement chers, mais leur prix se justifie par leur durée de vie, surtout si on tient compte qu'ils n'interviennent que pour une très faible proportion dans le prix total de la latrine. Un grillage en fibre de verre enduit de PCV et relativement bon marché a tenu plus de sept ans au Zimbabwe (Morgan & Mara, 1982). Malheureusement, ce matériau a tendance à se fragiliser au bout de cinq ans et risque de se déchirer à l'endroit où il passe sur le bord du tuyau. Les grillages en plastique s'abîment très vite au soleil. Le grillage peint en acier doux qu'on utilise comme écran anti-moustiques sur les fenêtres, ainsi que le grillage en acier doux galvanisé sont attaqués au bout de quelques mois par les gaz des fosses. Gaz et lumière solaire affaiblissent les écrans, mais il semble qu'en fait, les déchirures soient dues à des oiseaux qui se posent sur le sommet du tube, à des lézards qui y accèdent lorsque le tube a une paroi extérieure rugueuse, ou bien encore à la fatigue subie par l'écran au point de pliage (P.R. Morgan, communication personnelle).

On conseille une maille de 1,2 - 1,5 mm. Plus grande, elle peut laisser passer les petites mouches et, plus serrée, elle freine le passage de l'air ascendant. On doit fixer solidement l'écran au sommet de l'évent. On peut le fixer au sommet des cheminées en parpaings et en briques pendant leur construction, ou pendant la fabrication des tuyaux d'évent de production locale. On peut coller les écrans sur les évents en PCV au moyen de résine époxy, ou les attacher avec du fil de fer. Lorsqu'un problème particulier se présente à cause des moustiques qui se reproduisent dans les fosses humides, il peut être nécessaire d'installer des pièges amovibles au-dessus du piétement ou du trou de défécation (Curtis & Hawkins, 1982).

On inspectera régulièrement le grillage (au moins une fois par an) pour vérifier qu'il est toujours bien en place et en bon état. L'entretien consiste, entre autres, à verser de temps à autre un seau d'eau sur l'écran pour laver les toiles d'araignée et autres obstacles, qui sont ainsi renvoyés dans la fosse.

Superstructure

La cabane ou superstructure de toute latrine est nécessaire pour assurer à l'usager intimité et protection. Du point de vue sanitaire, cet abri est moins important que la fosse et sa dalle. Cependant, il est important qu'il réponde aux besoins de l'usager et, notamment, à son désir de bénéficier de la commodité et de l'intimité que procurent les moyens privés d'assainissement. Dans de nombreux projets d'assainissement, on laisse à l'usager la conception et la construction de la superstructure. Il y aurait certes quelque intérêt à utiliser une conception uniforme, mais il est bon que le propriétaire ou l'utilisateur aient leur mot à dire. Une superstructure convenablement construite doit répondre à certaines spécifications, dont les plus importantes sont esquissées ci-après.

Dimensions

Les dimensions de la construction doivent être telles que les gens soient incités à l'utiliser pour ce qu'elle est, et non comme un signe déplacé de prestige social. Si la surface est beaucoup plus grande que la dalle de couverture, certains peuvent être tentés de se soulager sur le plancher, surtout si les usagers précédents ont souillé le trou de défécation. La hauteur doit être suffisante pour qu'une personne debout ne se sente pas oppressée par le toit. Toutefois, si les usagers ont l'habitude de se baisser en entrant dans les bâtiments, une entrée plus basse peut être acceptable, voir préférable. Lorsque les latrines sont destinées à servir aussi de cabinet de toilette ou de salle d'eau, on prévoira une surface de plancher plus importante.

Forme

Lorsque la superstructure n'est pas collée à la maison, on a deux possibilités de base (voir Fig. 7.32): (1) une simple caisse ronde ou rectangulaire avec ou sans cloison d'intimité; (2) une spirale ronde ou rectangulaire. Bien que la conception en spirale utilise plus de matériau pour les parois (tout en permettant une économie par rapport à la dépense, peut-être plus importante, exigée par les portes et les gonds), le système a l'avantage de maintenir une semi-obscurité intérieure et convient mieux de ce fait aux latrines à fosse ventilée.

Si, dans le système à spirale, on a prévu une porte, le fonctionnement de la latrine n'est pas affecté si on a oublié de la fermer. Cette conception incorpore automatiquement un paravent d'intimité. Cependant, si on a prévu une fosse de faible durée, qui suppose le déménagement de la cabane lorsqu'elle est pleine, on peut préférer une structure plus simple.

Dans certains contextes culturels, déféquer face à une direction particulière peut constituer un interdit. On devra évidemment en tenir compte en plaçant la latrine.

Emplacement

On peut construire la latrine comme unité autonome à l'intérieur du complexe d'habitation ou la situer contre le mur de la maison. Si elle donne sur l'intérieur de la maison, il y a plus de chances qu'elle soit correctement entretenue. De plus, le maître de maison peut plus facilement en contrôler l'accès. En revanche, on devra veiller très attentivement au revêtement de la fosse, parce qu'elle est voisine des fondations de la maison et qu'on doit pouvoir y accéder de l'extérieur pour les vidanges. Les latrines déportées à chasse d'eau ont l'avantage que la fosse (ou les fosses) peut être située dans tout endroit commode, même en ville, lorsque la place est très mesurée. Les fosses peuvent même se trouver directement au-dessous du chemin d'accès à la latrine.

Ventilation

Afin d'assurer une bonne ventilation de la latrine, il est souhaitable de ménager des ouvertures dans la superstructure. Les entrées d'air sont particulièrement efficaces lorsqu'elles font face au vent dominant. Elles devront être de préférence situées à un niveau différent des sorties d'air pour améliorer l'efficacité du renouvellement de l'air (Fig. 7.34). Ryan & Mara (1989) ont préconisé un minimum de six renouvellements complets à l'heure (10 m^3/heure). Une ouverture de 0,15 m^2 devrait s'avérer convenable dans la plupart des climats.

Avec une fosse ventilée, un courant d'air est nécessaire pour débar-

Fig. 7.34. Ventilation d'une latrine à chasse d'eau

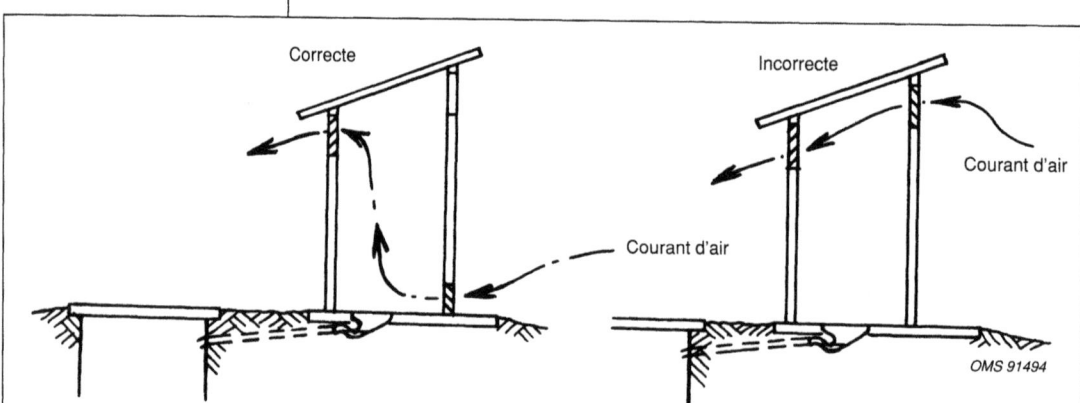

Fig. 7.35. Ventilation d'une latrine à fosse ventilée

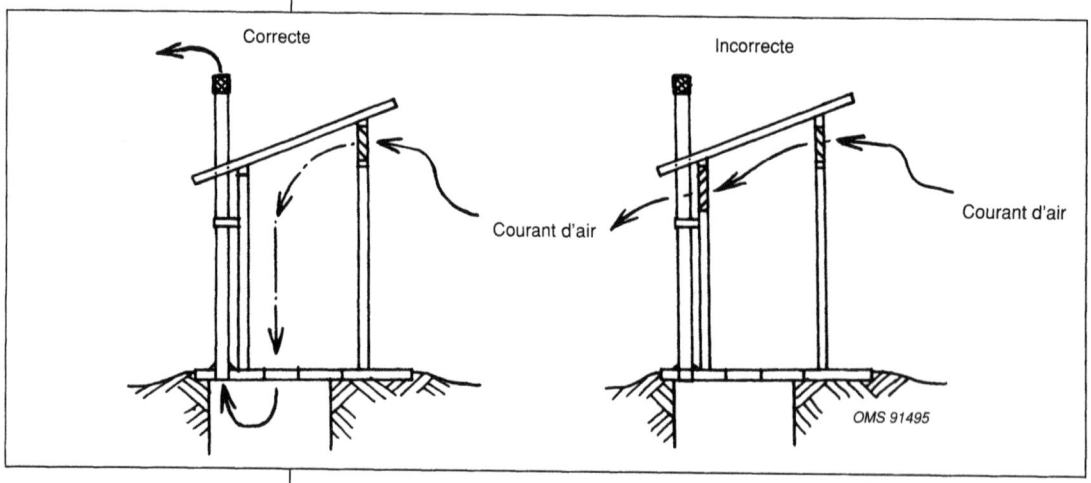

rasser la cabane de l'air croupi en l'envoyant dans la fosse pour qu'il sorte par l'évent. Lorsqu'il existe un vent dominant assez constant, on ménagera les ouvertures sur un seul côté de la construction, face à ce vent, afin d'éviter que la cabane ne soit balayée par un courant d'air tout en assurant un débit d'air maximal à travers la fosse (Fig. 7.35). Toutefois, si le vent dominant est inconstant, il peut s'avérer nécessaire de prévoir d'autres ouvertures pour éviter un effet de succion quand le vent change de direction, ce qui pourrait se traduire par l'aspiration dans la cabane de l'air vicié de la fosse, au grand dam des usagers.

La superstructure doit être assez solide pour supporter un évent dépassant de 500 mm le faîte du toit. On peut aussi considérer qu'un évent en parpaings ou en briques ajoute à la rigidité de la structure.

Eclairage

En général, une latrine bien éclairée, lumineuse, est plus attrayante pour l'usager. En revanche, lorsque la fosse est ventilée, il faut une cabane assombrie afin que les mouches soient attirées par la lumière au sommet de l'évent et non par l'intérieur de la cabane. Cependant, les parois intérieures peuvent être badigeonnées à la chaux et on peut avoir un peu de lumière par les ouvertures de ventilation.

Si possible, il faut éviter d'orienter l'ouverture de la spirale ou la porte d'une latrine à fosse ventilée à l'est ou à l'ouest car, le soleil étant bas le soir et le matin, il éclairerait l'intérieur, favorisant ainsi la montée des mouches hors de la fosse.

Accès

Contrairement à l'usage habituel, la porte ouvre généralement vers l'extérieur pour augmenter l'espace utile à l'intérieur et éviter de buter dans les repose-pieds. Cela peut ne pas être possible avec les toits de chaume dont le dépassement extérieur se situe à faible hauteur. Certaines habitudes culturelles obligent à prévoir un paravent d'intimité pour dissimuler la porte. Dans la construction en spirale, on n'a pas besoin de porte (mais on peut toujours en installer une), ce qui est bien utile dans les lieux où sont chers et rares le bois ou les autres matériaux nécessaires à sa fabrication.

Propreté

Si on laisse une cabane sale et mal entretenue, on ne l'utilisera bientôt plus comme latrine. Il faut donc qu'on puisse facilement la nettoyer et l'entretenir.

Matériaux

Le dessin de la cabane et les matériaux de construction utilisés dépendent normalement du style et des méthodes locales de construction

PARTIE II. DÉTAILS DE LA CONCEPTION, DE LA CONSTRUCTION, DE L'EXPLOITATION ET DE L'ENTRETIEN

des autres bâtiments du site. On peut s'attendre à ce que les gens construisent leurs latrines avec les mêmes matériaux que leurs habitations, peut-être avec une qualité un peu inférieure. Les auteurs de projets sont tentés d'adopter des structures exagérément soignées, et c'est à éviter. Si les latrines coûtent plus cher à construire que les logements (et même si la construction est temporairement subventionnée), elles seront hors de portée de la population. Cela conduira à décourager les nouveaux ménages de se doter d'un système d'assainissement une fois terminée la promotion initiale. De même, on doit normalement éviter d'introduire de nouveaux matériaux et de nouvelles méthodes dans les programmes de construction de latrines, car cela a pour effet de détourner l'attention du véritable objectif du système d'assainissement. Il vaut mieux faire appel aux compétences locales et aux matériaux du cru, que les gens de métier savent utiliser, et, plus important encore, entretenir.

On peut utiliser de nombreux types de matériaux et les plus courants sont décrits ci-après.

Grillages et clôtures

Les superstructures n'ont pas nécessairement besoin d'un toit, bien que celui-ci présente des avantages évidents en fournissant une protection contre le soleil et la pluie. Cependant, dans certaines sociétés, on a pris l'habitude de déféquer à l'air libre et les gens répugnent à utiliser une petite construction. De plus, lorsqu'on manque de moyens financiers, la dépense totale pour une latrine est considérablement réduite si on se contente de l'intimité procurée par une clôture en «déchets» les moins chers localement disponibles (herbe, tiges de céréales, palmes tressées) (Fig. 7.36).

En zone périurbaine, on peut ne pas disposer de sous-produits agricoles. On se procurera alors l'intimité nécessaire sans grands frais avec des morceaux de carton, des boîtes de conserves martelées ou des sacs suspendus à des perches.

On se rappellera qu'avec les fosses ventilées il faut une super-structure avec un toit et un intérieur assombri.

Fig. 7.36. Paravents d'intimité faits avec des matériaux à bon marché localement disponibles

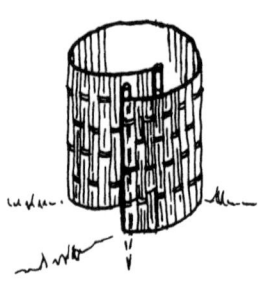

Boue et clayonnage

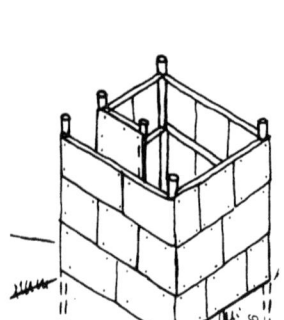

Dans de nombreuses régions du monde, le logement est fait de boue jetée sur clayonnage, c'est-à-dire sur une armature de perches verticales écorcées, entrelacées de petites branches et crépies avec de la boue. On peut très facilement adapter ce système aux besoins d'une petite latrine, soit ronde, soit «en spirale», avec un toit constitué par des feuilles de palmier ou des roseaux. On peut améliorer la construction en clouant des bandes de bambou sur les perches verticales et en remplissant les vides avec de petits cailloux avant d'appliquer la boue de crépissage (Fig. 7.37).

Fig. 7.37. Superstructure en boue sur clayonnage

Bambou

On peut construire des abris à partir de poteaux en gros bambous formant l'armature principale sur lesquels on cloue ou attache de petits bambous qui constituent la cloison, ou bien fixer sur l'armature des nattes de feuilles de palmier ou de bambou.

Bois de sciage

Le bois de sciage devient de plus en plus rare et cher dans les zones à faible revenu, mais si on arrive à se procurer des déchets de scierie, on peut les utiliser comme placage sur une ossature simple en bois.

Briques séchées au soleil

Qu'on les appelle adobe, modagadol, kacha ou d'un autre nom local, ces briques sont tout simplement un mélange d'argile correctement mouillée et corroyée. Moulées dans des gabarits simples en bois, on les laisse sécher lentement à l'abri du rayonnement solaire direct. On les renforce quelquefois par l'adjonction de fibres naturelles, comme de l'herbe ou des fibres de noix de coco. On maçonne lentement les parois avec du mortier de boue et, si nécessaire, on les renforce en ajoutant, une rangée sur deux, du grillage de clôture dans les joints horizontaux. On veillera à ce que les parois ne soient pas trop épaisses si on travaille au-dessus d'une fosse. En effet, les fondations et le revêtement de la fosse risqueraient alors de subir une contrainte anormale susceptible de provoquer un effondrement.

Parpaings pressés à la machine

Cette technique fait appel à une presse portative en acier destinée à compacter de la terre préparée afin de fabriquer des parpaings de forme régulière, qu'on peut stabiliser par l'adjonction de 8% de ciment ou de chaux, selon les caractéristiques de la terre utilisée et l'exposition que subira le mur terminé. Ces parpaings sont cimentés avec de la boue et enduits à l'extérieur également avec un mortier de boue, qu'il faut examiner toutes les deux saisons des pluies. En tout cas, comme pour les briques séchées au soleil, on évitera que les murs soient trop épais, donc trop lourds.

Briques cuites

Lorsqu'on les utilise déjà pour les habitations, ces briques constituent un excellent matériau pour la construction de latrines. Afin de limiter la pression des parois sur le sol, on leur donne l'épaisseur d'une demi-brique (112 mm). On les monte au mortier de ciment avec des piliers d'angle. Si, pour faire des économies, on utilise un mortier de boue, on donne à la paroi une épaisseur de brique (225 mm).

Parpaings de béton

Lorsqu'on peut accepter un niveau de prix plus élevé, ou si le bois nécessaire à la cuisson des briques n'existe qu'en quantité limitée, on peut fabriquer des parpaings sur place ou les acquérir chez un producteur local. Les parpaings ont généralement 150 mm d'épaisseur; on peut aussi se contenter de 65 mm par économie, mais les parpaings minces sont plus difficiles à poser et il est peu probable qu'un usager puisse le faire sans une assistance qualifiée.

Pierre

On construit quelquefois des latrines en maçonnerie traditionnelle. On doit généralement éviter ce système, surtout directement sur les fosses, car l'épaisseur de la paroi (souvent 450 mm ou plus) exerce une contrainte locale qui exige un revêtement très solide pour y résister. Mais les bâtiments en pierre sont tout à fait acceptables, en revanche, dans le cas de fosses déportées.

Ferrociment

Un mortier chargé en ciment projeté fortement sur trois ou quatre couches de grillages constitue une croûte raisonnablement rigide appelée ferrociment. Ce matériau convient bien pour construire des cabanes spiralées mais il n'est utilisable que là où le ciment n'est pas cher et où l'on est prêt à accepter une technologie nouvelle en même temps que de nouvelles latrines.

Autres matériaux

On utilise aussi des matériaux plastifiés, des plaques ondulées d'amiante-ciment, des tôles d'acier galvanisé ou d'aluminium.

Matériaux de couverture

Tous les matériaux suivants peuvent servir à la toiture des cabanes de latrines: chaume, feuilles de palmier, tuiles d'argile ou de fibrociment, bardeaux de bois, tôles ondulées d'aluminium, amiante-ciment, ferrociment et béton prémoulé. Il est important de noter que la toiture doit être correctement fixée aux parois, et que celles-ci doivent être assez solides pour résister à la poussée verticale due aux grands vents. Certains matériaux, notamment les tôles ondulées galvanisées, entraînent une forte augmentation de la température intérieure qui peut accroître les odeurs et rendre la cabane moins agréable à utiliser.

Portes

On n'a pas absolument besoin d'une porte pour assurer le fonctionnement efficace d'une latrine. Cependant, pour diverses raisons, les usagers ont souvent envie d'avoir une porte en menuiserie. Quand on le peut, il est recommandé de monter les portes sur des gonds à fermeture automatique. On peut aussi confectionner une porte avec des boîtes de conserve martelées ou de la tôle ondulée, ou encore des bandes de bambou ou n'importe quoi dont on dispose et qu'on fixe sur une ossature en bois. De simples rideaux peuvent suffire lorsque le bois est rare. La porte n'est pas réellement nécessaire à l'intimité de l'usager. Là où les abris en spirale se sont répandus, on trouve normal de frapper sur la paroi extérieure avant d'entrer pour avertir un éventuel usager en train d'utiliser la latrine.

Les gonds n'ont pas besoin d'être fabriqués en acier. On peut en faire avec des bandes découpées dans de vieux pneus ou dans de vieilles chaussures.

Conclusion

On peut conclure en insistant sur le fait qu'une superstructure est généralement nécessaire d'abord pour l'intimité de l'usager et ensuite pour le protéger des intempéries. On peut se demander avec Brandbert (1985) «Pourquoi une latrine devrait-elle ressembler à une maison?» Car il est vrai que même les plus pauvres ne doivent pas se voir refuser les avantages de l'assainissement parce qu'ils ne peuvent se payer le luxe d'un abri. Un simple paravent peut assurer l'intimité au début, pendant qu'on recherche les fonds pour la construction. Plus tard, les matériaux couramment utilisés pour la construction des maisons dans la zone intéressée pourront servir à construire l'abri.

CHAPITRE 8
Exemples de calcul d'installations

Introduction

La conception d'une latrine est déterminée à la fois par les souhaits des usagers et les exigences de la santé publique. Bien qu'un certain nombre de données de base soient toujours les mêmes (volume des fosses, durée de rétention dans les fosses septiques etc.), les facteurs qui déterminent le prix de revient final des latrines résultent des circonstances et des exigences locales.

Il n'est pas possible d'indiquer toutes les options envisageables. Cependant, le présent chapitre fournit des détails sur la détermination des dimensions de base pour les modèles les plus courants et donne des exemples de dessin et de calcul de différents types de latrines.

Calcul d'une latrine à fosse

Dimension de la fosse

Lorsqu'on calcule les dimensions de l'excavation d'une latrine à fosse, il y a trois conditions à satisfaire:

1. La fosse doit avoir un volume suffisant pour recevoir la totalité de boues qui s'accumuleront pendant la durée d'exploitation ou jusqu'à la date de vidange prévue.
2. A la fin de cette durée d'exploitation de la fosse, il doit encore exister un vide suffisant pour qu'on puisse recouvrir le contenu avec assez de terre pour éviter la contamination de la surface par des micro-organismes pathogènes (épaisseur de la terre d'étanchéité).
3. La surface de la paroi doit toujours être suffisante pour permettre au liquide de la fosse de s'infiltrer dans le sol avoisinant.

Capacité d'accumulation

A partir de la formule ci-dessous

$$V = N \times P \times R$$

où V = volume effectif de la fosse (en mètre cube)
   N = durée effective de la fosse (en années)
   P = nombre moyen quotidien d'usagers
   R = taux estimatif d'accumulation des boues par usager (en mètres cube par an)

on peut calculer le volume nécessaire pour recevoir les boues qui se forment dans la fosse pendant son exploitation.

Après le calcul du volume effectif de la fosse, on décide de la forme de la surface au sol. Celle-ci est basée sur les préférences locales, les caractéristiques du terrain et des matériaux de construction. Elle est généralement soit circulaire soit rectangulaire. On notera que c'est la surface intérieure au revêtement qui est utilisée pour le dépôt, et non la surface de l'excavation.

Une fois ces résultats obtenus, on calcule comme suit la profondeur nécessaire à l'accumulation des boues:

$$\text{profondeur} = \frac{\text{Volume total des boues } (V)}{\text{Surface au sol}}$$

Epaisseur de la terre d'étanchéité

On prend généralement 0,5 m. En cas de fosses doubles, c'est la profondeur à laquelle se trouve le radier du canal d'entrée.

Surface d'infiltration

Dans les communautés où les gens utilisent de l'eau pour leur nettoyage anal ou prennent leur bain dans les toilettes, une quantité considérable d'eau est rejetée dans les fosses. Si on suppose que les pores du sol situés au-dessous de la surface du dépôt sont colmatés, on doit prévoir une surface supplémentaire d'infiltration pariétale au-dessus du dépôt.

On ne peut pas tenir compte, pour l'infiltration, de la surface correspondante à l'épaisseur d'étanchéité, puisque le revêtement est totalement étanché sur les derniers 50 cm.

En supposant que la totalité du liquide qui entre dans la fosse se trouve au-dessus du dépôt, son niveau montera jusqu'à ce que la surface de contact avec le sol avoisinant soit suffisante pour une infiltration égale à l'apport quotidien de liquide.

Profondeur des fosses

On calcule comme suit la profondeur totale des fosses:
Profondeur de la fosse = épaisseur du dépôt de boues + hauteur d'infiltration + épaisseur d'étanchéité

■ Exemple 8.1

Une famille de six personnes envisage de creuser une latrine prévue pour une durée de vingt ans. La famille utilise du papier journal et des épis de maïs comme moyens de nettoyage anal et les eaux ménagères sont éliminées à part.

CHAPITRE 8. EXEMPLES DE CALCUL D'INSTALLATIONS

■ *Volume du dépôt de boues*

$$V = N \times P \times R$$

Les valeurs de N et P sont données (20 ans et 6 personnes), mais non le taux R d'accumulation des boues. En l'absence d'information locale, on utilisera la valeur donnée au Chapitre 5. Le taux d'accumulation ne peut être déterminé sans une certaine connaissance de la profondeur du plan de la nappe phréatique. En supposant que cette profondeur soit supérieure à la profondeur probable de la fosse, on utilise un taux d'accumulation de 90 l/an (voir tableau 5.3).

$$\text{Volume du dépôt de boues} = 6 \times 20 \times \frac{90}{1000}$$
$$= 10,8 \text{ mètres cube puisque}$$
$$1 \text{ mètre cube} = 1000 \text{ litre}$$

Si on constate que la fosse pénètre dans la nappe, on refera le calcul en utilisant le taux convenable d'accumulation (60 l/an selon le tableau 5.3).

■ *Surface au sol*

Avec une section rectangulaire intérieure de 1,2 m par 2 m, la profondeur de la fosse sera de:

$$\frac{10,8}{1,2 \times 2} = 4,5 \text{ m}$$

■ *Surface d'infiltration*

Comme les moyens de nettoyage anal sont solides et que les eaux ménagères sont éliminées à part, il y aura très peu de liquide à infiltrer. On peut donc n'en pas tenir compte.

■ *Epaisseur de la terre d'étanchéité*

Si elle est de 0,5 m, la profondeur totale de la fosse est de:

$$4,5 \text{ m} + 0,5 \text{ m} = 5 \text{ m}$$

C'est une profondeur considérable et on doit envisager soit d'accroître la section, soit de réduire la durée d'utilisation.

■ **Exemple 8.2**

Une famille de six personnes envisage de creuser une latrine à fosse prévue pour durer 20 ans. La famille utilise l'eau comme moyen de nettoyage anal et prévoit d'utiliser la toilette comme salle de bain. Le sol se compose essentiellement de sable fin et le niveau de la nappe se situe à 3 m sous la surface.

■ *Volume du dépôt de boues*

Selon les chiffres du tableau 5.3, le taux d'accumulation du dépôt sera de 60 l/an au-dessus du niveau de la nappe et 40 l/an au-dessous. On admettra d'abord que la fosse est essentiellement au-dessus de la nappe. Mais si on constate qu'elle descend à plus de 1 m en dessous, on recalculera le volume

$$\begin{aligned} \text{Volume } (V) &= N \times P \times R \\ &= 6 \times 20 \times \frac{60}{1000} \\ &= 7,2 \text{ mètres cubes} \end{aligned}$$

■ *Epaisseur du dépôt*

Avec une fosse circulaire de diamètre 1,3 m, l'épaisseur du dépôt sera de:

$$\frac{\text{Volume du dépôt}}{\text{Surface au sol}} = \frac{7,2 \times 4}{\pi \times 1,3^2} = 5,42 \text{ m}$$

Avec une fosse de cette dimension, la majeure partie du dépôt se fera sous le niveau de la nappe. On devra donc refaire le calcul avec un taux d'accumulation de 40 l/an

$$\begin{aligned} V &= 6 \times 20 \times 0,04 \\ &= 4,8 \text{ mètres cubes} \end{aligned}$$

Et la nouvelle épaisseur du dépôt devient:

$$\frac{4,8 \times 4}{\pi \times 1,3^2} = 3,62 \text{ m}$$

■ *Taux d'infiltration*

Le taux d'infiltration dans un sol de sable fin est d'environ 33 l/m² par jour (voir tableau 5.4). En supposant une arrivée d'eau de 200 l par jour, la surface nécessaire d'infiltration est de:

$$\frac{200}{33} = 6,1 \text{ m}^2$$

Le liquide montera donc dans la fosse jusqu'à ce que soit obtenue cette surface d'infiltration, c'est-à-dire:

$$\begin{aligned} \text{Hauteur d'eau} &= \frac{\text{surface d'infiltration}}{\text{circonférence de la fosse}} \\ &= \frac{6,1}{\pi \times 1,3} \\ &= 1,49 \text{ m} \end{aligned}$$

CHAPITRE 8. EXEMPLES DE CALCUL D'INSTALLATIONS

En admettant une épaisseur d'étanchéité de 0,5 m, la profondeur totale de la fosse sera de:

$$3,62 + 1,49 + 0,5 = 5,61 \text{ m}$$

On a ici une légère sous-estimation de la profondeur nécessaire, parce qu'une partie du dépôt s'accumulera au-dessus du niveau de la nappe. Il n'est toutefois pas nécessaire de faire un calcul plus précis, compte tenu de l'imprécision des données de base.

■ Exemple 8.3

On doit construire une latrine à chasse d'eau avec deux fosses déportées pour une famille de six personnes qui utilisent l'eau comme moyen de nettoyage anal. Le niveau de la nappe se situe à 0,5 m de la surface du sol pendant la saison des pluies et le terrain est du type limoneux sableux.

■ Volume du dépôt

Comme dans les exemples précédents on a:

$$V = N \times P \times R$$

Dans le cas d'une grande fosse, on prendrait 40 l/an pour R (voir tableau 5.3) mais, comme on a ici deux fosses, il est peu vraisemblable que le dépôt se soit complètement stabilisé pendant le temps nécessaire au remplissage de la fosse (en général 2 ans). On devra donc prendre un taux plus élevé d'accumulation, soit 60 l/an.

$$\text{Volume du dépôt} = 6 \times 2 \times \frac{60}{1000}$$

$$= 0,72 \text{ mètre cube}$$

■ Epaisseur du dépôt

Si chaque fosse (de 1,2 m de côté) a une surface de 1,2 m x 1,2 m, l'épaisseur du dépôt sera de:

$$\frac{0,72}{1,2 \times 1,2} = 0,5 \text{ m}$$

■ Hauteur d'infiltration

Une latrine à chasse d'eau à fosse déportée utilise environ 3 l d'eau chaque fois qu'elle est actionnée. Si on l'utilise 20 fois par jour, on aura besoin de 60 l d'eau. Avec 6 l d'urine par jour, 66 l de liquide seront donc rejetés. Dans un terrain limoneux sableux, on peut tabler sur une infiltration de 25 l/m² par jour (voir tableau 5.4) ce qui correspond à une surface nécessaire de:

$$\frac{66}{25} = 2,6 \text{ m}^2$$

Le périmètre de chaque fosse étant de 1,2 x 4 = 4,8 m, la hauteur du liquide s'établira donc à :
$$\frac{2,6}{4,8} = 0,5 \text{ m}$$

■ *Profondeur des fosses*

La profondeur d'une fosse est la somme de trois éléments, à savoir :

profondeur du radier d'entrée	0,2 m
hauteur du liquide	0,5 m
épaisseur du dépôt	0,5 m
Profondeur totale de chaque fosse sous le niveau du sol	1,2 m

Calcul d'une fosse septique

■ *Exemple 8.4*

Calculer une fosse septique destinée à un ménage de huit personnes dans une zone de résidence à faible densité, où les maisons possèdent une plomberie complète et évacuent tous leurs déchets dans cette fosse avec une consommation nominale de 200 l d'eau par personne et par jour. On utilise l'eau pour le nettoyage anal et la température ambiante ne descend pas au dessous de 25°C pendant la majeure partie de l'année.

■ *Première étape*

Volume du liquide arrivant chaque jour dans la fosse
$$A = P \times q$$

avec A = volume du liquide reçu par la fosse
P = nombre de personnes utilisant la fosse
q = débit des eaux usées = 90 % de la consommation d'eau journalière par personne (Q)

$$q = 0,9 \times Q = 0,9 \times 200$$
$$= 180 \text{ l par personne et par jour}$$

Donc $A = 8 \times 180 = 1\ 440$ litres

■ *Deuxième étape*

Le volume du dépôt et de l'écume est donné par :
$$B = P \times N \times F \times S$$

où B = Volume de l'ensemble du dépôt et écume
P = Nombre d'usagers
N = Intervalle entre les vidanges

CHAPITRE 8. EXEMPLES DE CALCUL D'INSTALLATIONS

F = Facteur qui relie la vitesse de digestion à la température et à la périodicité des vidanges. (voir tableau 6.2)

S = Taux d'accumulation du dépôt et de l'écume (voir Chapitre 6)

On admettra $N=3$ ans. D'après le tableau 6.2, $F = 1$. Comme toutes les eaux usées vont à la fosse septique, $S = 40$ l par personne et par an.

donc: $\quad B = 8 \times 3 \times 1 \times 40$
$\quad\quad\quad\quad\quad = 960$ litres

■ *Troisième étape*

$$\text{Volume total de la fosse} = A + B$$
$$= 1440 + 960$$
$$= 2400 \text{ litres (2,4 mètres cube)}$$

■ *Quatrième étape*

Soit une hauteur de liquide de 1,5 m
Soit une largeur de fosse de l m

Fig. 8.1. Cotes intérieures d'une fosse septique selon l'exemple 8.4

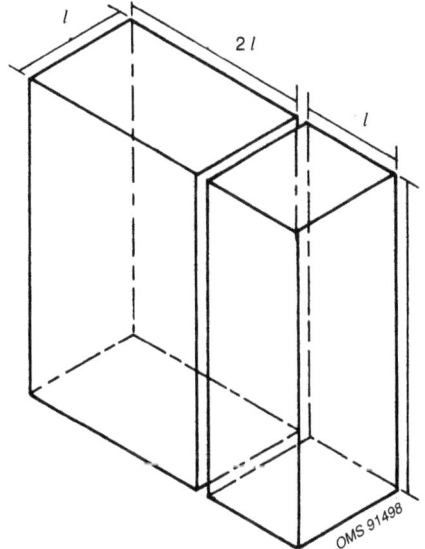

Soient deux compartiments, l'un de $2\,l$ de long
l'autre de l de long

Cette fosse septique est représentée sur la Fig. 8.1.

$$\text{Volume de la fosse } (V) = 1,5 \times (2\,l + l) \times l$$
$$= 4,5\,l^2$$
$$= 2,4 \text{ m}^3$$
$$\text{Ce qui donne } l = 0,73 \text{ m}$$

Donc :
largeur de la fosse = 0,73 m
longueur du 1er compartiment = 1,46 m

longueur du 2ème compartiment = 0,73 m
Hauteur du fond à la face intérieure de la dalle de couverture

= hauteur de liquide + espace libre
= 1,5 + 0,3
= 1,8 m

Poussée d'Archimède

Comme les fosses septiques ont des parois et un fond étanches, on vérifiera qu'elles ne risquent pas de flotter par suite de la poussée d'Archimède, ce qui sera le cas si le poids total de la fosse est inférieur au poids de l'eau qu'elle déplace (mais ne peut se produire que si le niveau de la nappe est plus haut que le fond de la fosse).

On calcule le poids total du fond, des parois, de la couverture et des cloisons déflectrices en prenant 2400 kg/mètre cube pour le béton et 1500 kg/mètre cube pour le briquetage. Le poids de la masse d'eau déplacée est égal au volume extérieur de l'ensemble de la fosse mesuré entre le niveau le plus élevé de la nappe et le fond de la fosse.

Si le poids de l'eau déplacée est supérieur au poids total de la fosse, celle-ci risque de flotter, phénomène contre lequel on lutte en augmentant la masse de la structure (par exemple en augmentant les épaisseurs) ou en diminuant la partie qui descend en dessous du niveau de la nappe.

Pression du sol

Dans le cas des fosses importantes qui desservent, par exemple, une école ou un groupe de maisons, il faut s'assurer que les parois latérales ne risquent pas de céder sous la pression exercée par l'eau et le sol extérieur, ce qui n'est vraisemblable que lorsque la fosse est vide. Les calculs à effectuer sortent du cadre du présent ouvrage et il faut consulter un manuel de béton armé ou de maçonnerie.

■ *Exemple 8.5*

Calculer une fosse septique pour un ménage de cinq personnes dans une zone de résidence moyennement dense, où les maisons possèdent une plomberie complète et où on utilise du papier pour le nettoyage anal. La température ambiante est supérieure à 10 °C toute l'année.

Première étape

Volume journalier de liquide
$$A = P \times q$$

CHAPITRE 8. EXEMPLES DE CALCUL D'INSTALLATIONS

Si la toilette est équipée d'un réservoir de chasse de 10 l utilisé quatre fois par jour et par personne, on obtient:
$$A = 5 \times 40 = 200 \text{ litres}$$

■ *Deuxième étape*
Volume du dépôt et de l'écume
$$B = P \times N \times F \times S$$

On admet: $N = 3$ ans. $F = 1$ d'après le tableau 6.2. Comme la fosse ne reçoit que les eaux vannes de la toilette, $S = 25$ l par personne et par an, d'où:
$$B = 5 \times 3 \times 1 \times 25$$
$$= 375 \text{ litres}$$

■ *Troisième étape*
Volume total de la fosse $V = A + B$
$$= 200 + 375$$
$$= 575 \text{ l } (0,575 \text{ m}^3)$$

Comme ce volume est inférieur au minimum recommandé de 1 mètre cube, on doit recalculer les dimensions correspondant à ce minimum.

■ *Quatrième étape*

Soit une hauteur de liquide = 1,5 m
Soit une largeur de fosse = l m
Soient deux compartiments, l'un de $2\,l$ de long
l'autre de l de long
Volume de la fosse = $1,5 \times (2\,l + l) \times l$
$= 4,5\,l^2$

Si $4,5\,l^2 = 1,0 \text{ m}^3$
On obtient $l = 0,47$ m
Comme cette valeur est inférieure au minimum recommandé de 1 m, on prendra $l = 0,6$ m et on obtiendra :
Longueur du premier compartiment $(2\,l) = 1,2$ m
Longueur du deuxième compartiment $(l) = 0,6$ m
Hauteur du fond à la face inférieure de la couverture
$= 1,5$ m (hauteur du liquide) $+ 0,3$ m d'espace libre
$= 1,8$ m

Le volume de la fosse (sans l'espace libre) est de:
$$(1,2 + 0,6) \times 0,6 \times 1,5 = 1,62 \text{ m}^3$$

Cette valeur est plus importante que le volume exigé calculé à la troisième étape. Ce n'est pas un inconvénient. En pratique, la durée minimale de rétention dépassera 24 heures, ou bien la fosse assurera un service supérieur à 3 ans avant la vidange.

Calcul d'un cabinet à eau

Un cabinet à eau est en fait une petite fosse septique. Il a le même objectif et fonctionne de la même façon. On recommande donc de lui donner les mêmes caractéristiques qu'une fosse septique et en particulier un volume minimal de 1 mètre cube, car les fosses plus petites sont plus difficiles à construire et les turbulences à l'entrée gênent la sédimentation des boues.

Elimination des effluents des fosses septiques et des cabinets à eau

■ Exemple 8.6

Déterminer la taille du puits filtrant dans un sol limoneux poreux pour éliminer les effluents de l'exemple 8.5.

Dans l'exemple 8.5 le débit des eaux-vannes est de 200 l par jour. Selon le tableau 5.4, le taux d'infiltration est de 20 l par m^2 et par jour. Il faudra donc une surface de paroi de

$$\frac{200}{20} = 10 \text{ m}^2$$

Si le puits a 1,5 m de diamètre, la profondeur mesurée entre le fond du puits et le radier d'évacuation de la fosse septique vaut:

$$\frac{10}{\pi \times 1,5} = 2,12 \text{ m}$$

■ Exemple 8.7

Déterminer la taille d'un champ de drainage en terrain limoneux poreux pour éliminer les effluents de la fosse septique de l'exemple 8.4.

Selon l'exemple 8.4, le débit des eaux-vannes est de 1440 l par jour; selon le tableau 5.4, le taux d'infiltration est de 20 l par m^2 et par jour. On aura donc besoin d'une surface de paroi de:

$$\frac{1440}{20} = 72 \text{ m}^2$$

Si la profondeur effective de la tranchée (mesurée entre les radiers de la tranchée et du tuyau d'évacuation) est de 0,6 m, la longueur de la tranchée sera de:

$$\frac{72}{0,6 \times 2} = 60 \text{ m}$$

Cette valeur tient compte de l'infiltration par les deux parois de la tranchée. Si la parcelle est suffisamment grande, la champ de drainage se composerait de deux tranchées de 30 m de long, raccordées en série.

Latrines à compostage

Latrines à deux compartiments

Le calcul d'une latrine à deux compartiments est similaire à celui d'une latrine à une fosse, c'est-à-dire que le volume de chaque compartiment s'obtient par la formule :

$$V = N \times P \times R$$

où
V = le volume effectif de la fosse, en m³
N = Le nombre d'années nécessaire pour le remplissage
P = le nombre moyen d'usagers
R = le taux d'accumulation du dépôt de boues pour un seul usager (en m³ par an)

La difficulté ici tient au fait que pour calculer les compartiments, on ne dispose que de peu d'information sur le taux d'accumulation lorsque les excréta sont mélangés avec de la cendre et d'autres éléments organiques et qu'en outre, il n'y a guère eu de recherches sur la survie des micro-organismes pathogènes dans un tel milieu.

Intervalle entre deux vidanges

En général, les fosses sont conçues pour recevoir deux ans d'excréta. Comme l'intérieur des latrines à compostage est analogue à celui des latrines à fosse, il est raisonnable de supposer qu'elles doivent être calculées en utilisant les mêmes paramètres. Cependant, certains ne sont pas d'accord sur ce point car, selon eux, la faible humidité du compost entraîne des conditions très alcalines, qui détruisent plus rapidement les germes pathogènes. On a même proposé une période de quatre mois seulement. En l'absence de données plus précises, il est plus prudent de tabler sur une durée de rétention de deux ans.

Taux d'accumulation des dépôts de boues

Le taux d'accumulation des excréta contenus dans le compost peut se déterminer de la même manière que pour les latrines à double fosse. Faute de données locales plus précises, il est recommandé de majorer de 50 % les chiffres du tableau 5.3.

Il est plus difficile d'évaluer le volume des cendres et autres matières organiques. L'expérience acquise au Viet-Nam indique que le volume à ajouter représente deux fois celui des fèces (Jayaseelan et al. 1987), Rybczynski (1981) proposant pour sa part l'adjonction de cinq fois le volume des fèces et Kalbermatten et al. (1980) l'addition de 0,3 mètre cube par personne et par an pour tous les déchets.

Jusqu'à preuve du contraire, il est proposé de considérer que le taux global d'accumulation des boues est égal à trois fois le taux d'accumulation des matières fécales.

■ *Exemple 8.8*

Calcul d'une latrine de compostage à deux compartiments pour une famille de six personnes qui utilisent du papier pour leur nettoyage anal.

Le volume effectif (V) de chaque compartiment doit être de:
$$2 \times 6 \times (0{,}06 \times 1{,}5 \times 3) = 3{,}24 \text{ m}^3$$

On scelle habituellement les compartiments lorsqu'ils sont aux trois-quarts pleins, ce qui implique un volume effectif du compartiment de:
$$\frac{4}{3} \times 3{,}24 = 4{,}32 \text{ m}^3$$

Avec une surface projetée de 1,3 x 1,3 m, il faudra une profondeur de:
$$\frac{4{,}32}{1{,}3 \times 1{,}3} = 2{,}56 \text{ m}$$

Latrines à compostage en continu

On a encore moins de données pour le calcul des latrines à compostage en continu que pour celles à deux compartiments. Pour les anciens modèles on a toujours procédé empiriquement et on est plutôt mal renseigné sur leur fonctionnement. Jusqu'à plus ample informé, on calculera donc les dimensions du premier compartiment à l'aide des formules et facteurs retenus pour les latrines à deux compartiments, avec un deuxième compartiment d'un volume égal à 10-20 % de celui du premier. Il n'existe pas non plus de données pour calculer les dimensions et le nombre des aérations, ni la hauteur du tuyau d'évent.

■ *Exemple 8.9*

En partant des données de l'exemple 8.8, établir les caractéristiques d'une toilette à compostage continu appropriée.

Selon l'exemple 8.8, le volume du premier compartiment doit être de 4,32 m³.

Le volume du deuxième compartiment doit être:
$$4{,}32 \times 0{,}15 = 0{,}65 \text{ m}^3$$

En admettant que la surface du premier compartiment est de 1,2 x 2,2 m, sa profondeur sera de 1,65 m.

La longueur du deuxième compartiment sera de:
$$\frac{0{,}65}{1{,}2 \times 165} = 0{,}33 \text{ m}$$

C'est un peu court et poserait des problèmes de vidange. On prendra 0,5 m.

CHAPITRE 8. EXEMPLES DE CALCUL D'INSTALLATIONS

Comme le fond du compartiment doit avoir une pente de 30°, la profondeur d'excavation à la sortie sera plus grande qu'à l'entrée.

En supposant que le fond du deuxième compartiment soit horizontal, il se trouvera à une profondeur de :

$$1{,}65 + 2{,}2 \text{ tg } 30° = 2{,}9 \text{ m}$$

La Fig. 8.2 indique les dimensions intérieures finales de la fosse.

Fig. 8.2. Cotes intérieures de la toilette à compostage continu selon l'exemple 8.9

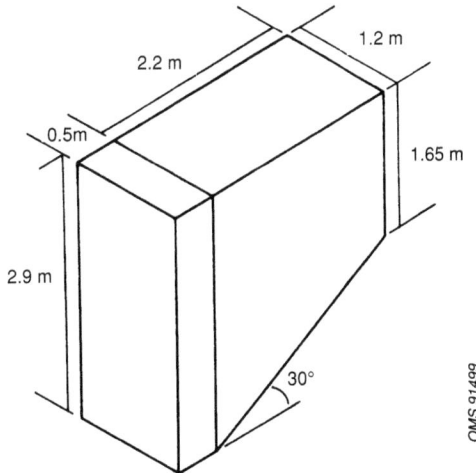

PARTIE III
Planification et développement de projets d'assainissement individuel

CHAPITRE 9
Planification

Il existe de nombreuses méthodes pour installer ou améliorer l'assainissement individuel. On peut partir d'un projet impliquant l'utilisation d'une documentation détaillée (Grover, 1983) selon un «cycle de projet». Inversement, l'assainissement peut se développer lorsque des chefs de famille construisent individuellement et par eux-mêmes des latrines améliorées, très souvent par imitation de leurs voisins. De nombreux projets et programmes se situent entre ces deux extrêmes. La planification implique la prise en considération de la situation locale pour choisir le type d'assainissement qui convient. On prépare les plans et la construction vient ensuite. A la fin des travaux, et quelquefois en cours de route, on procède à une évaluation.

Avec certains projets, la forme prise par la planification et le développement est déterminée par des procédures qu'il faut suivre scrupuleusement si l'on veut obtenir un financement extérieur. Cependant, nombre de programmes ont abouti par suite de l'action des chefs de famille. Des programmes d'éducation pour la santé peuvent inciter les chefs de famille à opter pour les systèmes d'assainissement retenus à moins qu'on ne préfère les y encourager par une aide technique ou matérielle ou toute autre mesure.

Le tableau 9.1 indique comment envisager les différentes étapes de la planification et du développement à divers niveaux.

La demande en matière d'assainissement

La demande initiale pour la fourniture ou l'amélioration de l'assainissement dans une zone donnée peut provenir des gens qui y habitent ou d'un petit groupe de dirigeants actifs de la communauté. Mais l'initiative peut aussi venir de fonctionnaires de la santé, d'un ministère, de l'organisation responsable de l'eau et de l'assainissement, d'une agence d'aide bilatérale ou encore d'une organisation nationale ou internationale de bénévoles. L'idéal serait que les améliorations de l'assainissement soient exécutées en accord avec un plan sectoriel, national ou régional, et avec le programme adopté pour les soins de santé primaires. Les plans sectoriels couvrent souvent l'assainissement et la fourniture d'eau. Ils indiquent le nombre d'ins-tallations à fournir, le nombre d'usagers à desservir année après année dans chaque subdivision territoriale pendant la période de planification, ainsi que les ressources nécessaires.

Il peut y avoir plusieurs raisons d'établir un programme d'assainissement.

PARTIE III. PLANIFICATION ET DÉVELOPPEMENT DE PROJETS
D'ASSAINISSEMENT INDIVIDUEL

- Il peut s'agir d'une préoccupation réelle pour la santé s'appuyant sur la conscience que la forte prévalence des maladies dans le secteur est liée aux pratiques locales en matière d'assainissement.

Tableau 9.1 Le cycle du projet

Ministères et organismes donateurs	Organisme d'exécution	Communauté
Identification Définition de la population visée		Besoin ressenti d'améliorer l'assainissement
Détermination des indicateurs économiques et sanitaires, couverture actuellement assurée, niveau des services, objectifs et politiques, implications financières, besoins en personnel et en formation		Nécessité d'une éducation pour la santé
Attribution des responsabilités en matière de planification		
Enquêtes de préfaisabilité Considération d'autres projets répondant aux objectifs en tenant compte de critères techniques, sociaux, sanitaires, écologiques, financiers et économiques	Enquêtes techniques et sociales Planification avec la communauté	Réponses des personnels de santé et des fonctionnaires ministériels aux questions concernant la santé, les ressources, l'eau et l'assainissement
Démonstration de faisabilité Conception détaillée et analyse du projet préféré ou choisi	Essai des technologies à prix abordable à la satisfaction des représentants du groupe visé	Discussion relative à l'expérimentation de moyens abordables d'amélioration de l'assainissement
Appréciation et approbation Examen indépendant du plan, généralement par des représentants des organismes de financement.		
Décision d'investissement		
Déblocage des fonds pour l'exécution du projet		

Tableau 9.1 (suite)

Ministères et organismes donateurs	Organismes d'exécution	Communauté
Exécution		
Consolidation	Formation, procédures administratives de soutien, mise à l'épreuve de technologies	Formation d'habitants en vue d'une aide au programme
	Détermination du soutien financier, matériel et technique nécessaire	Invitation à participer lancée aux artisans et entrepreneurs locaux
		Communication des dessins
Expansion	Large publicité dans la communauté	Publicité pour le programme
	Education pour santé, recours aux médias	Systèmes disponibles pour duplication
	Unités de démonstration jouant le rôle de «supermarchés de l'assainissement»	Communication des dessins
		Assistance financière disponible
	Assistance financière matérielle et technique (le cas échéant)	Artisans et entrepreneurs locaux d'accord pour aider à la construction
		Décision des ménages concernant l'achat du système d'assainissement
Exploitation et entretien	Conseils sur la responsabilité des ménages utilisateurs quant à l'entretien des installations individuelles	Utilisation des installations
Evaluation		
Définition de projets futurs	Inventaire des aspects positifs et négatifs; redéfinition des dispositions de construction	Observation sur des améliorations souhaitées

- Des latrines individuelles peuvent être souhaitées pour des raisons de commodité
- Un bon assainissement peut être un symbole de rang social
- Les méthodes existantes d'élimination des excréta peuvent entraîner une pollution inacceptable des eaux de surface, du sol ou des eaux souterraines
- Quelquefois la demande d'un assainissement convenable est liée à la fourniture d'eau. Par exemple, l'organisme de financement peut exiger

que des latrines soit construites avant d'installer des canalisations d'eau, ou les responsables du service des eaux peuvent souhaiter protéger le bassin hydrologique de collecte destiné à alimenter la ville voisine en évitant que les gens défèquent n'importe où. L'accroissement de la fourniture d'eau à une zone donnée peut entraîner la demande d'un meilleur système d'élimination des eaux usées.

Définition du projet

Ampleur

Il faut évaluer très tôt l'ampleur du programme ou du projet au cours du processus de planification. Cela suppose une estimation du nombre de personnes ou de ménages à desservir. On peut entreprendre une enquête maison par maison ou obtenir les renseignements nécessaires auprès du personnel de santé, des ministères concernés ou des responsables locaux.

Zones prioritaires

On établira d'abord une liste des besoins comparés des différentes zones, avec priorité aux gens qui sont mal équipés pour éliminer leurs excréta et aux zones où sévissent des maladies imputables à un assainissement insuffisant. Il serait justifié d'accorder une attention spéciale aux régions très peuplées ou aux logements bondés. Toutefois, les habitations provisoires ne méritent peut-être pas autant d'attention que les bâtiments définitifs.

D'autres facteurs influent aussi sur le choix de zones prioritaires, notamment l'intérêt que les communautés accordent à l'amélioration de l'assainissement et le fait d'avoir déjà participé à d'autres projets. La possibilité et la volonté de contribuer financièrement sont également des critères à prendre en compte pour le choix des zones prioritaires. Les projets dépendent généralement d'une contribution financière des ménages; il peut se faire que la priorité soit donnée à ceux qui ont le plus de chances de payer ou à ceux qui sont prêts à essayer de nouvelles formules. Dans le cas des projets financés de l'extérieur, il peut arriver qu'on accorde un traitement préférentiel aux gens les plus pauvres, en partant du principe que les familles plus à l'aise doivent payer leurs propres latrines.

Données de base

On doit examiner avec beaucoup de soin tous les facteurs pertinents en vue de décider de la forme d'assainissement la mieux appropriée et des moyens les plus efficaces pour l'obtenir. Au nombre de ces facteurs figurent la santé publique et les considérations socio-économiques, culturelles, financières, technologiques, institutionnelles et autres qui sont évoquées un peu plus loin (pp. 161-167).

Un projet unifié important peut exiger plusieurs rapports rédigés par des fonctionnaires de l'organisme d'exécution ou par des consultants. De longs rapports écrits ne sont pas nécessaires pour les petits projets, ni pour les programmes qui se composent d'une succession de petites études. Toutefois, quelle que soit l'importance des projets envisagés, on devra tenir soigneusement compte de tous les facteurs pertinents.

L'organisme responsable

L'étude et l'exécution d'un programme simple, relatif à quelques ménages seulement, peuvent être à la portée d'un petit comité de gens intéressés, surtout s'ils ont un animateur enthousiaste. Pour des programmes de plus grande ampleur, une initiative des pouvoirs publics, ou le soutien d'un organisme extérieur (agence bilatérale, organisation internationale ou organisation locale non gouvernementale) peuvent être nécessaires. La participation de tels organismes varie considérablement selon la nature du projet, le type d'organisme et les circonstances nationales ou locales.

Personnel

Il faut choisir et préparer soigneusement à sa tâche le personnel affecté à l'établissement des programmes d'assainissement. A moins qu'ils n'aient déjà travaillé sur des programmes analogues, les gens désignés feront l'objet d'une formation, traditionnelle ou non, de préférence sur place dans un projet existant d'assainissement. On n'insistera jamais assez sur le fait que le personnel impliqué à tous les niveaux d'un programme d'assainissement à bon marché doit être familiarisé avec les questions techniques, administratives et sociologiques. Il doit aussi connaître les conditions financières et socio-économiques locales, c'est-à-dire le niveau de vie de la population et être conscient du rôle important que peuvent jouer les femmes, les travailleurs sociaux et les organisations non gouvernementales.

Participation communautaire

L'engagement de la communauté dans tout projet est un élément essentiel de sa réussite, parce que presque tout le travail d'assainissement individuel dépend de la décision de chaque chef de famille. L'ampleur de cet engagement varie selon les pays. Une communauté urbaine ne se comportera pas comme une communauté rurale, laquelle n'agira probablement pas comme le feraient des gens appartenant à des unités familiales dispersées. Certains groupes sont homogènes alors que d'autres sont d'une grande diversité culturelle et socio-économique.

Personnages clés

On doit prendre très tôt contact avec les personnages clés de la com-

PARTIE III. PLANIFICATION ET DÉVELOPPEMENT DE PROJETS
D'ASSAINISSEMENT INDIVIDUEL

munauté, qu'on peut quelquefois identifier avec l'aide des personnels locaux de santé. Il peut s'agir des chefs, des anciens, ou encore de gens nommés par le gouvernement ou désignés par un parti politique. Parfois, les maîtres d'école ou des hommes d'affaires d'un niveau supérieur à la moyenne peuvent fournir des renseignements utiles sur les conditions locales et il peut être intéressant d'avoir des échanges de vues avec eux.

Groupes minoritaires

Quels que soient les gens choisis comme personnages clés, on veillera à ce que les vues de tous les groupes de la communauté soient représentées. On peut devoir rechercher les dirigeants de groupes minoritaires et les représentants des gens sans influence politique. En particulier, il faut rechercher l'avis et l'appui des femmes, choses qui sont souvent le mieux obtenues par les travailleurs sociaux de sexe féminin.

Besoins et aspirations de la communauté

On devra vérifier par des contacts avec les personnages clés et les personnels de santé les hypothèses faites sur les besoins d'un assainissement amélioré dans l'ensemble de la zone en général et dans les secteurs prioritaires en particulier. On contrôlera notamment l'incidence des maladies associées aux excréta, de même que la conscience plus ou moins claire qu'a la population de la relation entre assainissement et maladie, sans oublier les autres inconvénients liés aux pratiques utilisées pour l'élimination des excréta, comme la présence des mouches.

On veillera à ne pas susciter des espoirs déraisonnables. En même temps, il faudra faire prendre conscience aux gens des avantages potentiels d'un assainissement amélioré. Si possible, même au stade de l'étude initiale, on fera visiter aux dirigeants des projets terminés dans le voisinage pour qu'ils voient de bonnes latrines en fonctionnement. On peut également présenter des dessins et modèles simplifiés pour discuter d'autres techniques possibles.

On essaiera de savoir dans quelle mesure la communauté est prête à fournir du travail, de l'argent et des matériaux pour un programme de construction de latrines. Il faut beaucoup d'habileté pour découvrir les véritables désirs et les priorités réelles. Les réponses aux questions sont souvent déformées parce que les gens veulent faire plaisir aux enquêteurs. Les discussions au sein de petits groupes, avec un minimum d'intervention extérieure, peuvent être un moyen efficace de découvrir l'opinion locale réelle.

Etude de la zone

L'assainissement le plus approprié est celui qui satisfait le mieux les besoins et les désirs des gens dans le cadre des contraintes locales. Afin de déterminer ce qui convient le mieux, on devra procéder à une

CHAPITRE 9. PLANIFICATION

enquête dans le territoire considéré.

Cette enquête peut comporter à la fois des données primaires et des données secondaires. Ces dernières sont obtenues à partir de cartes, statistiques et rapports existants, qu'on examinera avec un esprit critique, en tenant compte d'inexactitudes possibles. Ainsi, l'information peut ne pas être à jour, provenir de sources sujettes à caution, ou avoir été recueillie précipitamment. L'étude de ces données secondaires fera apparaître les insuffisances qu'il faudra combler par les données primaires.

Les données primaires proviennent de l'observation directe et indirecte, de mesures, enquêtes sur les ménages, d'entrevues et de conversations officieuses. On veillera à ce que les enquêteurs soient convenablement formés. Les questionnaires utilisés doivent tous être soigneusement préparés pour faire en sorte que les réponses expriment réellement l'opinion des gens interrogés.

Dans l'enquête préalable à un projet d'assainissement, on pourra faire entrer les éléments énumérés ci-dessous. Outre les informations sur la situation existante, on notera toutes les propositions éventuelles de changement, ainsi que le moment où elles ont des chances d'être exprimées.

Facteurs physiques

La géologie locale revêt une importance fondamentale – les rochers sous-jacents, la nature du sol et en particulier s'il est facile à creuser et reste stable après l'excavation. Il est généralement important de déterminer la perméabilité du terrain (drainage des eaux), l'épaisseur du sol superficiel, les variations des caractéristiques avec la profondeur, l'emplacement de roches dures difficiles à creuser et de vérifier l'existence éventuelle de fissures ou de blocs erratiques.

On notera les pentes naturelles ainsi que le drainage naturel des eaux de surface, surtout s'il y a d'importantes variations locales. Cela peut comporter une étude de l'hydrologie superficielle et du climat, notamment des pluies saisonnières. On relèvera les zones inondables régulièrement ou occasionnellement. On notera également toute information utile au sujet des eaux souterraines, par exemple la profondeur de la nappe phréatique, ses variations saisonnières éventuelles ou ses modifications à longue échéance, ainsi que sa direction d'écoulement et sa qualité.

Méthodes existantes d'élimination des excréta

Il est indispensable d'obtenir autant de renseignements que possible sur l'assainissement existant. Les programmes visent généralement à corriger une situation qui laisse à désirer et l'importance des défauts dans le domaine sanitaire est la base de départ. Toute situation sanitaire satisfaisante existant localement peut constituer une indication de la solution en général la mieux appropriée.

Les améliorations sont probablement plus faciles à accepter que des idées complètement nouvelles. De plus, l'examen de l'assainissement existant peut fournir des données techniques utiles sur des questions comme la capacité d'infiltration du sol et le taux d'accumulation des matières solides.

Obtenir une information précise et complète sur l'assainissement existant a en outre l'avantage de contribuer à l'évaluation du programme une fois celui-ci achevé.

Alimentation en eau

Ce qui touche au plus près l'assainissement, c'est le problème de l'alimentation en eau, et on devra relever soigneusement toutes les sources d'eau de la communauté. Si possible, on les inspectera. Les prétentions du service des eaux en ce qui concerne le réseau des canalisations sont souvent excessives, et l'existence d'un réseau ne doit pas être prise pour preuve d'une alimentation satisfaisante. La pression en bout d'une longue canalisation est souvent insuffisante, et l'écoulement souvent intermittent. Nombre de gens n'arrivent pas à évaluer les distances dans les localités rurales, et c'est pourquoi, quand c'est possible, il est bon d'observer la distance à parcourir pour se procurer l'eau, et le temps que cela demande.

Il faut tout particulièrement vérifier dans quelle mesure l'eau de boisson est tirée de la nappe phréatique. La profondeur de la nappe et l'emplacement des puits et des forages sont des éléments particulièrement importants à cause du risque de pollution par les latrines à fosse et par les puits absorbants. Si possible, on essaiera d'obtenir une analyse de l'eau souterraine, indiquant notamment sa contamination bactérienne et sa teneur en nitrates. La comparaison avec les analyses faites après la mise en œuvre du programme d'assainissement peut alors servir à la surveillance d'éventuelles pollutions de l'eau souterraine.

Santé et maladies

On peut apprécier la nécessité d'améliorer l'assainissement d'après la prévalence des maladies liées aux excréta. Quelquefois, les simples relevés de la fréquentation des centres locaux de santé fournit l'information voulue, surtout lorsqu'il s'agit d'affections diarrhéiques ou parasitaires. Toutefois, la valeur de ces relevés dépend de la précision des diagnostics, de la bonne tenue des dossiers et de l'emplacement des centres de santé par rapport au territoire desservi.

Les données tirées d'une enquête sanitaire faite avant le démarrage d'un projet donné peuvent se comparer à celles d'une enquête postérieure à la mise en œuvre d'un autre projet, et on tient là un bon moyen de mesurer l'efficacité des améliorations apportées à l'assainissement. Malheureusement, ces études de référence sont coûteuses

CHAPITRE 9. PLANIFICATION

et difficiles à exécuter de façon satisfaisante. On ne les réclame donc généralement que lorsque les pouvoirs publics ou les donateurs exigent des preuves de l'efficacité d'un dispositif simple d'assainissement.

Population et logements

On vérifiera et on complétera au besoin l'information obtenue antérieurement sur le nombre d'usagers et de foyers desservis par le projet. Des données démographiques détaillées, comme l'âge et la répartition des sexes, peuvent être importantes, surtout lorsque la coutume veut que les travailleurs quittent la zone provisoirement ou définitivement. On relèvera aussi les tendances de toutes les formes de migration.

Les aspects du logement qui affectent le plus l'assainissement sont la densité, la qualité et le taux d'occupation. Alors que les faibles densités sont courantes en milieu rural, il n'est pas rare que les logements soient surpeuplés dans les villages ou même dans des concessions familiales isolées. Les statistiques les plus intéressantes sont celles qui indiquent l'espace libre dévolu à chaque immeuble et le nombre des occupants de ces immeubles. La qualité des logements peut indiquer la situation économique des occupants et les efforts qu'ils seraient en mesure de fournir pour des améliorations, y compris la construction de latrines. Dans de nombreux territoires ruraux et périurbains, la plupart des logements ont été construits par leurs occupants, qui sont donc responsables de leurs propres moyens d'assainissement. Améliorer l'assainissement peut poser un problème difficile lorsque l'occupant n'est pas le propriétaire ou que plusieurs familles partagent un même logement, ou encore lorsque des gens occupent les étages supérieurs d'un bâtiment à plusieurs niveaux.

Culture et traditions

Les coutumes qui déterminent le choix de la latrine la plus appropriée sont les suivantes:

- la méthode courante de nettoyage anal (l'eau, les éléments solides comme le papier, les feuilles, les pierres, l'herbe ou les épis de maïs);
- la position de défécation habituelle, accroupie ou assise;
- le niveau d'intimité souhaité;
- l'emplacement habituel des latrines par rapport à l'habitation;
- le fait de souhaiter prendre un bain dans la latrine après défécation;
- l'utilisation traditionnelle comme engrais des excréments humains ou du compost qu'on en tire;
- les objections à la manipulation des excréments, même complètement décomposés;
- toutes les restrictions éventuelles à l'utilisation d'un même lieu de défécation par différents groupes, par exemple un tabou frappant l'usage du même emplacement par les hommes et les femmes, par

les adultes et les enfants, ou même par des catégories encore plus spécifiques, comme les beaux-pères et les brus;
- toutes les objections à l'utilisation de lieux de défécation, communaux ou familiaux, par certaines gens à certains moments, comme les femmes pendant les règles.

Communication et éducation

L'aptitude et la bonne volonté des communautés à accepter les idées nouvelles sur l'élimination des excréta sont probablement influencées par l'étendue de leurs contacts extérieurs. Dans beaucoup d'endroits il existe un échange régulier d'informations par la rencontre de gens d'autres lieux au marché ou à l'occasion de fonctions sociales. Les niveaux d'aptitude à la lecture peuvent déterminer dans quelle mesure des instructions ou des avis imprimés sont susceptibles d'être compris. Il peut être utile de déterminer combien de membres de la communauté possèdent des postes de radio ou de télévision. si ceux-ci sont en bon état, et combien de gens lisent le journal ou assistent à des séances de cinéma, et en quelles langues. Comprendre la terminologie locale et les modes traditionnels de communication, comme le théâtre ou la chanson, peut aussi être utile.

Emploi

Si une information complète sur l'emploi des gens du cru constitue une donnée de base, l'emplacement des lieux de travail revêt une importance particulière pour l'étude de l'assainissement. Passer une grande partie de la journée dans des fermes éloignées du logement peut influer sur la façon de concevoir l'assainissement domestique. De même, l'importance des autres activités éloignées du foyer, comme la présence au marché ou un travail à l'usine, peuvent marquer le besoin d'un assainissement sur les lieux de travail. On relèvera toutes les variations saisonnières de l'activité économique, du niveau du revenu et du lieu de travail.

L'environnement

La propreté des logements privés et des cours, ainsi que des voies publiques, des sentiers et des espaces libres, peut donner une bonne idée de l'intérêt probable que portent les communautés à l'amélioration des lieux d'aisance. On notera les méthodes utilisées en général pour éliminer les déchets solides.

Infrastructure

On vérifiera également les facilités d'accès sans oublier que de nombreuses voies de desserte rurales, qui sont assez bonnes pendant la saison sèche peuvent être impraticables pendant des semaines et même des mois durant la saison des pluies. L'accès des véhicules aux habitations peut influer sur le genre de latrine à construire, par exemple lorsqu'il faut une citerne à dépression pour vidanger les fosses.

Construction

Si quelques chefs de famille peuvent être capables de construire des latrines simples pour leur propre usage, dans de nombreuses localités la construction sera plutôt confiée à des entrepreneurs ou à des artisans. Il est donc nécessaire de se renseigner sur leur compétence. La position financière des entrepreneurs peut être un élément à prendre en considération. Outre la construction des latrines proprement dites, des entreprises ou des individus peuvent être à même de fabriquer des composants comme les dalles de couverture des fosses, les parpaings, les cuvettes ou les tuyaux.

On s'assurera avec autant de précision que possible de la disponibilité des matériaux et des composants nécessaires et de leur prix sur le marché. Pour les matériaux qu'on peut se procurer localement, comme le sable et les graviers, le prix de revient réel d'extraction et de transport peut être meilleur que l'offre du marché. On relèvera les prix de la main d'œuvre qualifiée et non qualifiée.

Possibilité d'un financement interne

On évaluera la contribution probable des bénéficiaires aux dépenses de construction des latrines et à leurs frais d'entretien. Comme les fonds disponibles dans les communautés rurales dépendent des ventes de produits agricoles et de leurs variations saisonnières, l'argent peut n'être disponible qu'à l'époque des récoltes. Dans toutes les collectivités, il peut exister des revenus d'origine salariale et des versements provenant de membres absents de certaines familles.

On essaiera d'estimer la volonté des gens à dépenser pour l'assainissement, sans oublier que les déclarations des individus ou des dirigeants des communautés à propos des moyens et de la bonne volonté de payer sont souvent sujettes à caution. Les réponses des gens interrogés traduisent souvent sur le désir qu'ont ceux-ci d'en tirer le plus grand avantage personnel possible. Ils peuvent par exemple se dire que s'ils se prétendent plus pauvres qu'ils ne le sont ils profiteront davantage de l'aide extérieure. Ils peuvent au contraire exagérer leur solvabilité s'ils pensent que cela leur vaudra des améliorations financées par l'extérieur.

La solvabilité peut être calculée sur le revenu des couches les plus pauvres de la communauté. Dans certains secteurs, on a constaté que la contribution des plus pauvres à l'amélioration de l'assainissement ne doit pas dépasser 1 % de leur revenu, mais 3 % est un taux acceptable pour d'autres groupes économiques (Kalbermatten et al. 1982).

Possibilité d'un financement extérieur

Il faut obtenir le maximum d'information sur les subventions, les prêts et les subsides susceptibles d'être obtenus auprès des administrations locales ou nationales, des donateurs bilatéraux, des banques internationales et commerciales et d'autres sources extérieures.

Comparaison et choix des systèmes

On examinera avec soin tous les facteurs techniques décrits au Chapitre 5 afin de choisir un certain nombre de types appropriés de latrines parmi ceux qui sont décrits aux Chapitres 4 et 6. Un arbre de décision comme celui de la Fig.9.1 peut servir de base pour la sélection. En pratique, il est à noter que l'utilisation d'une démarche comme celle-ci permet d'éliminer certaines formes d'assainissement, en en laissant d'autres de côté pour complément d'information.

Parmi les facteurs à prendre en compte pour décider si un système d'assainissement techniquement réalisable doit être proposé aux ménages ou aux communautés on peut citer notamment:

- le fait que le système soit populaire, comme semblent le montrer le nombre de ménages qui l'ont déjà adopté ou le fait qu'il existe un désir très répandu de le posséder;
- son degré d'adaptation aux habitudes culturelles locales ou aux coutumes religieuses;
- sa capacité à réduire la pollution et les risques pour la santé;
- sa facilité d'installation par les usagers eux-mêmes, compte tenu des compétences locales et de la disponibilité des matériaux;
- la part des dépenses qu'il suppose – l'achat des matériaux et des éléments, la main d'œuvre etc. – qui ne peuvent être couverts par les ménages;
- sa facilité d'exploitation et d'entretien.

Après avoir retenu un certain nombre d'options valables, on pourra évaluer les dépenses dans chaque cas. Ces dépenses devront être calculées pour plusieurs modes de construction et des matériaux divers. On pourra alors calculer le coût global, tant financier qu'économique, correspondant au nombre d'unités nécessaires. Certains organismes peuvent accorder leur préférence aux solutions les meilleur marché pour les projets financés de l'extérieur, comme on le verra au Chapitre 10.

Une fois choisies les options adéquates, l'organisme maître d'ouvrage, ou la collectivité elle-même, doit passer au stade de la réalisation et donner à chaque chef de famille le maximum de possibilités de choix entre les divers modèles, matériaux, finition et autres détails. Les différentes étapes de l'exécution en seront étudiées au Chapitre 11.

CHAPITRE 9. PLANIFICATION

Fig. 9. 1. Arbre de décision pour le choix de l'assainissement

(NOTE: ⌂ = On doit choisir une option différente

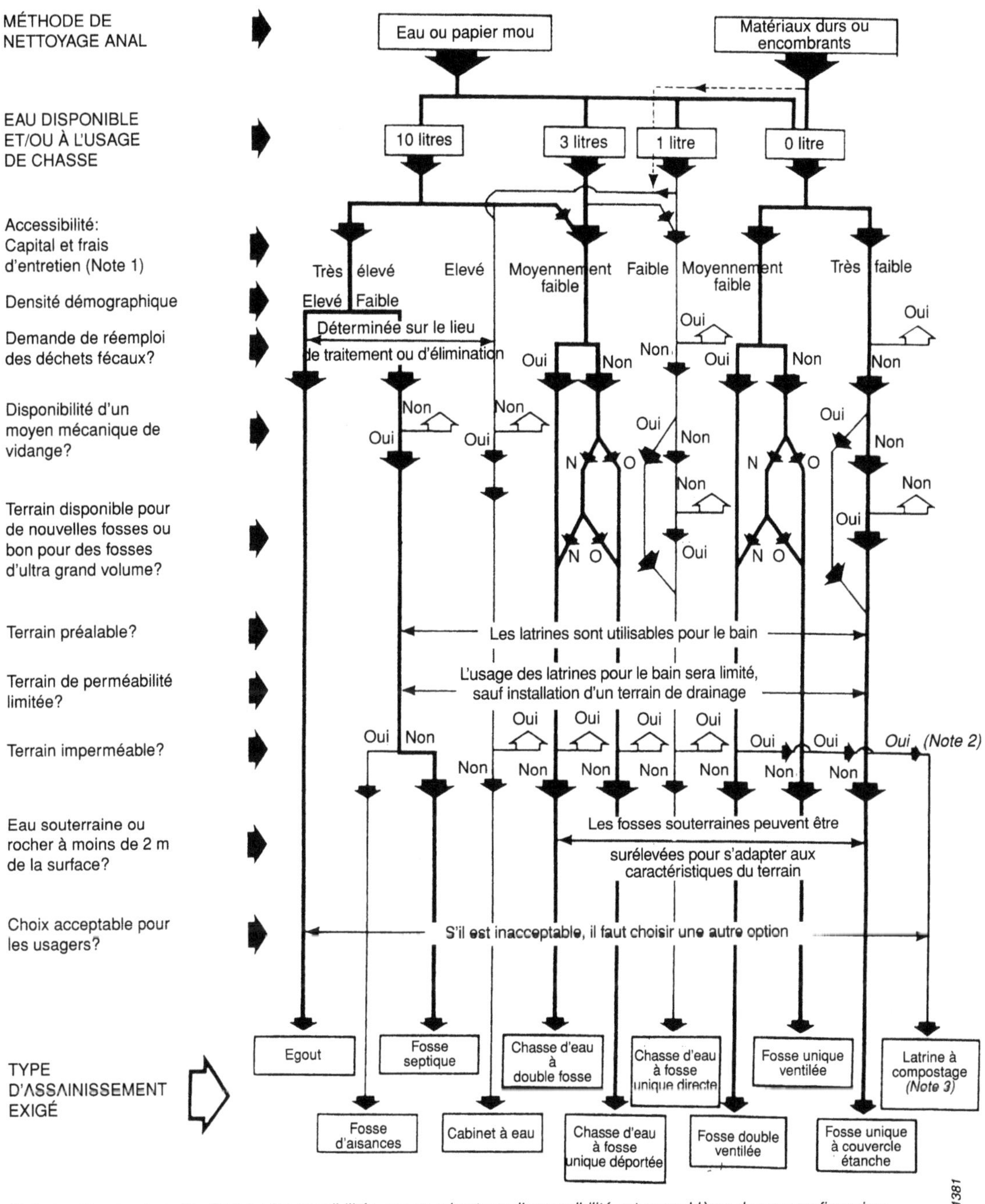

MÉTHODE DE NETTOYAGE ANAL → Eau ou papier mou | Matériaux durs ou encombrants

EAU DISPONIBLE ET/OU À L'USAGE DE CHASSE → 10 litres | 3 litres | 1 litre | 0 litre

Accessibilité: Capital et frais d'entretien (Note 1) → Très élevé | Elevé | Moyennement faible | Faible | Moyennement faible | Très faible

Densité démographique → Elevé | Faible

Demande de réemploi des déchets fécaux? → Déterminée sur le lieu de traitement ou d'élimination | Oui/Non

Disponibilité d'un moyen mécanique de vidange? → Oui/Non — N O

Terrain disponible pour de nouvelles fosses ou bon pour des fosses d'ultra grand volume? → N O

Terrain préalable? ← Les latrines sont utilisables pour le bain →

Terrain de perméabilité limitée? ← L'usage des latrines pour le bain sera limité, sauf installation d'un terrain de drainage →

Terrain imperméable? → Oui/Non ... Oui (Note 2)

Eau souterraine ou rocher à moins de 2 m de la surface? ← Les fosses souterraines peuvent être surélevées pour s'adapter aux caractéristiques du terrain →

Choix acceptable pour les usagers? ← S'il est inacceptable, il faut choisir une autre option →

TYPE D'ASSAINISSEMENT EXIGÉ ⇨ Egout | Fosse septique | Chasse d'eau à double fosse | Chasse d'eau à fosse unique directe | Fosse unique ventilée | Latrine à compostage (Note 3)

Fosse d'aisances | Cabinet à eau | Chasse d'eau à fosse unique déportée | Fosse double ventilée | Fosse unique à couvercle étanche

Note 1 : On n'a pas indiqué toutes les possibilités, car on admet que l'accessibilité est un problème de moyens financiers.
Note 2 : Utiliser des fosses d'ultra grand volume ou envisager le compostage
Note 3 : Dépend aussi de l'acceptation de recueillir l'urine à part, de l'exigence d'un compost et de la possibilité de disposer de cendres et de produits végétaux.

CHAPITRE 10
Facteurs institutionnels, économiques et financiers

Responsabilités institutionnelles

Tout travail relatif à l'amélioration de l'assainissement s'exécute dans un certain contexte relationnel impliquant les ménages, les communautés et les pouvoirs publics. Les organisations ou institutions auxquelles on a confié une responsabilité ou qui s'intéressent à certains aspects de l'amélioration de l'assainissement y jouent un rôle clé. Ces instances peuvent être des ministères, des départements ministériels, des municipalités urbaines, des conseils ruraux, des organisations non gouvernementales ou des organisations reconnues.

Dans le présent ouvrage, toute instance autre qu'une collectivité locale qui se charge du démarrage, de la promotion, de la supervision ou intervient d'une façon ou d'une autre dans un projet d'amélioration de l'assainissement est qualifiée d'«agence» pour la distinguer d'autres institutions intéressées. Cette agence ou organisme pilote peut être une institution sectorielle ou appartenir à une institution. Ce peut être aussi une équipe pluridisciplinaire provenant de plusieurs institutions ou même une organisation non gouvernementale travaillant sous l'autorité d'un établissement public.

Projets ou programmes

L'amélioration des pratiques en matière d'assainissement suppose projets et programmes. Un projet est une tâche donnée à accomplir dans un laps de temps déterminé. Un programme est un processus continu avec des objectifs à long terme. La protection des personnes et de leur environnement contre les maladies et la pollution résultant des excréta représente une activité continue qui exige de l'agence qui en est chargée qu'elle envisage un programme à long terme.

Engagement des pouvoirs publics

Attribution de la responsabilité

Ministères de la Santé, de l'Environnement, (ressources en eau), de l'Agriculture (développement rural), de l'Action sociale (collectivités locales), tous sont intéressés par les problèmes d'assainissement. Cette préoccupation peut se manifester au niveau central, régional ou local. Les ministères des Finances et de l'Economie peuvent également vouloir exercer un certain contrôle. Pour qu'un programme réussisse, il faut une agence dirigeante, avec un fonctionnaire désigné ou un comité de gestion qui ait la responsabilité de l'exécution et dispose de l'autorité nécessaire.

Intégration des responsabilités sectorielles

La désignation de l'agence dirigeante ne dispense pas les autres instances de leur responsabilité dans les programmes. Selon les termes mêmes de leur mandat, elles peuvent souhaiter jouer un rôle actif dans la promotion de l'assainissement et se montrer capables de fournir des gens qualifiés et une contribution d'importance capitale. Il s'ensuit qu'il est nécessaire de définir dès le début les responsabilités de toutes les institutions, agences et fonctionnaires associés au projet. Le degré de leur engagement peut varier considérablement selon la nature du programme, le type d'organisation et autres conditions nationales et locales.

Il peut être utile d'organiser des colloques et des réunions pour discuter librement des besoins et des préoccupations. A partir de là, on peut constituer un comité consultatif intersectoriel en vue de discussions plus régulières des progrès accomplis. Toutefois, il reste préférable d'avoir une seule agence dirigeante responsable des décisions plutôt qu'un comité intersectoriel.

Equipes d'appui spécialisées

Lorsqu'on donne un nouvel élan à un programme d'assainissement, on constate souvent que le personnel doit déjà assurer trop de tâches pour pouvoir véritablement jouer son rôle dans un projet nouveau. Il faut donc soit décharger ce personnel de certaines tâches, soit en recruter un nouveau. La création d'une équipe «multidisciplinaire chargée de l'amélioration de l'assainissement» peut être un moyen efficace de stimuler les progrès. Toutefois, il faut définir les relations entre cette équipe et les structures d'organisation existantes et, en particulier, prévoir sa réintégration dans le cadre du programme général.

Ces équipes ou agences, lorsqu'elles sont correctement constituées, sont souvent en mesure de contourner les procédures bureaucratiques et d'éviter les pertes de temps qui existent dans toutes les institutions. Cependant, si on adopte une démarche non conventionnelle qui s'appuie sur la communauté, il faudra beaucoup de souplesse de la part de l'agence d'appui. Ainsi, le personnel peut avoir besoin d'assister le soir à des réunions communautaires, ou les vulgarisateurs, avoir besoin de rendre visite aux chefs de famille rentrés chez eux après leur journée. Il faudra éventuellement prévoir le paiement d'heures supplémentaires ou des congés de compensation pour ce travail tardif.

Souplesse de l'institution et de l'équipe d'appui

Comme on le verra au Chapitre 11, mobiliser les gens constitue un avantage considérable, surtout pour le soutien à long terme des améliorations. Toutefois, à courte échéance, rien ne garantit que les gens répondront autant et aussi vite que l'agence le désirerait.

Le rôle de l'agence peut être rendu plus difficile par le refus des normes de construction admises, la lenteur de la fourniture des crédits ou des matériaux, les budgets non exécutés, les longs délais de construction et les objectifs non atteints. Notamment, lorsque des donateurs extérieurs sont en cause, il s'exerce une pression en vue de résultats tangibles. L'agence doit donc organiser ses budgets et ses programmes de travail afin que les donateurs ou toute autre institution de parrainage puissent comprendre ce qui se passe, et pourquoi, tout en conservant la souplesse nécessaire.

Organisations multilatérales et non gouvernementales

De nombreuses organisations d'assistance et de développement s'engagent dans les programmes d'assainissement avec l'objectif d'améliorer la santé des populations. Certaines d'entre elles peuvent être basées dans le pays alors que d'autres reçoivent une assistance extérieure. Certaines peuvent s'appuyer sur une expérience considérable et ancienne dans différentes parties du monde, avec des fonds et du personnel qualifié de différents pays. D'autres ont une expérience ou des fonds plus limités mais montrent un vif désir d'aider les gens. Leur enthousiasme et leur capacité à répondre rapidement aux idées nouvelles peuvent être très utilement mis au service du projet.

Il appartient à l'institution de parrainage de décider de l'utilisation la meilleure des offres d'assistance. Le problème crucial est celui d'intégrer les organisations multilatérales et non gouvernementales ainsi que les instances sectorielles juste où il le faut dans les programmes à long terme, en visant à limiter toute tendance de la part des organisations moins importantes à favoriser des projets particuliers non viables.

Liaison entre institutions et chefs de famille

Pour être efficaces, les organismes publics doivent avoir, avec les chefs de famille et la communauté, des contacts qui dépassent le stade des simples directives à respecter. On verra cela plus en détail au Chapitre 11. L'organisme pilote devra être constitué de manière à pouvoir assurer:

— les enquêtes dans la communauté, les entrevues, les réunions, les visites à domicile;
— les centres de démonstration, les «supermarchés de l'assainissement», l'achat des différents éléments ou leur production et leur vente;
— la gestion du personnel d'appui général ou spécialisé, par exemple dans le domaine technique, social, financier ou sanitaire;
— la formation de membres de la communauté comme facilitateurs;
— l'assistance financière, matérielle et technique à la construction;

- la recherche d'entrepreneurs et de constructeurs qualifiés;
- le respect des spécifications et des prix fixés;
- la continuité du soutien, en termes d'assistance technique et d'éducation pour la santé;
- l'évaluation et le suivi.

Développement des ressources humaines

Le développement des ressources humaines comporte l'emploi, la supervision, l'éducation, la formation continue et l'aide socio-professionnelle aux gens dont on a besoin pour que le travail soit exécuté convenablement. Le processus doit comprendre la planification, le développement des qualités professionnelles et la formation, ainsi que la gestion des ressources humaines, avec tous ces aspects harmonieusement intégrés en vue d'objectifs spécifiques.

On estime souvent que la médiocrité du personnel d'exécution et son ignorance des problèmes des utilisateurs expliquent les insuffisances relevées dans la préparation, l'exécution, l'exploitation et la maintenance des systèmes d'assainissement. La réaction habituelle est l'établissement d'un programme de formation pour tous ceux qui sont impliqués afin de leur apprendre à remplir correctement leur tâche. Malheureusement, cet enseignement peut ne pas pouvoir résoudre les difficultés d'exécution. Il y a de nombreux facteurs à prendre en compte pour rendre les gens capables de travailler à leur capacité maximale et c'est une des responsabilités du directeur du programme que de prendre en considération tous les aspects du développement des ressources humaines.

Carefoot (1987) pense que les défaillances humaines, surtout en ce qui concerne les activités relatives à l'eau et à l'assainissement, sont généralement dues aux problèmes suivants: qualification ou connaissances insuffisantes; difficultés dues à l'environnement et/ou à la gestion; motivation ou stimulation insuffisantes ou encore certaines attitudes. Si le manque de qualification ou de connaissances est la cause principale d'un problème, la solution réside vraisemblablement dans la formation. En revanche, si les problèmes ont pour origine l'environnement professionnel ou la gestion, ou encore la motivation, la formation seule ne suffira pas à les résoudre. Dans nombre d'études, les directeurs engagés dans des programmes d'approvisionnement en eau et d'assainissement estiment que seulement 10-30 % des difficultés d'exécution sont dues à un manque de qualification ou de connaissances que la formation pourrait améliorer.

Une démarche à «double-objectif» — l'individu et le système dans lequel il travaille — a donc été proposée par Carefoot pour rechercher des solutions aux problèmes d'exécution. L'amélioration de la qualification devrait être complétée par une meilleure organisation du milieu professionnel de l'intéressé, qu'il s'agisse d'une activité officielle ou parallèle.

Participants au programme

Avant d'examiner plus en détail les exigences du développement des ressources humaines, il faut voir à quelles personnes cette activité s'adresse.

Chefs de famille

Un des avantages de l'assainissement sur place est qu'une bonne partie du travail peut être fait par les bénéficiaires. Les chefs de famille peuvent planifier, concevoir et construire de nombreux éléments d'une latrine. Il faut donc les assister, ainsi que la communauté, et leur communiquer la confiance nécessaire dans leur aptitude à exécuter le travail.

Il ne faut pas sous-estimer le rôle particulier des femmes dans de nombreux pays, où elles régissent le foyer, recueillent l'eau et gèrent le système d'assainissement. De nombreux programmes de formation visent automatiquement les hommes ou, parce qu'ils incluent des hommes, excluent les femmes. Et pourtant, les femmes ont un rôle vital à jouer dans la conception correcte, la construction, l'exploitation et la maintenance des systèmes d'élimination des excréta. Tout programme de développement des ressources humaines doit pourvoir aux besoins particuliers des femmes. Certains programmes ont tiré profit d'accorder également une attention particulière aux besoins et au rôle des enfants, à la fois officiellement, dans le cadre de l'école, et officieusement, dans le cadre de la communauté.

Dirigeants et conseillers de la communauté

Les dirigeants de la communauté ont leurs propres intérêts particuliers, surtout lorsqu'il faut prendre des décisions communales sur certains aspects d'un système d'assainissement ou lorsque c'est à eux de donner l'exemple.

Artisans

De nombreux projets demandent des maçons, des poseurs de briques ou de tuyaux de drainage, des charpentiers, des plombiers ou autres artisans pour mener les travaux à bien. Ces ouvriers ont souvent une expérience de la construction des maisons et d'autres bâtiments. On peut avoir besoin de qualifications particulières pour la construction de latrines et pour les travaux concomitants.

Entrepreneurs locaux

Les chefs de famille peuvent avoir besoin des entrepreneurs locaux pour exécuter certains travaux, comme le revêtement des fosses ou la fabrication des dalles de couverture. Lorsqu'on introduit de nouvelles techniques ou de nouvelles manières de soutenir les projets ou de les financer, il faut aider les entrepreneurs et les sous-traitants.

Personnel des programmes et les projets

Les effectifs et catégories de personnel nécessaires pour préparer et exécuter un projet sont largement déterminés par la nature et l'ampleur des travaux, le type d'agence, le degré de participation des instances centrales et locales ainsi que de la communauté et selon que le projet constitue ou non une partie d'un programme en cours.

Les fonctionnaires de la santé jouent souvent un rôle essentiel dans les projets d'amélioration de l'assainissement, surtout lorsque le ministère de la Santé a l'assainissement en charge. Lorsqu'un organisme public à vocation technique (par exemple l'Equipement) ou des agences indépendantes sont en charge du projet, gestion et supervision peuvent être confiés aux fonctionnaires techniques. Dans certains pays, ce sont les agents de santé, les agents des collectivités locales et les vulgarisateurs agricoles qui constituent l'organe de liaison entre l'agence et la communauté. Il y a une grande diversité dans les mandats des différentes équipes et dans la répartition des tâches entre les personnels de niveau intermédiaire.

Personnels spécialisés

Il y a différents professionnels concernés par les projets d'amélioration de l'assainissement:

— des ingénieurs sanitaires employés par un organisme public ou par l'agence consultante qui travaille pour lui. Leur responsabilité fondamentale concerne les aspects techniques du programme.
— des architectes, planificateurs, fonctionnaires de la santé publique et personnels chargés du développement, que leur activité auprès des organismes publics ou des départements ministériels implique dans l'étude et la mise en œuvre de l'assainissement;
— des écologistes, anthropologues, agents de santé, géologues, économistes et autres spécialistes qu'on peut utiliser avec profit à une étape donnée de l'étude ou de l'exécution;
— des administrateurs.

Qualification et formation

Si on veut assurer une bonne formation qui produise les résultats désirés, il faut la planifier systématiquement. Ses objectifs sont d'élargir et d'approfondir les connaissances des intéressés dans leurs domaines respectifs et d'améliorer leur aptitude à remplir des tâches déterminées. Le même cycle de formation peut s'appliquer aux chefs de famille et aux ingénieurs (Fig.10.1).

Cycle de formation

La préparation de tout programme de formation commence par l'évaluation des besoins et, pour cela, il faut établir un organigramme décrivant les diverses tâches à exécuter en vue d'atteindre l'objectif visé. Celui-ci ne doit pas se limiter à la réalisation de la construction initiale, mais doit comprendre également l'exploitation et l'entretien. Chacun des postes doit être minutieusement décrit, c'est-à-dire avec une liste détaillée des tâches à remplir par l'exécutant (qu'il soit ou non employé par le programme). En comparant la description de chaque poste aux connaissances et qualifications de la main-d'œuvre disponible, on est amené à rédiger une liste des besoins en matière de formation. On prépare alors un plan de formation répondant à ces besoins, compte tenu des priorités du programme. Ce plan spécifie quelles sont les personnes à former avec les dates de réalisation et les objectifs à atteindre.

Fig. 10.1. Le cycle de formation

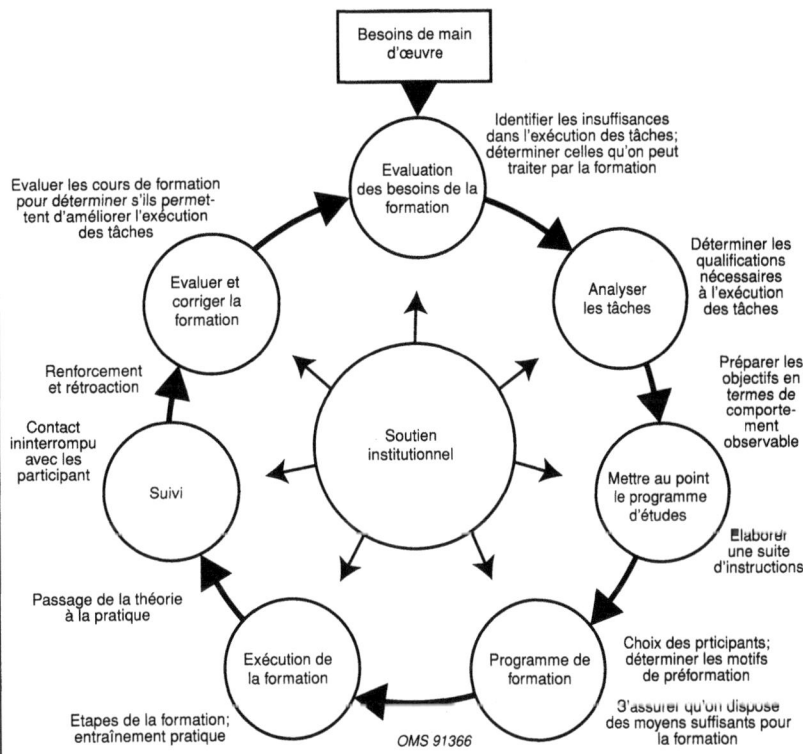

La formation dépend du secteur où des besoins se font sentir:
- *les connaissances* — ici conférences et manuels sont particulièrement utiles;

- *l'habileté manuelle* — développement pas à pas par la démonstration, les travaux pratiques et la correction des erreurs, avec concentration sur les points importants;
- les *relations sociales* — jeux de rôles, étude de cas, discussions, travaux pratiques sous contrôle;
- *changement d'attitude* — discussion en groupe, interrogatoire personnel, étude de cas et réactions; démonstration.
- *les systèmes (par exemple procédures administratives et contrôle des stocks)* — listes de contrôle, démonstrations et travaux pratiques corrigés.

La phase finale d'un cycle de formation consiste à contrôler ce qu'ont appris les participants et à déterminer ce qu'ils sont capables de faire. Ceci conduit à revoir les besoins pour la séance ou le programme suivants de formation. Bien entendu, formation et enseignement constituent un processus continu qui s'appuie sur l'acquis des intéressés et les aide à compléter leurs connaissances à partir de là. On ne peut lui fixer un terme: il y a toujours moyen d'apprendre davantage.

Les impératifs de la gestion

Si bien qu'on ait pu former le personnel, il ne sera pas capable d'atteindre les objectifs d'un assainissement efficace si le milieu de travail n'y est pas préparé. Par exemple, s'il n'y a aucun moyen de transport pour le personnel affecté à un projet qui veut visiter les sites lorsque c'est nécessaire, la communauté sera déçue de ne voir personne. De même, s'il n'y pas d'argent pour financer les prêts promis aux chefs de famille, ou si les fournitures, les matériaux et les outils font défaut, le projet perdra une partie de son élan. Pour résoudre ces problèmes, il faut que la direction fasse preuve de sa volonté d'utiliser tous les moyens possibles en vue de lever les difficultés institutionnelles.

En outre, et surtout lorsqu'ils travaillent directement avec les communautés, les personnels d'exécution des projets ont besoin d'être constamment encouragés et de voir leur contribution reconnue. Pour améliorer les conditions de travail on peut suggérer ce qui suit:

- des visites régulières de la part des supérieurs et des collègues à ceux qui travaillent dans des lieux isolés;
- des réunions et des séminaires réguliers afin que tous les personnels du projet aient le sentiment de faire partie d'une équipe;
- la fourniture et l'entretien d'un moyen approprié de transport (voiture, fourgon, motocyclette ou bicyclette);
- alternance des chantiers entre la campagne et la ville;
- paiement des heures supplémentaires si nécessaire et
- garantie que le personnel sera affecté de temps à autre à des chantiers situés près de chez lui.

Motivation

Une motivation adéquate du personnel des organismes publics et des chefs de famille est un préalable à la réussite de la formation. Pour le personnel du projet, les possibilités de carrière au-delà du projet en cours présentent une importance particulière. En effet, si ce personnel peut espérer une possibilité de transfert sur d'autres projets dans le cadre d'un programme continu, il y a des chances qu'il soit prêt d'une part à s'instruire et à améliorer ses qualifications et, d'autre part, à faire bénéficier de son expérience ses collègues et les chefs de famille. Il est important que la situation sociale, les conditions de travail et les rémunérations soient attractives par rapport à celles d'autres emplois comparables. C'est particulièrement important dans le cas des postes de responsabilité à distance du domicile.

Facteurs économiques

Le choix entre diverses options

Différentes techniques d'assainissement peuvent être également acceptables du point de vue de la santé, ainsi que du point de vue social, technique et institutionnel. Le choix définitif entre les différentes techniques est donc souvent une question de prix.

On discutera plus loin (pp. 184-192) des frais financiers, c'est-à-dire de ce qu'un ménage ou un organisme doit payer pour une installation d'assainissement. Les coûts économiques représentent le total prélevé sur les ressources de l'économie nationale, c'est-à-dire ce que le pays dans son ensemble doit payer en termes de main d'œuvre, de matériaux, de santé, d'environnement et d'importations.

L'étude économique comparative des coûts vise à assigner une valeur à chaque élément qui intervient dans la constitution d'un système, ce qui permet des comparaisons entre les technologies concurrentes. Pour les planificateurs et le personnel des projets, il est important d'examiner toutes les possibilités pour pouvoir recommander les systèmes les plus économiques en vue de leur démonstration et de leur promotion. Ceci permet alors aux chefs de famille intéressés d'arriver à une décision finale basée sur la modicité du coût, la commodité et l'attrait de la solution choisie.

On notera qu'une analyse économique détaillée n'est entreprise que pour les projets importants en secteur urbain ou périurbain à forte densité de peuplement. A cause des incertitudes qui affectent les données économiques de base dans de nombreux pays, il n'est pas recommandé de choisir une technologie sur la seule base de l'analyse économique. Cependant, la discipline de pensée exigée par une analyse des coûts totaux rapportés à la durée de vie d'un système peut être très bénéfique à l'équipe de planification et lui permettra de mieux cerner l'ensemble des problèmes posés.

Analyse du coût minimal des diverses solutions

Il est difficile de chiffrer le bénéfice qu'on peut tirer des améliorations apportées à l'assainissement. Quand on dispose d'un choix de technologies pour atteindre l'objectif d'une élimination fiable des excréta dans des conditions acceptables, on peut admettre que les avantages des différentes options sont équivalents. La comparaison des solutions possibles peut alors se réduire à une «analyse du coût minimal», axée uniquement sur le prix de revient de l'assainissement. Il peut y avoir des différences dans les méthodes les plus commodes pour arriver au résultat recherché. Par exemple, une latrine améliorée sans mouches ni odeurs peut être largement préférable à une toilette à chasse ou à une fosse septique lorsque l'alimentation en eau est intermittente. Toutefois, de telles situations sont à ce point spécifiques du site qu'on peut admettre en général que les systèmes décrits dans le présent ouvrage ont des avantages similaires (sauf spécification contraire au Chapitre 4).

Toute solution sera examinée compte tenu de l'analyse économique. Les contributions en nature par les chefs de famille qui creusent leurs propres fosses devront être évaluées. De même, les accessoires importés pour une toilette à cuvette ou une fosse septique devront être considérés à leur coût réel pour l'économie nationale, en tenant compte des taux de change réels. Les valeurs ainsi attribuées peuvent ne pas refléter directement le coût financier.

On trouvera dans le *Guide pratique pour l'examen des projets* (ONUDI, 1979) des renseignements détaillés sur l'analyse économique et les méthodes pour déterminer les valeurs réelles. Les principaux éléments qu'il faut prendre en compte sont indiqués ci-après.

Coût économique des systèmes d'assainissement

Main d'œuvre

Quand un chef de famille doit fournir une contribution en nature, par exemple en creusant la fosse ou en construisant les superstructures, son travail doit être estimé en fonction du salaire virtuel, c'est-à-dire en fonction du salaire qu'il faudrait effectivement payer s'il n'y avait pas de contrôle artificiel des salaires.

Dans un pays à fort taux de chômage, le salaire virtuel s'établit vraisemblablement entre 40 et 70 % du salaire minimal décidé par le gouvernement. De même, quand le personnel d'un organisme public participe à la construction, ou encore qu'il y a une contribution en nature, on évaluera les coûts en fonction du salaire virtuel plutôt qu'en fonction de la rémunération réellement perçue. Si on est amené à employer un sous-traitant pour sa seule main d'œuvre, on prendra en compte la somme à verser diminuée du bénéfice du sous-traitant. Il s'agit en effet ici plus d'un jeu d'écriture que d'un transfert réel de richesse dans le cadre de l'économie.

Matériaux de construction

On doit tenir compte du prix de la superstructure et de l'infrastructure. Quand on prévoit d'installer la toilette à l'intérieur de la maison, il faut faire entrer dans le calcul la proportion de la valeur de la maison qu'elle représente compte tenu de la surface occupée.

On peut trouver sur place des matériaux de construction qui ne coûtent que le temps, exprimé en salaire virtuel, qu'on a passé à les recueillir. Mais si ces matériaux sont rares et que leur renouvellement demande un effort, par exemple un reboisement, on assignera un certain prix à ces matériaux «gratuits».

Pour les éléments fabriqués dans le pays, on utilisera le prix demandé par le fabricant, y compris les frais de transport sur le site, diminué du bénéfice. En revanche, si les éléments sont subventionnés par le gouvernement, on ajoutera à la dépense totale le montant de la subvention. Si ces éléments sont grevés d'une taxe sur les ventes, on soustraira cette taxe, de façon à obtenir leur valeur réelle dans l'économie.

En cas d'importation, on prendra en compte la dépense totale, y compris les frais de transport et d'assurance, mais sans les droits de douane, ni les taxes locales, ni le bénéfice des intermédiaires. Dans certains pays, les taux de change des devises peuvent être maintenus artificiellement élevés afin de réduire le coût financier des importations. Pour avoir la valeur réelle des importations, on utilisera un taux de change virtuel qui majore leur valeur apparente. Le facteur appliqué à ces taux de change se situe généralement entre 1,2 et 1,8.

Eau

Lorsque de l'eau est utilisée pour les chasses, on devra inclure son coût dans la dépense totale. Si on obtient cette eau gratuitement à partir d'une source naturelle, on comptera les frais de transport vers la latrine calculés au prix virtuel de l'heure. Si l'eau provient d'une borne-fontaine ou autre source d'eau améliorée, le coût économique de l'amenée d'eau à la fontaine sera pris en compte, en y ajoutant le prix du transport jusqu'à la latrine. De même, pour les ménages reliés individuellement au réseau de distribution d'eau, on ajoutera les frais de distribution aux maisons. Le coût économique ou marginal de l'eau supplémentaire nécessaire à l'assainissement est généralement plus élevé que celui facturé aux ménages. On tiendra aussi compte de la dépense encourue pour la plomberie spécifiquement consacrée à l'amenée de l'eau à la toilette.

Occupation du sol

Lorsque le terrain est rare, notamment en zone urbaine, cela implique une dépense supplémentaire dont il faut tenir compte.

Coût de l'argent et dates d'échéance

En termes d'économie, il y a un coût d'utilisation de l'argent pour un objectif donné (comme l'assainissement) qu'on peut comparer à son utilisation pour un autre objectif. Les frais d'utilisation d'un capital, qu'on appelle coût d'opportunité, peuvent être définis comme l'intérêt que rapporterait un investissement dans les meilleures conditions d'utilisation, c'est-à-dire ce que pourrait rapporter ce capital, mieux utilisé ailleurs. Ces frais influent sur le choix de la solution à adopter, compte tenu de l'équilibre entre investissement initial et frais répétitifs d'exploitation et d'entretien. Par exemple, certaines installations peuvent être très bon marché à construire mais doivent être refaites ou vidangées à intervalles réguliers.

L'influence du coût d'opportunité de l'argent sur les échéances d'un emprunt contracté pour financer un système d'assainissement peut être déterminée par actualisation. Selon cette technique, toutes les dépenses futures se voient attribuer une valeur «actuelle» ce qui permet d'évaluer correctement les différents flux d'argent.

En analyse économique, le facteur d'actualisation correspond au coût d'opportunité du capital. Lorsque l'argent investi est revalorisable sur une durée déterminée, l'actualisation permet de déterminer le montant nécessaire aujourd'hui pour obtenir une certaine somme à une date ultérieure donnée. On trouve généralement les facteurs d'actualisation dans les tables financières, mais on peut les calculer directement par la formule

$$\text{Facteur d'actualisation} = \frac{1}{(1+a)^n}$$

où a = taux d'actualisation

n = durée (en années)

L'exemple 10.1 exposé à la page 188 montre comment cette technique s'applique aux problèmes pratiques qui se présentent quand on compare différentes options.

Durée de vie d'un système d'assainissement

Comme les différentes installations sont conçues pour des durées différentes, les principes de l'actualisation doivent s'appliquer à ces différentes durées prévues afin que les comparaisons soient équitables.

Vidange et élimination

Fosses et réservoirs peuvent être vidangés manuellement, et on peut calculer le coût virtuel correspondant, ou par des citernes à dépression, ce qui entraîne des frais horaires (main d'œuvre, carburant et entretien). En outre, il faut tenir compte des dépenses pour pièces de rechange, calculées là encore au taux de change virtuel lorsqu'il s'agit d'importations. Il y a également les frais d'élimination des boues qui peuvent varier selon qu'on les rejette dans une décharge ou qu'on les dirige sur une usine de traitement.

Pollution des eaux souterraines

Les déchets qui filtrent à travers le sol peuvent provoquer une pollution qui oblige souvent à rechercher une autre source d'eau. Dans le cas où ce problème ne concerne qu'une des options, on estimera la dépense encourue et on en tiendra compte.

Elimination des eaux ménagères

Certains systèmes acceptent les eaux ménagères aussi bien que les excréta, ce qui évite un investissement supplémentaire pour l'élimination de ces eaux. On tiendra compte de cet avantage le cas échéant.

Réutilisation des déchets

Si on peut se servir des déchets, par exemple en les vendant comme engrais aux agriculteurs ou en les livrant à une usine de gaz biologique, le bénéfice ainsi réalisé sera déduit des dépenses.

Gestion par les pouvoirs publics ou une agence

De nombreux systèmes d'assainissement sont grevés de charges invisibles correspondant aux frais de gestion des agences et au coût de la promotion. Lorsque des options impliquent des charges nettement différentes il faut en tenir compte dans l'évaluation du coût global.

Analyse

On détermine le coût économique de chaque option en calculant tous les postes de dépense: construction, exploitation, vidange et entretien au cours d'une période donnée en appliquant le cas échéant les facteurs virtuels appropriés. On actualise ensuite ces coûts en les multipliant par le facteur correspondant à l'année où les dépenses ont été engagées. Cela donne la valeur actuelle de ces coûts, c'est-à-dire le montant nécessaire aujourd'hui pour couvrir les coûts futurs. En additionnant les valeurs correspondant à chaque année on obtient un chiffre qui représente la valeur actuelle de la marge brute d'autofinancement (MBA) pour toute la durée d'exploitation d'une option donnée, autrement dit, son coût économique.

Lorsque l'on compare différents systèmes destinés à durer plus ou moins longtemps (c'est-à-dire conçus pour diverses durées d'exploitation), il est nécessaire de se baser sur une durée d'exploitation normalisée, afin que les comparaisons soient équitables. Dans le cas de systèmes autonomes, une période de 10 à 15 ans est considérée comme valable. On calculera donc toutes les dépenses à prévoir pendant cette période pour chaque option. Si la durée doit être supérieure à celle prévue, il faut y ajouter les dépenses de réfection. Toujours pour que les comparaisons soient justes, il est préférable de choisir la durée normalisée qui convient le mieux aux prévisions, et qui soit, autant que possible, un multiple entier de la durée d'exploitation prévue des autres options.

On peut utiliser l'analyse du coût minimal pour comparer l'assainissement individuel à un tout-à-l'égout traditionnel. La technique d'actualisation attribue aux dépenses à venir un impact économique beaucoup plus réduit, elle tend donc, par sa nature même, à favoriser les systèmes à faible investissement initial et à frais de fonctionnement plus élevés.

Coût annuel total par ménage

On peut étendre l'analyse du coût minimal pour prendre en compte le coût annuel total par ménage (CATM) (Kalbermatten et al., 1982). On calcule les dépenses initiales de construction comme ci-dessus. Comme les frais d'entretien de la plupart des systèmes d'assainissement individuels dépendent du nombre des usagers, il faut choisir un ménage moyen représentatif de la région concernée, en général de 6 à 10 personnes.

On calcule le CATM en partant de la valeur actuelle de la MBA sur un cycle d'exploitation complet (voir plus haut) comme s'il s'agissait d'un emprunt à rembourser sur la durée d'exploitation du système avec des prix constants, sans inflation. Le montant des remboursements annuels, y compris les intérêts, s'obtient en multipliant la valeur actuelle par un facteur de remboursement du capital donné par les tables et obtenu à partir de l'équation:

$$\text{Facteur de remboursement du capital FRC} = \frac{a(1+a)^n}{(1+a)^n - 1}$$

où a = taux d'actualisation
n = durée d'exploitation (en années)

On trouvera un exemple de calcul du CATM à la fin du présent chapitre (exemple 10.2)

L'analyse fondée sur le CATM peut s'utiliser pour comparer les systèmes d'assainissement individuels avec un tout-à-l'égout classique. Kalbermatten et al. (1982) ont calculé que le coût d'un assainissement individuel représente entre 5 et 10 % de celui d'un système classique de tout-à-l'égout.

Analyse coût – avantages

Après avoir déterminé par l'analyse du coût minimal la valeur actuelle des différentes solutions, il est d'usage de comparer les dépenses encourues à la valeur actuelle des avantages attendus. L'évaluation de l'investissement n'a de sens que si la valeur des avantages retirés est supérieure à celle des dépenses. Lorsque plusieurs solutions sont en présence, on doit choisir celle dont les avantages l'emportent le plus sur le coût.

Les avantages à considérer comportent: une intimité plus grande, la commodité d'usage et la protection de l'environnement, ainsi que la diminution et même l'élimination définitive du péril fécal. Les avantages multiples tirés d'une seule intervention sont extrêmement difficiles à individualiser et à déterminer, surtout lorsque les améliorations apportées à la santé sont liées à d'autres besoins fondamentaux comme la nutrition et l'alimentation en eau. Pour chiffrer les avantages de l'assainissement, on a tendance, dans ces conditions, à considérer des facteurs plus faciles à évaluer: recul des maladies, accroissement, qui en découle, de l'espérance de vie productive, de la capacité de travail et de la réduction de la demande en moyens médicaux et en médicaments.

L'évaluation chiffrée des améliorations perceptibles dans la qualité de la vie (par exemple, de ne pas avoir à s'accroupir au bord de la rue avant le lever du jour) est basée sur la valeur que les usagers attachent à ces améliorations. En bonne logique, on ne peut arriver à une mesure qu'en prenant en compte la somme que les usagers sont prêts à débourser pour les éléments de l'assainissement qui s'apparentent de plus près au confort. Toutefois, dans la plupart des contextes culturels, les décisions d'investissement sont prises par les hommes, et selon leurs priorités à eux, alors que le plus grand bénéfice sera probablement ressenti par les femmes, qui n'ont cependant que peu de chances de pouvoir exprimer leurs préférences.

Il y a d'autres avantages à tirer de l'assainissement, comme l'utilisation dans l'agriculture des excréta compostés ou fermentés ou la production de biogaz pour les besoins énergétiques. Cependant, il est rare que les avantages procurés par ce réemploi soient importants.

L'évaluation chiffrée des avantages tirés de l'assainissement est extrêmement difficile. Un assainissement bon marché est généralement considéré comme la satisfaction d'un besoin humain fondamental, nécessaire à la dignité de l'homme et à son développement en général. L'analyse économique trouve donc sa meilleure utilisation dans la détermination de l'option de coût minimal. Cette démarche est particulièrement nécessaire lorsque nombre des avantages pour l'environnement et la santé publique ne sont pas immédiatement concrétisables par suite de la lenteur de la communauté à s'engager.

Le *Guide pratique d'examen des projets* (ONUDI, 1979) expose une conception intéressante de l'analyse économique: à savoir que la littérature sur l'évaluation (économique) des projets donne l'impression que l'objectif recherché est de produire un ensemble de chiffres supposés refléter la valeur du projet alors qu'en réalité ce ne sont pas les chiffres qui sont importants, mais plutôt l'appréciation des forces et des faiblesses relatives de ce projet. Les chiffres ne sont que l'instrument qui oblige les analystes à examiner tous les facteurs pertinents, et aussi un moyen de communiquer aux autres leurs conclusions.

Facteurs financiers

Le coût financier représente la somme que les ménages et les organismes donateurs doivent payer pour construire et exploiter un système d'assainissement (ainsi que les pertes pour dépréciation et créances irrécouvrables). Le coût financier est la préoccupation principale des ménages et des organismes donateurs, alors que les planificateurs s'intéressent plus aux coûts économiques.

Coût financier des systèmes d'assainissement

Contributions en nature

On suppose souvent que les ménages peuvent fournir eux-mêmes une contribution en travail, mais cela n'est en fait vrai que dans les zones rurales. Il faut, dans les villes, payer le travail des manœuvres et des personnels qualifiés, surtout dans les quartiers défavorisés ou lorsqu'on a affaire à des handicapés, des vieillards et des ménages où le chef de famille est une femme.

Matériaux de construction

La plupart des matériaux: parpaings ou briques pour le revêtement des fosses, ciment pour les dalles de couverture, les joints hydrauliques, les tuyaux d'évent, grillages contre les mouches, plaques pour toiture et portes, doivent être achetés. Ce n'est qu'en zone rurale qu'on peut trouver gratuitement du bois et certains autres matériaux. Il faut considérer également que l'entretien de routine, comme la réparation des superstructures et le remplacement des grillages contre les mouches vont entraîner ultérieurement des dépenses.

Eau

Dans le cas des fosses septiques, mais aussi pour les latrines à chasse d'eau, il faut envisager une dépense supplémentaire pour l'eau de chasse.

Loyer de l'argent

Les intérêts des emprunts se paient soit au taux du marché soit à celui des projets subventionnés.

Vidange et élimination

On doit prévoir les fonds nécessaires pour payer les ouvriers, ou louer une citerne à dépression, afin de vidanger les latrines à double fosse ou d'éliminer les boues digérées.

Réemploi des déchets

Dans certains cas, on peut tirer un revenu de la vente des boues comme engrais aux agriculteurs.

Frais de gestion par les pouvoirs publics ou par divers organismes ou agences

Les frais de gestion ne sont généralement pas demandés aux ménages et constituent une subvention cachée. Selon Mara (1985b) les coûts administratifs et de livraison représentent environ 45 % du coût total de la main d'œuvre et des matériaux.

Modicité des prix et politique d'assistance financière

Par l'analyse économique des projets de développement, on s'efforce de chercher à utiliser au mieux des ressources peu abondantes, capitaux notamment. Si on veut tirer un avantage maximal pour le pays, la théorie économique exige que les frais facturés aux usagers soient aussi voisins que possible des coûts économiques. Toutefois, si les usagers n'ont pas les moyens de payer les frais recommandés, ils n'installeront jamais un système d'assainissement, si bien que ni la société dans son ensemble, non plus que l'usager individuel n'en tireront les avantages attendus.

Les organismes internationaux de prêt estiment, d'une façon générale, que si le coût d'un assainissement qui garantit convenablement la santé n'est pas limité à une petite fraction des revenus du ménage, les autorités centrales ou locales doivent subventionner l'installation pour la rendre abordable. Les frais d'exploitation et d'entretien devront en revanche être à la charge des bénéficiaires. Si toutefois certains usagers désirent avoir des installations meilleures ou plus commodes, ils devront payer eux-mêmes la dépense supplémentaire. De même, si une collectivité plus riche décide d'aller au-delà des besoins de santé de base et désire sauvegarder la propreté de ses cours d'eau ou protéger son environnement général en se dotant d'un système d'assainissement plus coûteux, elle devra en payer les charges, soit par facturation directe à l'usager soit par des taxes municipales (Kalbermatten et al., 1982).

On considère que les charges sont modiques quand elles sont de l'ordre de 1,5-3 % du revenu total des ménages. Il s'agit là du montant total déboursé au cours de l'année (l'investissement initial, plus élevé, peut être couvert par un emprunt mais ne doit pas, de toute façon, dépasser 3% du revenu annuel total). Chez les plus pauvres d'une communauté elle-même défavorisée, les charges ne doivent pas dépasser 1 à 1,5 % du revenu des ménages.

Dans de nombreux pays, toute subvention qui dépasse cette proportion doit faire l'objet d'une vérification rigoureuse. Les budgets de développement sont normalement insuffisants pour financer dans une proportion importante un grand nombre de latrines. Le risque, c'est que des projets-pilotes à petite échelle réalisés avec une assistance extérieure soient largement subventionnés sous prétexte qu'il faut répandre l'idée d'un assainissement efficace alors même que les subventions plus importantes nécessaires à l'extension du programme ne peuvent être obtenues.

Il y a deux autres raisons qui militent pour un contrôle minutieux de toute subvention. 1) Dans certains pays, des entreprises privées sont susceptibles de s'engager dans la fabrication et la vente à grande échelle de composants pour l'assainissement. Toute subvention aux projets publics réduit le bénéfice potentiel de ces entreprises, qui les inciterait à s'impliquer. Les subventions accordées directement à des entreprises privées sont généralement inacceptables dans les pays où existe un risque de mauvaise gestion. 2) Quand on n'a pas les moyens de se doter d'une installation, on ne peut pas non plus en payer l'entretien ni la vidange. L'installation se dégrade alors rapidement et l'investissement est perdu.

Il faut donc examiner de très près les dépenses à engager pour une installation donnée. Si nécessaire, on retardera la pose des revêtements de fosse, des joints hydrauliques, des évents, des dalles de couverture et des superstructures en béton, afin qu'au stade initial un maximum de gens puissent bénéficier d'un système qui, si simple qu'il soit, entraîne tout de même une réduction du péril fécal.

Quand on a recours à des subventions, il faut éviter de favoriser un système d'assainissement par rapport aux autres au point de modifier le classement économique des diverses solutions (Kalbermatten et al., 1982).

L'assistance financière

On peut avoir besoin d'une assistance financière pour démarrer un programme d'assainissement et, dans les pays qui disposent des ressources appropriées, les subventions sont un moyen utile de propager rapidement une amélioration de la santé publique. Lorsque les citoyens ne peuvent payer même la forme la plus élémentaire d'assainissement, et surtout en zone urbaine, c'est la société dans son ensemble qui doit payer les avantages sociaux par le canal de l'impôt. Cependant, on évitera les subventions directes de crainte que les fonds ne soient utilisés à d'autres fins que l'assainissement.

Se basant sur leur expérience de l'Inde, Roy et al. (1984) estiment qu'un projet destiné aux couches défavorisées doit bénéficier d'une subvention. Une façon d'en déterminer le montant est de faire une enquête sur les ressources des intéressés en se fondant sur les services publics (eau, électricité, etc.) que le foyer utilise. Par exemple, si ce foyer ne dispose d'aucun de ces services, on pourra lui accorder une subvention de 75% et un prêt de 25%. Si le foyer bénéficie de plusieurs de ces services, la proportion de la subvention sera réduite. Cependant, si pauvre que soit le ménage, il est admis qu'il faut maintenir une certaine proportion de prêt remboursable pour que les gens prennent soin des latrines, ce qui n'est le cas que lorsque la propriété de l'installation est clairement attribuée à l'usager et non à l'organisme gestionnaire.

Un système de crédit ou d'emprunt renouvelable, grâce auquel de l'argent est prêté moyennant un intérêt normal ou bonifié pour différentes durées, peut avoir une grande importance. Les remboursements mensuels des emprunts doivent être d'un montant acceptable. On recommande, dans la mesure du possible, que les prêts pour les latrines soient consentis pour une période plus courte (deux ans par exemple) que pour l'accession au logement. Les avantages que procure l'assainissement et ressentis comme tels par les chefs de famille sont en fait limités et ces derniers ne sont donc guère enclins à s'endetter pour longtemps. Lorsque les gens se sont engagés dans la construction de leurs latrines, les petits emprunts sont généralement remboursés. En revanche, si l'organisme maître d'œuvre n'a pas prévu la participation effective de la communauté, le remboursement risque d'être difficile.

Un fonds de roulement constitue une forme particulière d'emprunt dont le montant initial est accordé par les pouvoirs publics ou un donateur. Comme il n'y a qu'une certaine somme disponible, on est davantage poussé à rembourser, outre que d'autres emprunteurs doivent attendre que leurs voisins aient payé pour obtenir eux-mêmes un prêt. Il existe de nombreuses possibilités pour combiner différents types d'assistance financière. L'organisme gestionnaire peut réaliser et entretenir une installation en s'arrangeant pour récupérer ses dépenses en tout ou en partie par le biais d'une tarification de l'usage ou une taxe locale. C'est plus généralement le cas du tout-à-l'égout que celui de l'assainissement individuel. D'ailleurs, les chefs de famille pourraient faire tout le travail eux-mêmes, pour peu qu'on les aide par des prêts et des subventions. Ils peuvent réaliser une installation convenable simplement avec des conseils extérieurs. Il existe également la possibilité de confier la construction de l'infrastructure à un organisme compétent qui se remboursera par une tarification, la superstructure étant réalisée par les usagers avec l'aide d'un emprunt.

Dans la mesure du possible, on réduira au minimum l'assistance financière; en outre, le modèle et la technologie utilisés seront adaptées aux moyens financiers des usagers potentiels.

Coût des systèmes d'assainissement

L'examen des problèmes d'assainissement par l'OMS (1987c) a montré que les limites du financement demeurent l'obstacle le plus sérieux à la réalisation de l'assainissement pour tous. Le coût des différents systèmes varie considérablement selon les pays, les taux de change et la qualification nécessaire pour concevoir et mettre en œuvre un assainissement individuel. Les chiffres donnés ici (tirés de l'OMS, 1987c, entre autres sources) donnent une idée du coût actuel par personne desservie. Il faut cependant admettre que ce coût est susceptible de varier considérablement, même à court terme. L'étude de l'OMS a constaté un accroissement de 131% des valeurs médianes entre 1980 et 1985 pour l'assainissement individuel des foyers urbains dans les pays les moins développés. Cette étude a également relevé, dans une région, une réduction de 30% du coût par usager pour l'assainissement rural.

En Asie du Sud-Est, le coût par usager des réseaux d'égouts en zone urbaine est passé de 45 dollars à 400 dollars US avec un coût médian de 80 dollars environ. A cela, il faut ajouter une facture annuelle d'eau de 5 dollars par personne desservie. Un assainissement individuel bon marché coûte 13-30 dollars US par personne en zone urbaine et 5-20 dollars en zone rurale.

En Afrique subsaharienne, les branchements sur le réseau d'égouts coûtent de 120 à 300 dollars avec une facture d'eau de l'ordre de 8 dollars par an et par personne. Le coût médian du raccordement à l'égout est de 150 dollars, contre 25 à 70 dollars pour l'assainissement individuel. En zone rurale, le prix de l'assainissement s'inscrit dans la fourchette de 10 à 45 dollars, avec une médiane de 25 dollars par personne.

Exemples

Exemple 10.1. Analyse du coût minimal

Nous allons examiner deux systèmes d'assainissement individuel (A et B). Le taux d'actualisation retenu est de 10% avec un facteur de taux de change virtuel (TCV) de 1,3 pour les marchandises importées. Le facteur salarial virtuel (FSV) est de 0,6 et les frais administratif et de promotion représentent 30% du capital initial. Tous les coûts sont exprimés en dollars.

Le Système A coûte 71,8 dollars au stade initial de construction et 10 dollars tous les 5 ans qui correspondent à l'utilisation d'une citerne à dépression pour la vidange. La durée de vie prévisible de l'installation est de 20 ans. N.B.: on peut ne pas tenir compte de l'inflation.

Le système B coûte au départ 55 dollars pour la fosse, la dalle de couverture et la superstructure, avec la même somme pour une nouvelle

CHAPITRE 10. FACTEURS INSTITUTIONNELS, ÉCONOMIQUES ET FINANCIERS

		Matériaux			Main d'œuvre		
		Coût	TCV	Coût virtuel	Coût	FSV	Coût virtuel
Coût de la fosse	Excavation				5,00	0,6	3,00
	Revêtement-briques	15,50		15,50			
	Revêtement-ciment	5,00	1,3	6,50			
	Construction				2,00	0,6	1,20
Coût de la dalle de couverture	Ciment	10,00	1,3	13,00			
	Armature	3,00	1,3	3,90			
	Agrégat	0,50		0,50			
	Construction				2,00	0,6	1,20
		34,00		39,40	9,00		5,40

Coût économique total	44,80
Coût de la superstructure (même type de calcul)	27,00
Total partiel	71,80
Coût du soutien (administration et promotion) (à 30%)	21,50
Montant total de l'investissement économique	93,30

fosse et une nouvelle superstructure 10 ans plus tard, à la fin de la période d'utilisation prévue à l'origine.

Coût économique total	55,00
Montant total de l'investissement économique (calculé comme pour le système A ci-dessus)	71,50

Analyse du coût minimal

Système A				Système B	
Coût (a)	Coût actualisé (a) x TA	Année	Taux d'actualisation TA	Coût (b)	Taux d'actualisation (b) x FA
93,30	84,80	1	0,909	71,50	65,00
10,00	6,20	5	0,621		
10,00	3,90	10	0,386	55,00	21,20
10,00	2,40	15	0,239		
123,30	97,30 (valeur actuelle)			126,50	86,20 (valeur actuelle)

L'analyse du coût minimal donne pour le système B une valeur actuelle légèrement inférieure à celle du système A. Cependant, la différence n'est pas suffisante pour choisir un système de préférence à l'autre pour les seules raisons économiques.

Exemple 10.2. Coût total annuel par ménage

Le coût annuel total par ménage (CATM) se détermine en multipliant la valeur actuelle de chaque système par le facteur de remboursement du capital (FRC). En utilisant la formule donnée plus haut avec un taux d'intérêt de 10% sur 20 ans, on trouve FRC = 0,118.

En partant des chiffres de l'exemple 10.1, on a :

Système A
Valeur actuelle = $ 97,30
CATM = 97,30 x 0,118
        = $ 11,50 par ménage
           et par an

Système B
Valeur actuelle = $ 86,20
CATM = 86,20 x 0,118
        = $ 10,20 par ménage
           et par an

Exemple 10.3. Calcul de l'accessibilité financière

En utilisant les chiffres donnés dans l'exemple 10.1 pour le système A, on admet que le chef de famille contribue en nature à l'excavation de la fosse, à la confection de la dalle de couverture et à la construction de la superstructure.

Coût financier à assumer par le ménage
(en dollars des Etats-Unis)

Main d'œuvre	0,00	(fournie par le ménage)
Briques	15,50	
Ciment	5,00	
	10,00	
Acier d'armature	3,00	
Agrégats	0,00	(ramassés par le ménage)
Total	33,50	
Superstructure	14,50	(contribution en nature du ménage évaluée à 12,50)
Total	48,00	

Détermination des remboursements

En supposant un taux d'intérêt bonifié de 5% et un remboursement sur deux ans, on obtient :
Facteur de remboursement du capital = 0,538
Remboursement annuel de l'emprunt = 0,538 x $48
                                    = $ 25,80

CHAPITRE 10. FACTEURS INSTITUTIONNELS, ÉCONOMIQUES ET FINANCIERS

Vérification de l'accessibilité financière pour un revenu annuel du ménage estimé à 380 dollars:

$$\text{remboursement en pourcentage du revenu} = \frac{25,80 \times 100}{380}$$

$$= 6,8\%$$

Cela représente, en principe, une charge trop lourde pour le ménage. On envisagera donc un remboursement en quatre ans avec un intérêt bonifié de 3%, c'est-à-dire:
Facteur de remboursement du capital = 0,27
Remboursement annuel de l'emprunt = 0,27 x $ 48
$\qquad\qquad\qquad\qquad\qquad\quad$ = $ 13,00

$$\text{Soit un pourcentage du revenu de} = \frac{13 \times 100}{380}$$

$$= 3,4\%$$

Compte tenu du coût de la vie, ce taux peut être acceptable et les remboursements seront effectués avant qu'on ait à débourser les premiers frais de vidange. Plutôt qu'un intérêt bonifié, on pourrait proposer la vente à prix réduit de la dalle de couverture. Par contre, il serait maladroit de consentir un rabais sur le ciment et l'acier d'armature, car ces matériaux risqueraient alors d'être utilisés à d'autres fins. Une autre solution serait d'encourager l'utilisation de matériaux de construction moins chers pour la superstructure.

Pour calculer l'accessibilité financière avec un intérêt normal sur 4 ans, la dalle de couverture à moitié prix et des matériaux moins chers pour la superstructure, on procède comme suit :

$\qquad\qquad$ Coûts financiers à assumer par le ménage
$\qquad\qquad\qquad$ (en dollars des Etats-Unis)

Main d'œuvre	0,00
Briques	15,50
Ciment	5,00
Ciment pour dalle de couverture à moitié prix } Acier	6,50
Agrégats	0,00
Total	27,00
Superstructure	9,50 (modèle à prix réduit)
Total	36,50

Facteur de remboursement du capital = 0,315
Remboursement annuel de l'emprunt = 0,315 x $ 36,50
$\qquad\qquad\qquad\qquad\qquad\quad$ = $ 11,50

$$\text{Remboursement en pourcentage du revenu annuel} = \frac{11,50 \times 100}{380}$$

$$= 3\%$$

Détermination des subventions

Avec un taux d'intérêt bonifié: si le taux d'intérêt réel est de 10%, le facteur de remboursement du capital de 0,315 sur quatre ans, on obtient, sans subvention, un remboursement annuel de $ 15,10. Pour un intérêt bonifié de 3%, la subvention est de 2,10 dollars annuels pendant quatre ans, à quoi s'ajoutent les frais administratifs et promotionnels payés par l'organisme gestionnaire à hauteur d'environ 22 dollars.

Si la dalle de couverture est subventionnée: la subvention représente la moitié du travail fourni par le chef de famille pour la construction. Donc l'agence de gestion réglera la main d'œuvre ainsi que la moitié des matériaux. Subvention = 2 dollars, main d'œuvre et matériaux = 6,50 dollars; subvention totale = 8,50 dollars, plus les frais d'administration et de promotion.

CHAPITRE 11
Développement

La mise en œuvre d'un bon projet d'assainissement s'effectue en général selon un processus bien connu. Après les enquêtes générales, décrites au Chapitre 9, vient la phase de démonstration ou d'expérimentation. La phase de démonstration est celle de la mise à l'épreuve des options recommandées. Elle est suivie d'une période de consolidation (Glennie, 1983), essentiellement pour organiser les aspects institutionnels du projet, ce qui conduit à la phase de mobilisation ou d'expansion, lorsque la plupart des installations sont construites.

Il y a avantage, pour l'organisme maître d'œuvre, à assister le projet d'un suivi ou d'une évaluation sous quelque forme que ce soit, afin de déterminer si l'installation fonctionne efficacement. L'échelle des durées peut varier avec l'importance de la population à desservir, avec sa réceptivité aux idées de développement et avec les ressources financières disponibles. Il faut de toute façon prévoir que toutes ces étapes prendront des mois, sinon des années.

Exécution

Les objectifs des enquêtes préliminaires sont de déterminer dans quelle mesure un programme d'assainissement pourrait être efficace et de commencer à rechercher les meilleurs moyens de satisfaire les besoins de la santé publique. Si les enquêtes montrent qu'un tel programme peut réussir, il faut une phase de démonstration. Cette phase vise trois objectifs principaux :

— recenser les techniques et les matériaux les plus économiques;
— faire la démonstration, aux communautés et aux autorités, du système d'assainissement retenu;
— commencer à stimuler la demande d'assainissement de la part des ménages individuels.

Période d'expérimentation

Une période d'expérimentation est normalement nécessaire pour un nouveau projet d'assainissement, période au cours de laquelle le personnel de terrain s'efforcera de déterminer si les matériaux et les techniques sont susceptibles de conduire à un assainissement efficace et financièrement abordable dans la situation socioculturelle et géographique particulière concernée. Par exemple, on peut avoir à comparer différents systèmes et des éléments, comme les revêtements de fosse, les dalles de couverture en béton ou les joints hydrauliques, peuvent avoir besoin d'être adaptés afin d'utiliser des produits locaux.

En particulier, lorsqu'on introduit de nouvelles techniques ou de nouveaux matériaux, il faut que les innovateurs mènent à bien un projet pilote pour régler les détails techniques de façon satisfaisante avant de prôner leur idée devant les autres. On ne peut pas demander à des collectivités à faible revenu de courir le risque d'installer à leurs frais un système d'efficacité non démontrée.

La période d'expérimentation fournit aussi l'occasion d'une formation sur le tas du personnel de terrain. Ceux qui participent aux essais des différentes options finissent par connaître les avantages et les inconvénients de toutes ces techniques. Ils pourront ensuite expliquer de façon convaincante, à partir d'une expérience de première main, pourquoi on recommande certaines options aux usagers éventuels

On peut se passer de la phase d'expérimentation lorsqu'un projet financièrement réalisable est déjà bien connu et accepté par les usagers potentiels.

Démonstration

A mesure que le personnel du projet prend confiance dans les technologies qu'il propose, la période d'expérimentation vient se fondre dans la phase démonstration, tous les intéressés étant à même de voir les aménagements proposés et d'exprimer leurs propres recommandations et décisions. Les promoteurs peuvent ainsi s'assurer que la technologie choisie est socialement et culturellement acceptable pour la population. Il faut en particulier donner aux dirigeants et aux représentants de la communauté l'occasion d'examiner et de discuter les propositions. Le résultat des enquêtes (que les responsables ne saisissent pas toujours très bien) peut être ainsi confronté à la réalité d'une unité de démonstration.

Il est bon d'encourager les fonctionnaires du ministère de parrainage et des départements et administrations associés à participer aux discussions sur les systèmes qui sont l'objet de la démonstration. C'est surtout lorsque les fonctionnaires sont persuadés que la seule forme acceptable d'assainissement est un réseau d'égouts très coûteux, qu'il est indispensable de leur montrer que des installations individuelles peu coûteuses constituent une alternative viable. Lorsque des organisations non gouvernementales interviennent dans la fourniture d'un système d'assainissement, il importe que les départements ministériels concernés aient la possibilité de donner leur avis à ce stade.

L'expérimentation est d'autant plus efficace qu'elle s'effectue à l'intérieur de la zone à équiper dans un atelier appartenant à l'organisme maître d'œuvre ou à une institution sympathisante, où les usagers potentiels peuvent assister aux essais des différentes options. Le système d'assainissement en cours de démonstration peut être soit une unité expérimentale complète, soit un nouveau système dans un site nouveau. Le meilleur endroit pour une unité de démonstration se trouve là où les habitants peuvent l'essayer dans des conditions voisines de la normale, ce qui peut révéler de nouveaux problèmes ou mettre en lumière les limites du modèle proposé.

On installera les projets pilotes ou les systèmes de démonstration à l'endroit où ceux qui ont la charge du programme peuvent régulièrement surveiller et entretenir les latrines. Une installation de démonstration pouvant être aisément souillée quand elle est utilisée par différentes personnes, des emplacements apparemment convenables, comme les centres de santé, les écoles et les bâtiments municipaux ne sont pas toujours de bon sites de démonstration. Il vaut mieux utiliser la maison d'un agent de santé ou le local affecté à un fonctionnaire chargé du développement municipal, qui saura prendre soin de l'installation et l'entretenir. De même, la maison d'un habitant motivé peut convenir. Lorsqu'il existe un comité municipal de développement, notamment responsable de l'eau et de l'assainissement, des membres en vue de ces comités peuvent héberger les unités de démonstration.

La phase d'expérimentation peut aboutir à divers modèles d'installation qui semblent convenir à une zone particulière. Une option susceptible d'utiliser plusieurs types de matériaux, peut également avoir son intérêt. La variété des modèles est une bonne chose si elle permet à des ménages à revenus différents de participer. Par exemple, une fosse ventilée peut fonctionner aussi bien avec une couverture de terre posée sur des perches qu'avec une dalle en béton. La phase de démonstration devra expliquer comment on peut utiliser chaque type d'installation au sein de la communauté tout en indiquant les moyens d'améliorer le système lorsque les conditions financières le permettent.

Stimulation de la demande

Le choix d'un système d'assainissement approprié appartient à ceux qui en seront les utilisateurs. On peut considérer que la phase de démonstration est une vitrine où les usagers potentiels peuvent voir ce qui est offert et à quel prix et, donc, choisir le modèle dont ils ont besoin. Bien que la plus grande partie de la vente ait lieu pendant la phase de mise en œuvre, il est utile, même à ce stade préliminaire du projet, de commencer à stimuler la demande.

Dans de nombreux projets, c'est les professionnels de la santé qui prennent l'initiative de lancer les phases de faisabilité et de démonstration. Cependant, dès que l'occasion s'en présentera, on devra confier à la communauté la responsabilité de mener à bien la construction, l'exploitation et l'entretien de l'installation, de préférence avant que ne démarre la phase d'exécution ou d'extension. L'expérience montre que les projets d'assainissement les plus réussis s'appuient sur une collaboration entre les futurs utilisateurs et l'organisme qui les aide. Celui-ci peut être tenté d'assumer un rôle dirigeant excessif et de pousser le programme trop vite. Travailler sans un engagement suffisant de la communauté peut donner l'impression qu'on ira plus vite dans les premiers temps, mais c'est souvent au détriment du projet à long terme.

Autant que possible, les installations réalisées sur place et à bon compte devront être planifiées, construites, exploitées et entretenues par les usagers. L'organisme maître d'œuvre doit intervenir le moins possible. Comme on l'a exposé plus haut, il peut avoir un rôle important d'assistance dans l'expérimentation et la démonstration afin de faciliter la décision des gens. Il peut s'assurer que ce sont bien les intéressés qui ont visité les projets de démonstration. Il peut aider les organisations et les autorités locales à prendre conscience des problèmes en préparant une documentation clairement présentée. Cependant, pour que les gens se rendent bien compte que le projet est le leur, et qu'ils en ont la maîtrise, il est important que l'agence de gestion restreigne son rôle et n'essaie pas de diriger le projet. La communauté, et les ménages en particulier, doivent fixer leurs propres priorités et avancer à leur propre rythme. Cela peut sembler retarder la progression et frustrer ceux qui apportent leur aide, mais les véritables décisions communautaires ne se prennent pas dans la presse.

Selon Glennie (1983), les programmes dans lesquels on a imposé aux gens la construction de latrines, ou ceux où les latrines ont été fournies gratuitement, se sont généralement soldés par un échec. «Il est essentiel que le villageois ne construise une latrine que s'il a véritablement envie d'en utiliser une. C'est l'usage, plus que la construction de la latrine, qui est l'élément crucial. Il faut donc adopter une stratégie qui incite au moins quelques villageois à se décider à utiliser des latrines, car c'est ainsi qu'on stimulera une demande authentique».

Pour ce qui concerne le cycle du projet, c'est l'information tirée de la phase de démonstration qui conclut la phase de faisabilité. A ce stade, il se peut que certaines autorités et organismes donateurs réclament une estimation des propositions sous forme d'un examen indépendant des travaux exécutés. Cette estimation couvre normalement les critères techniques, sociaux, sanitaires, écologiques, institutionnels, financiers et économiques en vue de déterminer si le projet est bien conçu et mérite qu'on lui consacre encore d'autres investissements. Sur la base de cette estimation, le donateur, ou le ministère, peut par la suite approuver la décision de poursuivre le projet, ce qui permet à la phase consolidation de commencer.

Consolidation

Au niveau de la communauté, on peut trouver que la distinction entre phase de démonstration et phase de consolidation est un peu floue, Cependant, il arrive bien un moment où la technologie de base se révèle utilisable et le projet acceptable. Avant que la mise en œuvre générale puisse commencer, il faut une période de consolidation, essentiellement pour organiser les aspects institutionnels du projet. Les unités de démonstration doivent continuer à être exploitées et entretenues mais, à ce stade, l'effort fondamental consiste à évaluer le soutien (technique, financier, administratif et matériel) que l'organisme maître d'œuvre devra fournir pour permettre aux ménages de construire leurs propres latrines. Il faudra donc envisager l'ensemble des questions suivantes: formation du personnel et des techniciens municipaux, identification des dirigeants de la communauté, participation du personnel de santé, des enseignants et autres, confirmation des codes et règlements sanitaires, expérimentation de la documentation promotionnelle et appui administratif général.

Approbation par les pouvoirs publics

L'organisme maître d'œuvre devra mener aussi loin que possible ses travaux sur les types de latrines recommandés et faire en sorte que les pouvoirs publics accordent l'agrément le plus large possible à son programme. On ne recherchera pas seulement l'approbation de l'organisme directement chargé des problèmes d'assainissement mais aussi celle de tous les ministères, conseils et commissions intéressés. En tout état de cause, après la phase de démonstration, une fois les contacts pris avec les dirigeants de la collectivité, l'organisme maître d'œuvre et les autres institutions devront admettre qu'il est peu probable que les ménages arrivent à une décision bien tranchée. A moins d'une communauté exceptionnellement homogène, il est probable que les gens demanderont un éventail d'options de prix variable. Par exemple, on peut construire au début une fosse avec revêtement fermée par de l'argile sur perches de bois et se contenter d'un simple paravent pour l'intimité. Ultérieurement, on pourra financer une dalle en béton pour remplacer le bois et l'argile et, plus tard encore, remplacer le paravent par une superstructure définitive. En revanche, certaines familles pourront se permettre dès le départ une dalle en béton.

Dans certains cas, on pourra améliorer quelques latrines en les reliant au réseau d'égouts, mais il n'est normalement pas possible de prévoir déjà ce genre d'amélioration, du moins dans les débuts.

Soutien institutionnel

La souplesse nécessaire pour satisfaire les diverses attentes des ménages rend plus difficile la tâche de l'organisme d'aide. L'assistance offerte doit prendre en compte les différents niveaux de revenu et voir jusqu'à quel point les divers groupes sont prêts à investir. Il faut donc se concentrer sur les aspects du programme qui sont fondamentaux pour en assurer la réussite. Ces aspects peuvent être techniques, financiers, institutionnels, sociaux ou promotionnels, mais il vaudrait mieux ne pas se laisser aller à imposer une solution fixée à l'avance.

Pour de nombreux projets, cela signifie que la conception et la construction de la superstructure sont laissées aux bons soins des ménages, l'organisme maître d'œuvre s'occupant plutôt de promotion générale et d'assistance pour la confection des dalles, des revêtements, des siphons, des tuyaux de liaison, et des évents — le cas échéant.

La démarche adoptée par l'organisme maître d'œuvre doit être définie avant que l'activité de promotion ne se développe à grande échelle au sein de la communauté afin d'éviter toute confusion éventuelle. D'ailleurs, quelle que soit la démarche adoptée, il faut fixer les procédures qui seront suivies pendant la période de consolidation. On pourra indiquer ces procédures au personnel afin qu'il soit en mesure de donner aux ménages des conseils clairs et cohérents.

Il est entendu, par ailleurs, que le personnel administratif chargé de soutenir le personnel de terrain est là pour aider et non pour restreindre ou limiter.

Formation

Les personnels techniques et notamment les spécialistes de l'assainissement qui n'ont pas participé à la phase de démonstration devront être mis au courant des résultats obtenus et des techniques mises au point antérieurement. Les personnels associés, comme les agents de santé ou les sociologues devront eux aussi être initiés au programme. La formation nécessaire dépendra du rôle qui leur sera dévolu au sein du programme, mais il faut au moins qu'ils sachent exactement ce que l'on attend des chefs de famille.

De même, on prévoira d'initier également au programme les enseignants des établissements scolaires locaux et, si possible, de leur fournir un matériel éducatif convenable au profit de leurs élèves. On formera aussi aux techniques spécialisées, éventuellement élaborées pendant la phase d'expérimentation, les artisans qui ne travaillent pas directement pour l'organisme maître d'œuvre mais qui pourraient se voir confier de petits contrats. Les programmes de formation destinés aux chefs de famille seront préparés et expérimentés en attendant d'être utilisés ultérieurement.

Expérimentation préalable de la documentation promotionnelle

On profitera de la phase de consolidation pour soumettre à des essais préliminaires tous les dépliants, affiches ou autres documents explicatifs ou publicitaires, pour s'assurer que le message reçu par les lecteurs est bien celui que voulaient les promoteurs. On expérimentera de la même façon le matériel éducatif destiné aux écoles.

Codes et règlements sanitaires

Pour qu'un organisme de santé publique puisse mettre en route et développer une activité dans le cadre de la santé publique et de l'assainissement, il est nécessaire qu'il existe des textes législatifs. La législation d'habilitation se limite généralement à exposer des principes généraux et à énoncer des responsabilités et des sanctions. En s'appuyant sur ces textes, l'organisme concerné est à même d'établir des réglementations et des normes plus détaillées.

S'il existe un code de santé publique, il ne peut qu'influencer profondément la nature et le contenu d'un programme d'élimination des excréta. Si la réglementation est périmée, ou trop élaborée et contraignante, elle risque de restreindre les aspects à la fois techniques et administratifs du projet. Elle risque même de remettre en cause son propre objectif et d'ailleurs la population a souvent tendance à ne pas en tenir compte. Au contraire, une réglementation convenablement rédigée contribue très utilement à établir des garde-fous et à éliminer les risques pour la santé, surtout dans les communautés très peuplées. Son action normative s'exerce dans les domaines suivants: pollution du sol et de l'eau, élimination des déchets humains et animaux; hygiène du logement; protection des produits alimentaires; lutte contre les arthropodes, les rongeurs et les mollusques vecteurs de maladies; contrôle de l'utilisation des eaux de surface.

Lorsqu'on élabore la réglementation sanitaire, il est important de garder présent à l'esprit les principes suivants:

- Il ne faut proposer aucune réglementation que l'on ne puisse faire respecter;
- Aucune loi n'est applicable sans la coopération de la majorité des personnes concernées.

La réglementation relative à l'élimination des excréta dans les zones à faible revenu doit être raisonnable et ne pas être d'une rigueur inutile. Surtout, elle doit être en accord avec les principes de base de l'assainissement. Il est important de prendre en considération toutes les éventualités possibles dans un avenir prévisible, et le meilleur moyen de le faire est de consulter ceux au profit desquels on établit les règlements. Si l'expérience des autres peut être utile pour la rédaction d'un nouveau règlement, c'est cependant toujours une erreur que d'adopter la réglementation en vigueur dans d'autres pays sans lui faire subir les modification nécessaires.

A propos de la coopération des administrés à l'application de la législation, Lethem (1956) a écrit: «Aucune forme de contrôle ne peut être efficace sans le soutien de la majorité des administrés et sans l'appui d'une opinion publique éclairée. Il s'ensuit que l'éducation doit précéder la législation; en fait on pourrait la considérer comme la mère de la législation. Plus le niveau d'éducation est bas, plus il est nécessaire de préparer soigneusement le terrain avant de promulguer et de faire respecter une réglementation nouvelle. Il est préférable de commencer modestement et d'élever ensuite le niveau plutôt que de multiplier les textes et susciter ainsi un véritable mur d'oppositions qui rend leur application difficile. La législation seule est incapable d'améliorer l'hygiène. Promulguer des textes sans préparer le terrain, c'est semer sans avoir labouré. Les vieilles traditions meurent difficilement et les mauvaises habitudes ne sont pas faciles à changer».

Ce jugement s'applique particulièrement bien aux programmes d'élimination des excréta, qui visent à changer les attitudes et les pratiques de tout un chacun. Dans ce domaine, l'éducation en matière de santé publique compte plus que la coercition, et l'inspection sanitaire ne doit pas avoir pour objectif principal de faire appliquer la loi sous la menace de sanctions.

Des arrêtés locaux existants peuvent comporter certaines dispositions susceptibles de gêner la mise en place de programmes d'assainissement à bon marché. Par exemple, ils peuvent spécifier qu'on ne peut accepter dans les zones urbaines que des latrines à chasse d'eau branchées sur un réseau d'égouts ou une fosse septique. D'autres peuvent spécifier une profondeur minimale pour les latrines à fosse qui serait irréaliste dans certains sols particuliers. Il est important d'apporter des amendements à ces dispositions après une consultation générale. Le moment le plus favorable à ces changements est celui de la phase de consolidation, quand les différentes technologies ont été expérimentées, mais avant la phase d'extension. Parmi les autres points à inclure dans la législation on peut citer les suivants:

- Interdire la défécation dans les rues et lieux publics à partir du moment où il existe des installations sanitaires. Exiger des ménages qu'ils installent des systèmes sanitaires dans un délai qui court à partir de la mise en chantier du programme;
- N'autoriser aucune extension nouvelle de logements sans que soit prévu un assainissement convenable;
- Interdire la location de tout ou partie d'une maison ou d'une parcelle pour construire des logements s'il n'y a pas d'assainissement;
- Si un propriétaire ne fournit pas un assainissement dans le délai spécifié, les locataires auront la faculté de construire eux-mêmes leurs sanitaires et de déduire de leur loyer la dépense encourue avec l'accord des fonctionnaires responsables;
- Dans certaines circonstances, les autorités locales auront la faculté de récupérer par une taxation locale imposée aux bénéficiaires les prêts consentis pour construire les latrines (Roy et al., 1984).

Mobilisation ou extension

La phase de mobilisation ou d'extension

Durant la phase de mobilisation ou d'extension on s'efforce, en leur facilitant les choses, d'encourager les ménages et les institutions des zones à équiper à acquérir des moyens satisfaisants d'assainissement dans un délai donné. Cette période d'extension comporte un aspect promotion et un aspect construction. La promotion consiste à convaincre les chefs de famille qu'ils ont besoin d'améliorer leur assainissement et sont capables de le faire. Quand les ménages ont pris leur décision, la phase de construction individuelle commence, avec ses besoins particuliers de soutien.

Promotion

La phase de mobilisation est une période de communication de masse. C'est l'occasion de partager l'information et les leçons apprises au cours des étapes précédentes avec le groupe visé par le programme. L'éducation pour la santé, qui explique la nécessité de l'assainissement, doit être généralement considérée comme aussi importante que les solutions proposées. Tant qu'ils n'auront pas compris les objectifs du projet et l'importance que l'assainissement revêt pour eux, il y a peu de chances que les gens se sentent engagés. Quoi qu'il en soit, en examinant les méthodes d'éducation et de promotion sanitaires exposées ci-après, il ne faudra pas perdre de vue que la motivation fondamentale en faveur de l'assainissement traduit souvent un désir d'intimité et de commodité. Finalement, on constate que la plupart des gens décident d'améliorer leur assainissement lorsqu'ils voient leur voisin disposer d'un système propre, de prix abordable et agréable à utiliser.

Il s'ensuit que l'assainissement peut être considéré dans certaines circonstances comme un produit de consommation qui, pour être attractif, doit être efficace et d'un bon rapport qualité-prix (Franceys, 1987). Une démarche valable pour la promotion des latrines est de les considérer comme des produits à vendre à des clients en utilisant tout le savoir-faire d'un publicitaire ou d'un commerçant.

C'est cette méthode qui a été adoptée par certains programmes dont les ateliers d'expérimentation et de démonstration se sont mués en centres d'assainissement. Ce sont effectivement des locaux où les clients éventuels peuvent venir examiner les différentes options dans les diverses gammes de prix. Ils peuvent alors discuter avec un «vendeur» des possibilités d'achat d'un système et se voir proposer des offres spéciales dans le domaine de l'assistance technique et financière. C'est une démarche particulièrement bien adaptée à l'assainissement individuel, où chaque installation est indépendante et n'a pas besoin d'être reliée à des égouts ou à un système communal quelconque.

Une approche plus classique consiste à considérer la promotion initiale comme partie intégrante d'un programme d'éducation pour la santé dont les objectifs sont les suivants:

- montrer qu'il est possible d'améliorer l'état de santé de l'individu ou de la famille;
- mettre en lumière le lien entre bien-être, santé et assainissement;
- susciter une aspiration à une meilleure hygiène;
- aider à déterminer les changements nécessaires et utiles à

l'amélioration de l'assainissement et comment on peut les mettre en œuvre;
- encourager les gens à prendre de bonnes habitudes d'hygiène personnelle et à améliorer l'hygiène au niveau individuel, familial et communautaire;
- maintenir l'intérêt pour le programme communautaire d'amélioration de l'hygiène de l'environnement et inciter à la participation.

Il y a de nombreuses méthodes pour promouvoir la santé et l'amélioration de l'assainissement comme moyen d'y parvenir. On s'inspirera des idées exposées plus loin pour trouver une combinaison qui convienne à la fois au milieu culturel et aux aspirations des gens au moment où le programme de déroule. Il est important de relever que l'ampleur des activités de promotion doit être liée à la capacité de l'organisme maître d'œuvre à aider la construction des systèmes d'assainissement. On risquerait autrement de susciter une frustration considérable et préjudiciable aux résultats recherchés.

Réunions et visites

On peut recourir à divers types de rencontres, par exemple des discussions individuelles avec les dirigeants de la communauté, des visites porte à porte par des fonctionnaires chargés du développement ou par des spécialistes de l'assainissement, des visites aux femmes de la communauté par des assistantes sociales et, enfin, des réunions publiques générales où des problèmes de plus grande portée sont débattus par l'ensemble de la communauté.

Rôle des écoles et des enseignants

Les enseignants, instituteurs notamment, devront être formés à préparer les enfants à l'utilisation correcte des moyens sanitaires de l'école et à leur inculquer la nécessité de l'hygiène et des latrines à la maison. Lors de leçons spéciales, on expliquera aux enfants qu'une alimentation en eau propre associée à un assainissement efficace peut conduire à une meilleure santé. Cet enseignement ne bénéficiera pas qu'aux enfants, mais touchera aussi la communauté, car les enfants en parleront à leurs parents.

Démonstrations et traitement de masse

On peut faire des démonstrations avec des microscopes pour montrer tout ce que contient une eau apparemment propre. Le plus efficace, c'est quand on peut montrer que ce que l'on voit résulte des insuffisances de l'assainissement. La leçon peut être extrêmement frappante lorsque la démonstration s'effectue dans un établissement spécialisé où sont traitées des maladies associées aux excréta.

Groupes communautaires

On peut inviter des groupes particuliers choisis dans la communauté à participer à des pièces de théâtre ou à des jeux de rôles sur des thèmes en rapport avec l'assainissement. Récits et chants peuvent aussi constituer des moyens efficaces pour faire passer les idées.

Prospectus

Il faut préparer des prospectus d'information simples, avec des illustrations et des dessins préalablement testés. Ces prospectus doivent décrire les différents éléments de l'installation et expliquer comment ils fonctionnent ensemble et comment on peut les construire. On peut également rédiger des imprimés qui détaillent l'aide que chaque ménage peut attendre de l'organisme maître d'œuvre. Les chefs de famille illettrés pourront probablement se faire expliquer le texte par d'autres personnes. Il est important que tout le monde puisse connaître en détail l'aide qui leur est proposée. De vagues promesses énoncées au cours de réunions publiques ne sont pas suffisantes. Il faut en outre souligner le fait que tout système peut être amélioré un jour ou l'autre. Même si les ménages constatent qu'ils ne disposent pas de l'adduction d'eau nécessaire ou qu'ils ne peuvent pas tout de suite s'offrir le modèle de sanitaire qu'ils souhaitaient, il faut qu'ils puissent se rendre compte qu'il leur est possible de profiter des avantages d'un meilleur assainissement en améliorant leur installation petit à petit.

Formation

L'idéal serait que les qualifications nécessaires aux artisans ou techniciens locaux puissent être acquises pendant la phase de consolidation. Cependant, lorsqu'une formation est également nécessaire pendant la phase d'extension, des démonstrations ou des séances de travaux pratiques, au cours desquelles les participants construisent des éléments et des installations complètes dans certains foyers de la zone à équiper, sont aussi valables pour la formation des hommes que pour la promotion de l'assainissement.

Utilisation des médias

De très nombreux médias peuvent être mis à contribution pour promouvoir certains types d'installation et diffuser l'éducation pour la santé. L'utilisation de ces moyens et leur dosage est fonction de la taille du groupe cible, de la richesse relative des gens et des possibilités de financement. En combinant judicieusement affiches, panneaux, journaux, radio, haut-parleurs sur camions, diapositives, tableaux de conférences, films, cassettes et émissions de télévision on a pu obtenir des résultats très satisfaisants. Il faut une organisation minutieuse, car si l'information et l'éducation pour la santé arrivent trop tôt et sont trop «martelées», elles risquent de susciter une résistance aux idées qu'on veut propager. Karlin & Isely (1984) ont examiné en détail l'utilisation de l'audiovisuel dans les programmes d'assainissement.

On s'assurera que tous les organismes, institutions et établissements du secteur santé ont soigneusement préparé leur personnel à délivrer le même message. Tout conflit entre ces organismes risque de rendre méfiants les utilisateurs potentiels.

Construction

Choix du système par les chefs de famille

Dans la majorité des cas, ce sont les chefs de famille qui sont responsables de la construction des sanitaires de leur propre maison. Après qu'ils auront choisi le système qui leur paraît le mieux adapté à leurs besoins, ils pourront encore compter sur une aide et un soutien pendant toute la durée de la construction.

Assistance technique

Les techniciens doivent rendre visite aux ménages et leur fournir des conseils techniques détaillés concernant le choix du système, le meilleur emplacement, la profondeur à donner aux fosses et les impératifs à respecter pour les revêtements, la ventilation, la couverture et l'étanchéité de ces dernières. L'information devra être également disponible sous forme d'imprimés.

Si nécessaire, le personnel technique pourra forer des trous d'essai au trépan pour déterminer le meilleur emplacement des fosses.

Formation des chefs de famille

On pourra organiser de brèves sessions de formation dans les ateliers de démonstration pour apprendre aux chefs de famille comment creuser une fosse, poser un revêtement, fabriquer une dalle, installer des évents et des joints hydrauliques. On peut également aider les intéressés à fabriquer sur le site de démonstration les éléments dont ils ont besoin.

Recensement des entrepreneurs et des artisans

Bien que la qualification nécessaire à la construction des latrines soit relativement simple, de nombreux ménages préfèrent faire exécuter le travail par d'autres. On peut les aider en leur indiquant des puisatiers, des maçons ou des entrepreneurs compétents. L'organisme maître d'œuvre peut également négocier contrats et prix pour le compte des ménages.

Outillages et moules

Les outils spéciaux comme les barres à mine, pioches, niveaux à bulle ou fils à plomb n'existent en général pas dans les communautés et ils doivent être prêtés, loués ou vendus. On peut également mettre à la disposition des chefs de famille des moules pour les anneaux de revêtement en béton, les dalles de couverture et les siphons.

Matériaux

Lorsque le prix ou la rareté des matériaux de construction sont sources de difficultés, l'organisme maître d'œuvre peut aider à les trouver. Il y a cependant un risque que ces matériaux soient détournés de leur but: par exemple utilisés par le ménage pour des constructions autres que les sanitaires ou même revendus à des négociants. A cause de cela, l'aide sous forme de matériaux se limite souvent à la fourniture d'éléments préfabriqués, comme des dalles de couverture, des siphons, ou des tuyaux d'évent. On peut vendre ces éléments au prix du marché afin d'encourager une production locale, et de stimuler le développement industriel (Centre International de Recherche sur le Développement, 1983). On peut aussi les vendre à prix coûtant pour que les usagers paient le prix réel de l'assainissement, ce qui permet la création d'un fonds de roulement pour aider les autres.

Lorsqu'une fosse ventilée est recommandée, l'organisme maître d'œuvre doit être en mesure de fournir des écrans anti-mouches en fibre de verre recouverte de PCV ou en acier inoxydable. Il est en effet peu probable que les ménages puissent se procurer ces articles chez les commerçants locaux. Les écrans en grillage d'acier doux rouillent très vite, ce qui pose à terme de nouveaux problèmes de mouches.

Financement et subventions

Comme on l'a vu au Chapitre 10, les coûts financiers supportés par les ménages reflètent en général autant que possible le coût économique (c'est-à-dire le coût global pour la nation). Cependant, on peut décider qu'il est nécessaire d'accorder des subventions pour des raisons d'ordre social.

On peut avoir recours aux subventions lorsque c'est le seul moyen, pour les plus pauvres de la communauté, de pouvoir s'offrir un système d'assainissement. Il faut cependant prendre soin d'éviter que ce ne soit là simplement un prétexte pour favoriser une technologie inadaptée (par exemple, une solution plus coûteuse). Les subventions peuvent aussi servir lorsque les gens ne sont pas disposés à investir dans l'assainissement parce qu'ils ne sont pas convaincus de ses avantages ou parce qu'ils hésitent à investir dans quelque chose qu'ils ressentent comme un système provisoire qui ne donnera pas les résultats sur le plan du niveau social ou de la commodité. Enfin, on peut encore faire appel aux subventions lorsque l'organisme maître d'œuvre désire accélérer le processus de développement, pour encourager davantage de gens à se doter d'un assainissement plus vite que ce ne serait normalement possible. Cela peut prendre la forme de prêts bonifiés pour la construction d'une installation complète ou l'achat de matériaux ou d'éléments. Les prêts proviennent en général d'un fonds de roulement constitué par un donateur, fonds dont une partie est réservée au soutien de projets dans d'autres zones. Enfin, les prêts peuvent être consentis sans aucun intérêt ou du moins avec un intérêt qui couvre juste les frais généraux. En revanche, lorsque les prêts sont accordés aux taux du marché, on ne peut plus parler de subvention directe.

La subvention peut en effet aussi consister en un don en matériaux ou en éléments ou encore en réductions de prix sur ces matériaux ou éléments. Il existe également des primes d'encouragement aux ménages, payables à la fin des travaux d'une latrine acceptable. Cette prime peut prendre une forme indirecte et consister en une assistance technique ou générale gratuite. De même, certains projets peuvent installer des ateliers qui vendent des matériaux de construction à prix coûtant, ce qui permet d'économiser le bénéfice du revendeur. Il s'agit en fait d'une subvention, puisque les frais généraux du magasin de matériaux ne sont pas comptés au client.

L'objectif des subventions est de permettre aux chefs de famille de construire des sanitaires convenables à la première occasion. Il faut rester à un niveau qui permette aux ménages d'assumer les frais de fonctionnement (utilisation et entretien) de l'installation. Le niveau de la subvention est calculé pour que les usagers construisent une installation convenable et durable dont ils aient le sentiment d'être les propriétaires et les responsables.

En Inde, l'expérience montre qu'il faut prévoir des subventions lorsque le programme s'adresse aux plus pauvres d'entre les pauvres (Roy et al., 1984). Cependant, même dans le cas des ménages les plus misérables, il est essentiel de prévoir un petit prêt à rembourser pour garantir la participation et l'utilisation des latrines.

Supervision sur le site

Les prospectus d'information et les cours de formation seuls ne suffisent pas pour qu'on soit sûr que les latrines seront construites correctement. Il faut que des techniciens rendent visite aux ménages où on construit des latrines pour donner des conseils et vérifier les détails techniques. Ils doivent faire des suggestions et prodiguer des encouragements sans jamais être négatifs dans leurs observations et leurs remarques.

Soutien institutionnel

L'organisme pilote instigateur de l'assainissement joue le rôle principal. Cependant, d'autres départements ministériels, conseils, établissements d'enseignement et de soins peuvent eux aussi soutenir le projet. Ils feront en sorte que leurs propres systèmes d'assainissement soient bien adaptés à l'usage par leur personnel, étudiants et visiteurs. Ils peuvent aussi fournir des locaux pour le magasinage temporaire des matériaux.

Il existe différentes formes de soutien institutionnel. Il est arrivé que des fonctionnaires puissent obtenir des congés pour construire leurs propres sanitaires en vue de constituer pour les voisins un modèle à copier. De même, on a vu un gouvernement décider d'accorder des vacances à tous les employés des secteurs public et privé afin de leur permettre de construire des latrines. Cependant, il est plus que probable que les résultats de cette façon de faire ne seront pas à la hauteur de l'attente, à moins qu'on ait convenablement préparé le terrain (enquêtes et démonstrations).

Remboursement des emprunts

Pour le remboursement mensuel des emprunts, on devra s'attacher à rechercher un montant supportable plutôt qu'un remboursement rapide. Cependant, il faut quand même équilibrer les choses pour assurer une durée raisonnable de remboursement, car les ménages ne sont pas forcément disposés à continuer longtemps à payer pour leurs sanitaires.

Quand la population s'est engagée à fond dans la construction de latrines, on constate habituellement qu'elle rembourse les petits emprunts qu'elle a contractés à cette fin. Par contre, si le programme a été imposé sans l'engagement total de la communauté, il est probable que les remboursements resteront à un niveau médiocre.

Achèvement du programme

Pour la plupart des programmes, le taux d'achèvement des unités individuelles d'assainissement tend à suivre une courbe en «S» (Fig. 11.1). Au cours des phases initiales de démonstration et de consolidation, il n'y a que peu de progrès dans le nombre des installations achevées. Pendant la phase d'extension on peut s'attendre à ce que la majorité de la population installe des latrines. Cependant, le taux d'installation décline généralement lorsqu'on s'approche des 80%. On évitera cependant de recourir à des incitations matérielles supplémentaires, car ce serait injuste vis-à-vis de ceux qui ont déjà construit leur installation eux-mêmes.

A moins que, dans les zones urbaines ou périurbaines, un problème social particulier s'oppose à l'achèvement des installations, il pourra être nécessaire d'instaurer une obligation légale pour tous les ménages de terminer leurs installation. Comme la santé publique ne tirera pas tous les avantages de l'assainissement tant que tous les membres de la communauté n'utiliseront pas de meilleurs sanitaires (surtout dans les endroits fortement peuplés), il est raisonnable de penser que cette obligation sera largement respectée.

Pour aider les ménages à construire leur propre installation on peut recourir aux moyens les plus divers. Dans chaque cas il faut savoir doser l'assistance, la motivation et la contrainte légale.

Fig. 11.1. Schéma d'installation de latrines dans un programme d'assainissement

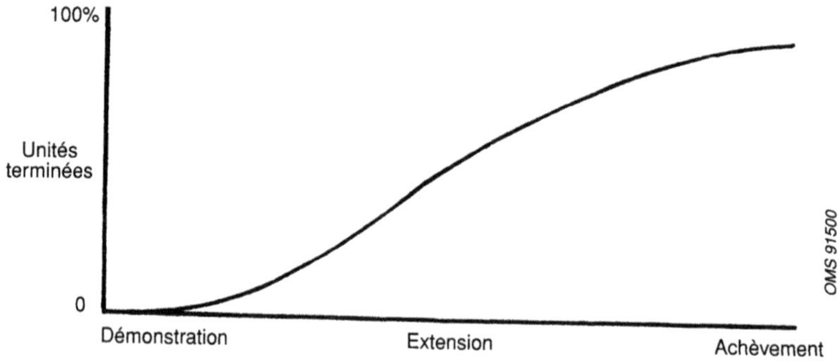

Exploitation et entretien

Responsabilité des ménages

L'achèvement des latrines marque le début du programme d'assainissement proprement dit, car il s'agit du point à partir duquel la population peut commencer à mesurer l'intérêt de son investissement. Pour que les nouvelles installations fonctionnent convenablement, il faut continuer à assurer éducation sanitaire et assistance technique. Par exemple, il peut s'avérer nécessaire de fournir une assistance à longue échéance pour que les latrines à double fosse soient vidangées et les deux compartiments utilisés à tour de rôle.

Certains ménages peuvent tirer profit de conseils visant à encourager tous les membres de la famille à utiliser l'installation correctement et proprement. Laver (1986) rapporte que des potiers locaux ont appris à fabriquer des carreaux en céramique qui, posés sur les parois des latrines, rappellent constamment, par des dessins, comment bien utiliser celles-ci.

L'emploi de matériaux durs de nettoyage anal, comme les pierres et les épis de maïs, entraîne une accumulation plus rapide des boues, donc un laps de temps plus court entre les vidanges, et risque aussi d'obstruer les siphons et les tuyauteries. On doit prévenir la communauté des effets entraînés par l'usage de ces matériaux volumineux de nettoyage anal et l'inciter à trouver d'autres solutions. Dans les endroits où on n'utilise pas l'eau, il est préférable de recourir aux feuilles, à l'herbe ou au papier. Le Chapitre 6 donne des précisions sur l'entretien qu'exigent les différents types de latrines.

La superstructure, comme tout bâtiment, exige un entretien régulier pour rester solide et agréable à utiliser.

On ne doit pas attendre que la nécessité d'un entretien soit visible à l'œil nu pour décider qui en sera responsable. Bien des gens auront alors déjà déserté l'installation pour retourner aux anciens endroits. La latrine elle-même peut être devenue si repoussante qu'il devient difficile de trouver quelqu'un pour l'entretenir régulièrement. L'entretien pose un problème particulier quand on a apporté un assainissement à une population qui n'a pas participé à fond à sa planification et à sa conception. Si les ménages ne sont pas sûrs d'être propriétaires de leur installation, ils seront moins enclins à accepter de s'en occuper.

Responsabilité de l'organisme maître d'œuvre

Le ménage, ou l'usager, est le premier responsable de l'utilisation et de l'entretien de la latrine. L'organisme maître d'œuvre peut devoir fournir son assistance dans deux cas: 1) mettre à disposition des éléments spéciaux, comme les écrans grillagés pour tuyaux de ventilation et 2) fournir des services exigeant un équipement spécial, comme la vidange des fosses. La demande peut être insuffisante pour justifier que les commerçants locaux possèdent un stock d'écrans grillagés ou de siphons en matière plastique. Pendant que la demande s'accroît, il faut veiller à ce que ce genre d'éléments puisse encore être acheté auprès d'un service de santé publique à la fin de la phase de construction. Quand il y a deux fosses, le ménage doit les vidanger en alternance à intervalles réguliers et utiliser les boues sèches comme engrais. Lorsqu'il s'agit d'une fosse unique qui exige une vidange mécanique, notamment en zone urbaine, il faut soit créer un service qui s'en occupe, soit demander au conseil municipal de faire passer des citernes à dépression à un prix abordable pour les usagers.

Evaluation

Lorsqu'un projet d'assainissement touche à sa fin, il est utile d'effectuer une évaluation ou un contrôle de ce qui a été fait. Si cet exercice est confié à un personnel qui n'a pas été directement impliqué dans le projet, l'évaluation n'a d'intérêt pour la communauté que si l'organisme maître d'œuvre est prêt à corriger toute erreur qui serait relevée, surtout si elle est de nature technique et pourrait entraîner par la suite des problèmes d'utilisation et d'entretien. L'évaluation est importante pour l'organisme maître d'œuvre parce qu'ainsi, le personnel se rend mieux compte de ce qui a été efficace et des raisons de cette efficacité, tout en relevant les défauts à éviter dans les programmes futurs.

Comme l'évaluation est un processus continu qui permet d'assurer une gestion efficace des ressources, on considère souvent qu'il est nécessaire qu'il se poursuive à tous les stades du programme. Le suivi régulier doit être considéré par la direction de tout organisme engagé dans un programme comme une activité de routine. Une évaluation continue ne se justifie normalement que pour les programmes importants. Les évaluations faites pendant le projet, ou à son terme, seront confiées à des personnes familiarisées avec le projet considéré, ou au moins avec des projets analogues, mais qui n'ont pas été associées de près à l'étude et à l'exécution. Ceci afin d'éviter la tendance naturelle qu'on a d'être indulgent pour les imperfections et les faiblesses des programmes auxquels on a participé.

Du fait que des pressions s'exercent sur les budgets des projets et que les cadres travaillent eux-mêmes dans la presse, il faut que l'évaluation fournisse l'information demandée avec le minimum de frais. Eventuellement, il peut s'avérer intéressant d'exécuter plusieurs évaluations portant sur les années qui suivent l'achèvement d'un projet. Cependant, la dépense n'est que rarement justifiée par les résultats obtenus.

L'Organisation mondiale de la Santé a élaboré une procédure d'évaluation minimale (PEM) pour les projets d'adduction d'eau et d'assainissement (OMS, 1983). L'évaluation est dans ce cas définie comme un moyen systématique de tirer les leçons de l'expérience et d'en tenir compte, d'une part pour améliorer la planification des projets futurs et, d'autre part, pour prendre les mesures correctives nécessaires à l'amélioration du fonctionnement, de l'utilisation et de l'impact des projets existants. Lorsqu'on utilise la PEM, la première chose à examiner, c'est l'efficacité du fonctionnement des installations. On recherche ensuite dans quelle mesure le système d'assainissement est bien utilisé et entretenu par les usagers et, finalement, on considère l'impact sur la santé et sur le bien-être de la communauté. On trouvera à la Fig. 11.2 un protocole d'inspection de latrines selon la PEM.

L'évaluation conduit normalement à recommander des mesures pour améliorer l'efficacité des moyens d'assainissement. Au sein des institutions qui participent au programme, il faut être prêt à exécuter les modifications recommandées si l'on veut justifier le temps passé et les sommes dépensées pour mener à bien l'évaluation.

Fonctionnement

Il s'agit de s'assurer que les différents systèmes fonctionnent bien, notamment en considérant la proportion des ménages de la zone à équiper qui ont construit un système d'assainissement ainsi que la fiabilité de ces installations (Fig. 11.3). Si on n'atteint pas au moins 80% de la population visée, ce peut être à cause de prix trop élevés ou du fait que la communauté ne considère pas ces installations comme une priorité immédiate, eu égard aux avantages espérés.

L'indécision quant aux situations techniques à retenir, l'emploi de matériaux inadaptés, la présence d'une nappe phréatique élevée, un terrain avec de la roche dure sont autant d'éléments qui font que la réaction peut ne pas être aussi bonne que prévu. Lorsque les latrines ne sont pas hygiéniques (par exemple fréquemment souillées, inondées ou infestées de mouches), il faut en rechercher la raison.

Fig. 11.2. Protocole pour l'inspection des latrines

Programme: _____ Province: _____
                            District: _____
                            Village: _____
                            Inspecté par: _____
                            Date: _____

1. Identification du foyer: _____

2. Type de superstructure: _____

	Oui	Non
Fonctionnement	___	___
Garantit l'intimité	___	___
Protège de la pluie	___	___

3. Type d'équipements: _____

	Oui	Non
Joint hydraulique	___	___
Couvercle	___	___
Satisfaisant	___	___
sinon, préciser la raison	___	

	Oui	Non
4. Fosse avec revêtement	___	___

profondeur libre _____ mètres

	Oui	Non
5. Matériau de nettoyage disponible	___	___

6. Eau pour lavage des mains
   à quelle distance? _____ mètres

7. État

	Bon	Acceptable	Mauvais	Très mauvais
Odeur	___	___	___	___
Mouches	___	___	___	___
Moustiques	___	___	___	___
Souillures	___	___	___	___

8. Autres observations

_____
_____
_____
_____
_____

L'utilisation et l'entretien des latrines, la rapidité de remplissage des fosses, la commodité des superstructures ou encore le fonctionnement correct des siphons et des évents sont des éléments à prendre en compte pour déterminer la fiabilité du système.

Utilisation

Lorsqu'on note la proportion d'usagers d'une installation, il faut notamment veiller à séparer les différentes catégories de personnes qui composent la communauté: femmes. hommes, enfants et vieillards, par exemple.

Fig. 11.3. Evaluation de l'assainissement

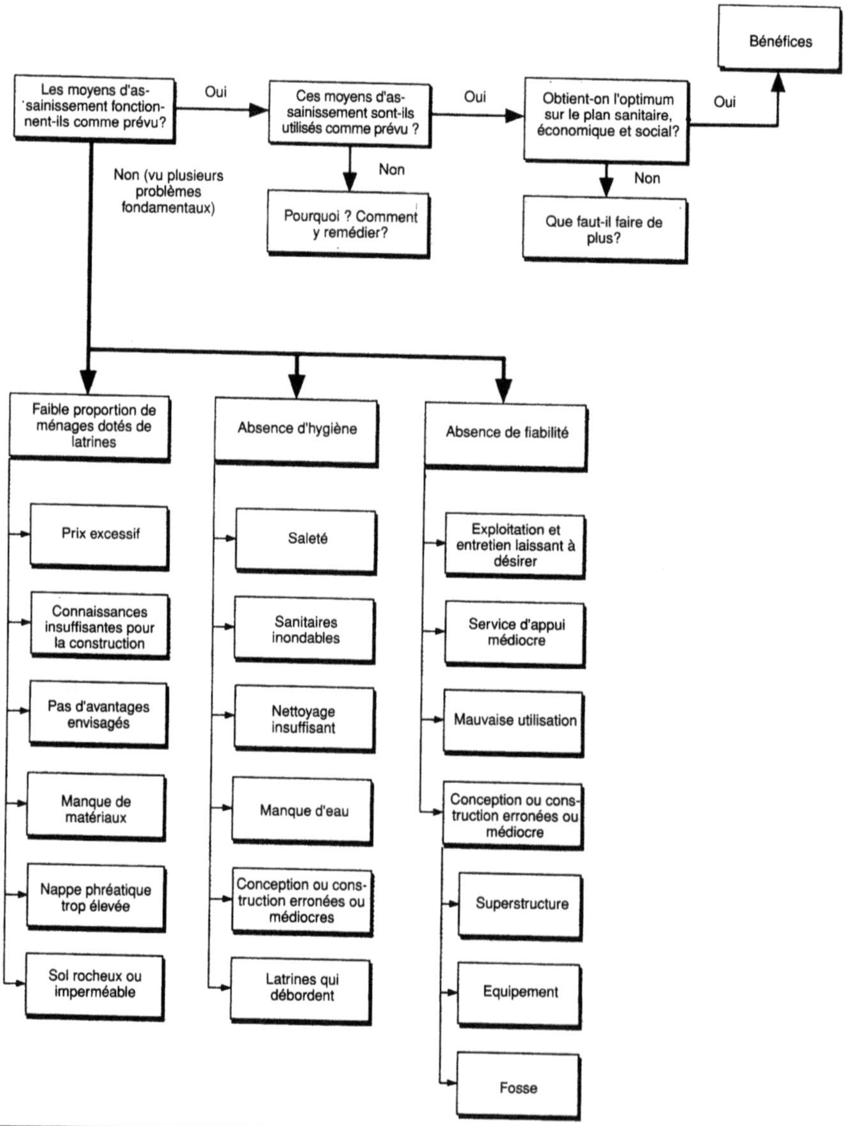

Il est toutefois souvent difficile d'obtenir ces renseignements, car les gens ont tendance à donner la réponse qu'ils croient agréable à l'enquêteur. Surveiller l'utilisation de la latrine peut passer pour une atteinte à l'intimité. Il faut donc combiner enquête et observation. Une faible utilisation des latrines peut être due à des insuffisances techniques, à des problèmes sociologiques, à une éducation sanitaire insuffisante ou à des sentiments de doute vis-à-vis du système. Il est important de bien distinguer tous ces facteurs.

Impact sanitaire

L'évaluation de l'impact sanitaire n'est utile que si les obstacles au fonctionnement et à l'utilisation ont été surmontés. L'objectif est de déterminer si le programme d'assainissement s'est traduit par une amélioration de la santé et du bien-être. L'étude est plutôt coûteuse et exige en principe un personnel spécialisé, médecins et épidémiologistes, notamment. Briscoe et al. (1986) ont étudié en détail des difficultés que soulève la mesure de l'impact sanitaire. Ces auteurs ont en particulier examiné les conditions dans lesquelles une évaluation de l'impact sanitaire doit être conduite, et de préférence avec quels indicateurs de mesure, quelles méthodes d'étude et quels moyens d'interprétation des résultats. Ils ont conclu que de telles évaluations détaillées ne sont justifiées que si l'on envisage des investissements importants sans que les seuls critères économiques permettent de décider du choix entre les différentes options, avec des installations qui fonctionnent et sont effectivement utilisées et avec des ressources suffisantes (notamment en personnel scientifique).

L'évaluation finale revient aux ménages eux-mêmes. On peut considérer qu'un projet a abouti lorsque les chefs de famille ont, selon leur propre choix, décidé d'investir une part importante de leur temps et de leurs ressources dans la mise en œuvre de leurs propres systèmes d'assainissement et témoigné de leur satisfaction par une volonté de persévérer dans l'utilisation, l'exploitation et l'entretien de leurs latrines.

Bibliographie

ALUKO, T. M. (1977) Soil percolation tests in the Lagos area. *Journal of the Institution of Public Health Engineers*, 5 (6): 152–155.

ASSOCIAÇÃO BRASILEIRA DE NORMAS TÉCNICAS (1982) *Construçao e insolaçao de fossas septicas e disposiçao dos efluentes finais*. Rio de Janeiro (NBR 7229).

BALASEGARAM, M. & BURKITT, D .P. (1976) Stool characteristics and western diseases, *Lancet*, **1** : 152.

BASKARAN, T.R. (1962) *A decade of research in environmental sanitation*. New Delhi, Indian Council on Medical Research (Special Report Series No. 40).

BERG, A. (1973) *The nutrition factor and its role in national development*. Washington, DC, Brookings Institution.

BLUM, D.& FEACHEM, R.G. (1983) Measuring the impact of water supply and sanitation investments on diarrhoeal diseases: problems of methodology. *International journal of epidemiology*, **12** (3): 357–365.

BOESCH, A. & SCHERTENLEIB, R. (1985) *Emptying on-site excreta disposal systems: field tests with mechanized equipment in Gaborone (Botswana)*. Dübendorf, Suisse. Centre International de référence pour l'élimination des déchets (IRCWD Report No. 03/85).

BRADLEY, R. M. (1983) The choice between septic tanks and sewers in tropical developing countries. *The public health engineer*, **11** (1): 20–28.

BRANDBERG, B. (1985) Why should a latrine look like a house ? *Waterlines*, **3** : 24–26.

BRISCOE, J. (1984) Water supply and health in developing countries: selected primary health care revisited. *American journal of public health*, **74** (9): 1009–1013.

BROSCOE, J. ET AL. (1986) *Evaluating health impact : water supply, sanitation, and hygiene education*. Ottawa, International Development Research Centre.

BRITISH STANDARS INSTITUTION (1972) *Code of practice: small sewage treatment works*. London (CP302).

VAN BURNE, A. ET AL. (1984) Composting latrines in Guatemala. *Ambio*, **13** (4): 274–277.

BURKITT, D.P. ET AL. (1974) Dietary fibre and diseases. *Journal of the American Medical Association*, **229** : 1068–1074.

BUTLER, R.G. ET AL. (1954) Underground movement of bacterial and chemical pollutants. *Journal of the American Water Works Association*, **46** (2): 97–111.

CAIRNCROSS, S. & FEACHEM, R.G. (1983) *Environmental health engineering in the tropics: an introductory text*. Chichester, Wiley.

CALDWELL, E.L. (1937) Pollution flow from pit latrines when impervious stratum closely underlines the flow. *Journal of infectious diseases*, **61** : 270–288.

CAREFOOT, N. F. (1987) Human resources development. In: *Developing world water*, Vol. 2, London, Grosvenor Press International.

CARROLL, R.F. (1985) Mechanised emptying of pit latrines in Africa. In: Ince, M., ed., *Proceedings of the eleventh WEDC Conference : Water and sanitation in Africa*. Loughborough, Water, Engineering and Development Centre, pp. 29–32.

CHEESBROUGH, M. (1984) *Medical laboratory manual for tropical countries. Volume II: Microbiology*. Sevenoaks, Kent, Tropical Health Technology.

COTTERAL, J.A. & NORRIS, D.P. (1969) Septic tank systems. *Journal of the environmental engineering division. Proceedings of the American Society of Civil Engineers*, **95** : 715–746.

CRANSTON, D. & BURKITT, D.P. (1975) Diet, bowel behaviour and disease. *Lancet*, **2** : 37.

CROFTS, T.J. (1975) Bowel-transit times and diet. *Lancet*, **1** : 801.

CURTIS, C.F. & HAWKINS, P.M. (1982) Entomological studies of on-site sanitation systems in Botswana and Tanzania. *Transaction of the Royal Society of Tropical Medicine and Hygiene*, **78** (1): 99–108.

DENYER, S. (1978) *African traditional architecture*. London, Heinemann.

EGBUNWE, N. (1980) Alternative excreta disposal systems in Eastern Nigeria. In: Pickford, J. & Ball, S., ed. *Water and waste engineering in Africa. Proceedings of the sixth WEDC Conference*. Loughborough, Water, Engineering and Development Centre, pp. 137–140.

FEACHEM, R.G. ET AL. (1983) *Sanitation and disease: health aspects of excreta and wastewater management*. Chichester, Wiley.

FRANCEYS, R. (1987) Sanitation for low income housing, Juba. Sudan. In: *African Water Technology Conference, Nairobi*. London, World Water, pp. 141–149.

GEYER, J.C. ET AL. (1968) *Water and wastewater engineering*, Vol. 2. New York, Wiley.

GLENNIE, C. (1983) *Village water supply in the Decade: lessons from field experience*. Chichester, Wiley.

GROVER, B. (1983) *Water supply and sanitation project preparation handbook. Vol. 1: Guidelines*. Washington, DC, Banque mondiale (World Bank Technical Paper N° 12).

HUTTON, L. G. ET AL. (1976) A report on nitrate contamination of groundwaters in some populated areas of Botswana, Lobatse, Botswana. Geological survey(rapport non publié BGSD 8/76).

INTERNATIONAL DEVELOPMENT RESEARCH CENTRE (1983) *The latrine project, Mozambique*. Ottawa (IDRC-MR 58e).

JEEYASEELAN, S. ET AL. (1987) *Low-cost rural sanitation — problems and solutions*. Bangkok, Environmental Sanitation Information Center.

KALBERMATTEN, J.M. ET AL. (1980) *Appropriate technology for water supply and sanitation : a planner's guide*. Washington. DC. Banque mondiale.

KALBERMATTEN, J.M. ET AL. (1982) *Appropriate sanitation alternatives: a technical and economic appraisal*. Baltimore, Johns Hopkins University Press.

KARLIN, B. & ISELEY, R.B. (1984) *Developing and using audio-visual materials in water supply and sanitation programs*. Arlington, Water and Sanitation for Health Project (WASH Technical Paper N° 30).

KHANNA, P. N. (1985) *Indian practical civil engineer's handbook*. New Delhi, Engineers' Publishers.

KIBBEY H. J. ET AL. (1978) Use of faecal streptococci as indicators of pollution of soil. *Applied and environmental microbiology*, **35** (4): 711–717.

LAAK, R. (1980) Multichamber septic tanks. *Journal of the environmental engineering division, Proceedings of the American Society of Civil Engineers*, **106** : 539–546.

LAAK, R. (1974) Rational basis for septic tank system design. *Ground water*, **12** : 348–352.

LAVER, S. (1986) Communications for low-cost sanitation in Zimbabwe. *Waterlines*, **4** (4): 26–27.

LETHEM, W. A. (1956) *The principles of milk legislation and control.* Rome, Organisation des Nations Unies pour l'Alimentation et l'Agriculture (Agricultural Development Paper, N° 59).

LEWIS, W. J. ET AL. (1980) The pollution hazard to village water supplies in eastern Botswana. *Proceedings of the Institution of Civil Engineers*, **69** : 281–293.

MCCARTY, P. (1964) Anaerobic waste treatment fundamentals, part 1. *Public works*, **95** : 107–112.

MCCLELLAND, I. & WARD, J. S. (1976) Ergonomics in relation to sanitary-ware design. *Ergonomics*, **19** (4): 465–478.

MACDONALD, O.J.S. (1952) *Small sewage disposal systems.* London, Harrison & Crosfield.

MCMICHAEL, J.K. (1976) *Health in the third world.... studies from Vietnam.* London, Spokesman Books.

MAJUMDER, N. ET AL. (1969) A critical study of septic tank performance in rural areas. *Journal of the Institute of Engineers (India)*, **40** (12): 743–761.

MARA, D.D. (1984) *The design of ventilated improved pit latrines.* Washington, DC, Banque mondiale (TAG Technical Note N° 13).

MARA, D.D. (1985a) *Ventilated improved pit latrines: guidelines for the selection of design options.* Washington, DC, Banque mondiale (TAG Discussion Paper N° 4).

MARA, D.D. (1985b) *The design of pour-flush latrines.* Washington, DC, Banque mondiale (TAG Technical Note N° 15).

MARA, D.D. & CAIRNCROOS, S. (1991) *Guide pour l'utilisation sans risques des eaux résiduaires et des excréta en agriculture et aquiculture.* Genève, Organisation mondiale de la Santé.

MARA, D.D. & SINNATAMBY, G.S. (1986) Rational design of septic tanks in warm climates. *The public health engineer*, **14** (4): 49–55.

MORGAN, P.R. (1977) The pit latrine — revived. *Central African journal of medicine*, **23** : 1–4.

MORGAN, P. R. & MARA, D.D. (1982) *Ventilated improved pit latrines: recent developments in Zimbabwe.* Washington, DC, Banque Mondiale (World Bank Technical Paper N°. 3).

NITRATE COORDINATION GROUP (1986) *Nitrates in water*. London, HMSO (Pollution Paper N°. 26).

OLDCORN, R. (1982) *Management — a fresh approach*. London, Pan Books.

OMS (1950) Comité d'experts de l'assainissement: *Rapport sur la première session*. Genève, Organisation mondiale de la Santé (OMS; Série de rapports techniques, N° 10).

OMS (1954) Comité d'experts de l'assainissement: *Troisième rapport*. Genève, Organisation mondiale de la Santé (OMS, Série de rapports techniques, N° 77).

OMS (1983) *Minimum evaluation procedure (MEP) for water supply and sanitation projects*. Document non publié, ETS/83.1.[a]

OMS (1985-1986) *Directives pour la qualité de l'eau de boisson*. Vol. 1–3, Genève, Organisation mondiale de la Santé.

OMS (1985) *Lutte contre la schistosomiase: Rapport d'un Comité OMS d'experts*. Genève, Organisation mondiale de la Santé (OMS, Série de rapports techniques, N° 728).

OMS (1986) *The International Drinking Water Supply and Sanitation Decade Directory: Review of National Progress* (as at December 1983) (WHO CWS Series of Cooperative Action for the Decade).[a]

OMS (1987a) *Technologie de l'approvisionnement en eau et de l'assainissement dans les pays en développement*: rapport d'un Groupe d'étude de l'OMS. Genève, Organisation mondiale de la Santé (OMS, Série de rapports techniques, N° 742).

OMS (1987 b) *Lutte contre les parasitoses intestinales*: rapport d'un Comité OMS d'experts. Genève, Organisation mondiale de la Santé (OMS, Série de rapports techniques, N° 749).

OMS (1987c) *Review of mid-Decade progress* (December 1985), document non publié, CWS/87.5.[a]

OMS (1989) *L'utilisation des eaux usées en agriculture et en aquiculture: Recommandations à visée sanitaire*: Rapport d'un Groupe scientifique de l'OMS. Genève, Organisation mondiale de la Santé (OMS, Série de rapports techniques, N° 778).

OMS (1990) *The International Drinking Water Supply and Sanitation Decade*. Review of decade progress (as at December 1988), document non-publié, WHO/EHE/CWS / 90.16.[a]

---

[a] Ce document peut être obtenu sur demande à la Division de l'Hygiène de l'Environnement, Organisation mondiale de la Santé, 1211 Genève 27, Suisse.

ONUDI (1979) *Guide pratique pour l'examen des projets*, New York, Nations Unies.[a]

PACEY, A., ED. (1978) *Sanitation in developing countries.* Chichester, Wiley.

PACEY, A. (1980) *Rural sanitation: planning and appraisal.* London, IT Publication.

PARRY, J. (1985) *Fibre concrete roofing.* West Midlands, Intermediate Technology Workshops.

PHADKE, N.S. ET AL. (non daté) *Study of a septic tank at Borivli, Bombay.* Bombay, CPHERI Bombay Zonal Laboratory.

PICKFORD, J. (1980) *The design of septic tanks and aqua-privies.* Garston. Building Research Establishment (Overseas Building Note No. 187)

PROGRAMME DES NATIONS UNIES POUR LE DÉVELOPPEMENT (non daté) *Decade Dossier.* New York, Division de l'information du PNUD.

PRADT, L. A. (1971) Some recent developments in night-soil treatment. *Water research,* **5**: 507–521.

REYNOLDS, C.E. & STEEDMAN, J. C. (1974) *Reinforced concrete designers' handbook.* London, Viewpoint.

ROY A. K. ET AL. (1984) *Manual on the design, construction and maintenance of low-cost pour-flush waterseal latrines in India.* Washington, DC, Banque mondiale (TAG Technical Note No. 10).

RYAN, B.A. & MARA, D.D. (1983) *Ventilated improved pit latrines: vent pipe design guidelines.* Washington, DC, Banque Mondiale, (TAG Technical Note No. 6).

RYBCZYNSKI, W. (1981) *Double vault composting toilets: a state of the art review.* Bangkok, Environmental Sanitation Information Center (ENSIC Review No. 6)

SANCHES, W. R. & WAGNER, E.G. (1954) Experience with excreta disposal programmes in rural areas of Brazil. *Bulletin de l'Organisation mondiale de la Santé.* **10**: 229–249.

SCOTT, J.C. (1952) *Health and agriculture in China: a fundamental approach to some of the problems of world hunger.* London. Faber & Faber.

---

[a] Ce document peut être obtenu sur demande à la Division de l'Hygiène de l'Environnement, Organisation mondiale de la Santé, 1211 Genève 27, Suisse.

SHAW, V. A. (1962) A system for the treatment of nightsoil and conserving tank effluent in stabilization ponds. In: *Proceedings of the twentieth Annual Health Congress*. East London, South Africa, Institute of Public Health.

SIMPSON-HEBERT, M. (1984) Water and sanitation: cultural consideration. In: Bourne, P.G., ed., *Water and sanitation: economic and sociological perspectives*. Orlando, Academic Press.

SRIDHAR, M. K. C. et al. (1981) Health hazards and pollution from open drains in a Nigerian city. *Ambio*, **10** : 29–33.

STUMM, W. & MORGAN J.J. (1981) *Aquatic chemistry*. New York. John Wiley & Sons.

TACK, C. H. (1979) *Preservation of timber for tropical building*. Garston, Building Research Establishment (Overseas Building Note N° 183)

TANDON, R.K. & TANDON, B. N. (1975) Stool weight in northern Indians. *Lancet*, **2** : 560–561.

TRUESDALE, G. A. & MANN, H. (1968) Synthetic detergents and septic tanks. *Surveyor and municipal engineer*, **131**: 28–33.

UNCHS (non daté) *Building with bamboo*. Nairobi, Centre des Nations Unies pour les établissements humains — CNUEH (UNCHS Technical Note N° 4).

UNICEF (1986) *The state of the world's children 1986*. New York.

US DEPARTMENT OF HEALTH, EDUCATION, AND WELFARE (1969) *Manual of septic tank practice*. Washington, DC (PHS N° 526).

US ENVIRONMENTAL PROTECTION AGENCY (1980) *Design manual: on site wastewater treatment and disposal systems*. Cincinnati, OH, Office of Research and Development, Municipal Environmental Research Laboratory.

WAGNER, E.G. & LANOIX, J. N. (1960) *Evacuation des excréta dans les zones rurales et les petites agglomérations*, Genève, Organisation mondiale de la Santé, (Série de monographies de l'OMS, N° 39).

WAGNER, E.G. & LANOIX, J. N. (1961) *Approvisionnement en eau des zones rurales et des petites agglomérations*, Genève, Organisation mondiale de la Santé, (OMS, Série de monographies, N° 42.)

WALSH, J. A. & WARREN, K. S. (1979) Selective primary health care. *New England journal of medicine*, **301**: 967–974.

WEIBEL, S.R. ET AL. (1949) *Studies on household sewage disposal systems*; Part 1, Cincinnati, OH, Environmental Health Center.

WILSON, J. G. (1987) The development of an appropriate vacuum tanker. In:

African Water Technology Conference, Nairobi. London, World Water.

WINBALD, U. & KALAMA, W. (1985) *Sanitation without water.* Basingstoke,. Macmillan.

YEAGER, J. G. & O'BRIEN, R.I. (1979) *Enterovirus inactivation in soil. Applied and environmental microbiology,* **38** : 694–701.

DE ZOYSA, I. ET AL. (1984) Perceptions of childhood diarrhoea and its treatment in rural Zimbabwe. *Social science and medicine,* **19** : 727–734.

Pour en savoir plus

ASHWORTH, J. (1982) Urban sullage in developing countries. *Waterlines*, **1** (2): 14–16.

BOURNE, P. G., ed. (1984) *Water and sanitation: economic and sociological perspectives*. Orlando, Academic Press.

CROSS, P. (1985) Existing practices and beliefs in the use of human excreta. *IRCWD news*, **23**: 2–4.

DECK, F.L. O. (1986) Community water supply and sanitation in developing countries, 1970-1990: an evaluation of the levels and trends of services. *World health statistics quarterly,* **39** (1): 2–39.

EDWARDS, P. (1985) *Aquaculture: a component of low cost sanitation technology*. Washington, DC, Banque mondiale (World Bank Technical Paper N° 36).

ELMENDORF, M. & BUCKLES, P. (1980) *Socio-cultural aspects of water supply and excreta disposal*. Washington, DC, Banque mondiale.

GOLLADAY, F.L. (1983) *Appropriate technology for water supply and sanitation : meeting the needs of the poor for water supply and sanitation*. Washington, DC, Banque mondiale.

GOTAAS, H.B. (1959) *Compostage et assainissement*. Genève, Organisation mondiale de la Santé (Serie de monographie de l'OMS N° 31).

GUNNERSON C. G. & STUCKEY, D.C. (1986) *Anaerobic digestion : principles and practice of biogas systems*. Washington, DC, Banque mondiale (World Bank Technical Paper N° 49.)

HEALEY, K.A. &/ LAAK, R. (1974) Site evaluation and design of seepage fields. *Journal of the environmental engineering division. Proceedings of the American Society of Civil Engineers,* **100** : 1133–1146.

HINDHAUGH, G.M. A. (1973) Night soil treatment. *Consulting engineer*, **37** (9): 47,49.

INTERNATIONAL DEVELOPMENT RESEARCH CENTRE (1981) *Sanitation in developing countries. Proceedings of a workshop on training held in Lobatse, Botswana, 14–20 August 1980*. Ottawa (IDRC. 168e).

INDIAN STANDARDS INSTITUTION (1969) *Code of practice for design and construction of septic tanks*. New Delhi (IS 2470, part 1 and part 2).

LECLERE, M. & SHERER, K. (1984) *A workshop design for latrine constuction: a training guide*. Arlington. Water and Sanitation for Health Project (WASH Technical Report No. 25).

LEWIS, W. J. ET AL. (1982) *The risk of groundwater pollution by on-site sanitation in developing countries: a literature review*. Dübendorf. Suisse. Centre international de référence pour l'élimination des déchets. (IRCWD Report No. 01/82).

McGAUHEY, P. H. & KRONE. R. B. (1967) *Soil mantle as a wastewater treatment system*. Sanitary Engineering Research Laboratory, University of California.

NICOLL, E.H. (1974) Aspects of small water pollution control works. *Journal of the Institute of Public Health Engineers*, **12** : 185–211.

VAN NOSTRAND, J. & WILSON, J. G. (1983a) *The ventilated improved double-pit latrine: a construction manual for Botswana*. Washington, DC, Banque mondiale (TAG Technical Note No. 3).

VAN NOSTRAND, J. & WILSON, J.G. (1983b) *Rural ventilated improved pit latrines: a field manual for Botswana*. Washington. DC, Banque mondiale (TAG Technical Note No. 8).

OMS (1980) *Epidemiologie de la schistosomiase et lutte antischistosomienne:* rapport d'un Comité OMS d'experts. Genève, Organisation mondiale de la Santé (OMS, Série de rapports techniques, No. 643).

OMS (Bureau régional de l'Asie du Sud-Est) (1985) Achieving success in community water supply and sanitation projects. New Delhi (Regional Health Report No.9).

PARLATO, R. (1984) *A monitoring and evaluation manual for low-cost sanitation programs in India*. Washington, DC, Banque mondiale (TAG Technical Note No. 12).

PATHAK, B. (1981) *Sulabh Shauchalaya (hand flush water seal latrine) : a simple idea that worked*. Patna, India, Amolla Prakashan.

PEEL, C. (1977) The public health and economic aspects of composting night soil with municipal refuse in tropical Africa. In: Pickford, J., ed., *Planning for water and waste in hot countries. Proceedings of the third WEDC Conference,* Loughborough, Water, Engineering and Development Centre, pp. 25–36.

RAMAN, V. et al. (1969) Secondary treatment and disposal of effluent from septic tanks. 4. Preliminary studies of treatment by upward (reverse flow) rock filters. *Journal of the Institute of Engineers* (India). **49** (6): 90–93.

SAGAR, G. & JAIN, A. K. (1982) Ferrocement septic tanks. *Journal of ferrocement*, **12** (1): 63–69.

SANDERS, A & CARVER, R. (1985) *The struggle for health*. Basingstoke, Macmillan.

SHUVAL, H. L. ET AL. (1981) *Night-soil composting*. Washington, DC, World Bank (Appropriate technology for water supply and sanitation, vol. 10).

US PUBLIC HEALTH SERVICE (1933) The sanitary privy. Washington, DC (revised type No. IV of *Public health report* (Wash), Suppl. 108).

VINCENT, L. J. ET AL. (1961) A system of sanitation for low cost high density housing. In: *Proceedings of a symposium on hygiene and sanitation in relation to housing, Niamey*, pp. 135–172 (Publication No. 84, CETA/OMS, Niger).

VAN WIJK-SIJBESMAN, C. (1985) *Participation of women in water supply and sanitation: roles and realities*. La Haye, International Reference Centre for Community Water Supply and Sanitation (IRC Technical Paper No. 22).

Glossaire des termes utilisés dans le présent ouvrage

adsorption • Adhésion sous forme d'une couche mince, d'un liquide à la surface d'un solide avec lequel il est en contact.

adobe • Brique faite d'un mélange d'argile et d'eau, soigneusement malaxé et additionné la plupart du temps de paille, d'herbe ou d'autres fibres naturelles que l'on a fait lentement sécher au soleil à l'abri de la lumière directe.

aérobie • Se dit d'un organisme qui vit ou d'un phénomène qui se déroule en présence d'air ou d'oxygène libre.

agence • Désigne une administration, un organisme bilatéral, international, non gouvernemental ou autres qui joue le rôle de maître d'œuvre pour un projet.

anaérobie • Se dit d'un organisme qui vit ou d'un phénomène qui se déroule en l'absence d'air ou d'oxygène libre.

anaérobie facultatif • Organisme capable de vivre en présence ou en l'absence d'air ou d'oxygène libre.

assainissement • Ensemble des moyens de ramassage et d'évacuation hygiéniques des excréta et des déchets liquides d'une collectivité évitant de mettre en danger la santé de cette collectivité ou de certains de ses membres.

béton • Mélange de ciment, de sable, de gravier et d'eau qui durcit jusqu'à prendre la consistance de la pierre.

biodégradable • Qui est susceptible d'être décomposé par les processus biologiques sous l'action de bactéries ou d'autres micro-organismes

biogaz • Mélange de gaz, principalement du méthane et du dioxyde de carbone, produits par la décomposition anaérobie des déchets.

boues • Matières solides qui se sont séparées des déchets liquides par sédimentation.

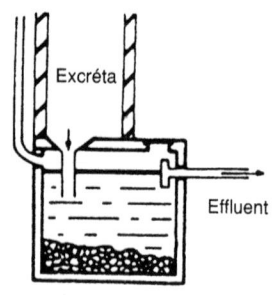

cabinet à eau • Latrine dans laquelle les excréta tombent directement par un tuyau de chute dans un réservoir de décantation étanche situé sous le plancher et d'où l'effluent s'écoule dans un puits perdu ou une tranchée de drainage.

citerne à dépression • Réservoir monté sur camion dans lequel on aspire le contenu des fosses septiques, des cabinets à eau, des fosses d'aisance et autres réservoirs au moyen d'une pompe afin de les transporter jusqu'à une installation de traitement ou une décharge.

compost • Humus produit par compostage des matières organiques, apprécié comme engrais ou amendement.

compostage • Décomposition contrôlée de déchets organiques solides en milieu humide, en vue de produire de l'humus.

cunette • Petit canal ménagé dans le radier d'une canalisation, d'un drain, etc.

cure (du béton) • Procédé qui consiste à maintenir pendant au moins une semaine après qu'il a été coulé l'humidité d'un béton ou d'un mortier afin que le ciment ait toujours suffisamment d'eau pour durcir

cuvette • Réceptacle où sont recueillis les excréta que l'on chasse ensuite en déversant de l'eau soit à la main, soit au moyen d'un réservoir qui débouche le long de la bordure.

DBO • Demande biochimique d'oxygène: c'est la masse d'oxygène consommée au cours de la décomposition aérobie des matières organiques dans des conditions standards; on la mesure en général en milligrammes par litre sur cinq jours. Elle constitue une mesure de la concentration des eaux usées.

décomposition • Dissociation des matières organiques en formes plus stables sous l'action de micro-organismes aérobies ou anaérobies.

demande biochimique d'oxygène • *Voir* DBO.

dépôt • *Voir* Boues.

digestion • Décomposition des matières organiques en milieu humide.

drain • Tuyau ou rigole par lesquels s'écoulent des eaux usées, des effluents, des eaux de pluie ou des eaux superficielles.

durée de rétention • Temps nécessaire pour qu'un certain volume de liquide traverse un réservoir ou subisse un traitement, ou encore durée de séjour d'un solide ou d'un liquide dans un réservoir.

eaux ménagères • Eaux de cuisine, de lessive, de toilette, etc.

eaux résiduaires • Eaux usées, notamment d'origine domestique, qui comprennent, par exemple, les eaux ménagères et les eaux-vannes.

eaux superficielles • Eaux pluviales, eaux d'orage, eaux provenant d'autres précipitations, ou encore eaux de ruissellement qui stagnaient ou circulent à la surface du sol.

eaux-vannes • Eaux en provenance des WC contenant des matières fécales et des urines.

écume • Couche constituée de matières solides en suspension moins denses que l'eau, qui flottent à la surface d'une masse de déchets liquides dont elle ont été séparées par flottation.

effluent • Liquide qui sort d'une fosse ou d'un réseau d'égouts.

égout • Canalisation ou conduite servant à transporter les eaux usées.

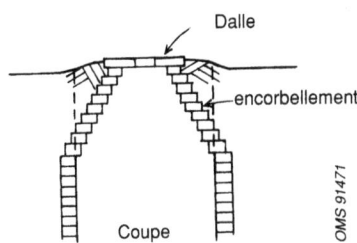

encorbellement • Mode de construction dans lequel des briques, des parpaings ou des pierres sont placés de telle façon que la partie supérieure fasse saillie vers l'intérieur de la fosse afin de pouvoir supporter une charge telle que le couvercle d'un trou d'homme ou la dalle d'une latrine.

excréta • Matières fécales et urines.

ferrociment • Mortier de ciment renforcé par plusieurs couches de grillage d'acier.

flottation • Processus au cours duquel des matières solides moins denses que l'eau montent à la surface où elles forment une écume.

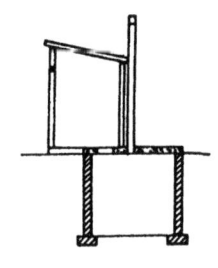

fosse d'aisance • Réservoir souterrain où s'accumulent les eaux usées jusqu'à vidange par une citerne à dépression ou tout autre moyen.

fosse déportée • (ou décalée) Fosse partiellement ou totalement déportée par rapport à sa superstructure.

GLOSSAIRE

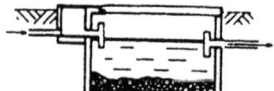

fosse septique • Réservoir étanche servant à l'emmagasinage et au traitement partiel des eaux-vannes et des eaux ménagères, qui seront ensuite évacuées en vue d'un traitement plus poussé.

gadoue • Excréta humains, contenant éventuellement des matériaux de nettoyage anal, déposés dans un seau ou tout autre récipient que l'on vide à la main.

germe pathogène • Micro-organisme responsable de maladies.

granulat • Gravier, caillou concassé ou sable, mélangés à du ciment pour obtenir un béton; le granulat grossier est en principe constitué de particules de 6 à 18 mm de diamètre; le granulat fin est constitué de sable.

helminthe • Ver parasite de l'homme et des vertébrés.

hôte • Homme ou animal dans lequel vit un parasite qui se nourrit à ses dépens.

humus • Matières végétales décomposées — produit final du compostage.

intrados • Partie intérieure concave située au sommet d'une canalisation ou surface inférieure d'une dalle.

joint hydraulique • Garde d'eau maintenue dans un tuyau en forme de U ou une cuve hémisphérique qui relie la cuvette des toilettes à un tuyau, une rigole ou une fosse et qui est destinée à éviter la remontée des gaz et des insectes depuis l'égout ou la fosse.

jonction en Y • Chambre dans laquelle le liquide peut être dirigé en l'un ou l'autre de deux tuyaux ou caniveaux.

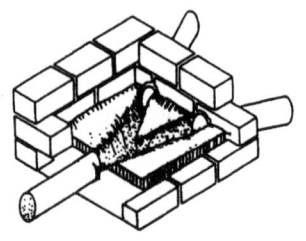

larve • Stade de développement vermiforme des insectes et des helminthes; elle est capable de se mouvoir pour rechercher sa nourriture.

latrine • Lieu ou construction, situé normalement à l'extérieur d'une habitation ou de tout autre bâtiment, destiné à recevoir et emmagasiner des excréta et quelquefois à en assurer la décomposition

latrine à chasse • Latrine dans laquelle une petite quantité d'eau est déversée afin de chasser les excréta dans une fosse au travers d'un siphon.

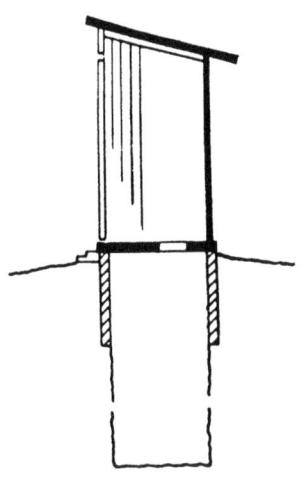

latrine à fosse • Latrine au-dessous de laquelle est creusé un puits où s'accumulent et se décomposent les excréta dont la partie liquide s'infiltre dans le sol environnant.

latrine LAA • Latrine améliorée à fosse; latrine à fosse dotée d'un tuyau d'évent grillagé et dont l'intérieur de la superstructure est maintenu dans la pénombre.

latrine suspendue • Latrine construite de manière que les excréta tombent directement dans la mer ou dans une autre étendue d'eau.

maître d'œuvre • *Voir* Agence

mortier • Mélange de boue, de chaux et/ou de ciment avec du sable et de l'eau que l'on utilise pour le jointoiement ou la création d'une surface lisse et étanche.

mortier de ciment • Mélange d'une partie de ciment pour quatre parties ou moins de sable, avec une quantité convenable d'eau.

moule • Coffrage, généralement en bois, qui sert à maintenir en forme le béton pendant la prise.

parasite • Organisme vivant à l'intérieur ou à l'extérieur d'un autre organisme vivant, appelé hôte, aux dépens duquel il se nourrit.

percolation • Mouvement d'un liquide à travers le sol.

pollution • Pénétration dans l'eau, le sol ou l'air de substances liquides, solides ou gazeuses nocives.

programme • Entreprise qui s'inscrit dans la durée en vue d'atteindre un certain nombre d'objectifs avec la participation, à l'exploitation et à l'entretien, d'une institution chargée du soutien à long terme; un programme peut comporter une série de projets.

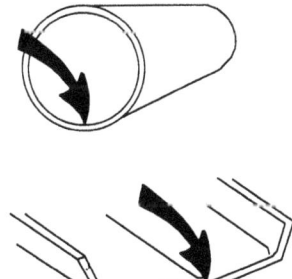

projet • Evénement planifié et budgeté comportant des buts réalisables dans un laps de temps donné.

puits d'infiltration • Puits foré dans le sol et qui permet la dispersion souterraine des eaux usées.

radier • Fond d'une canalisation ou d'un caniveau.

réseau d'égouts • Ensemble de canalisations d'égouts reliées entre elles.

GLOSSAIRE

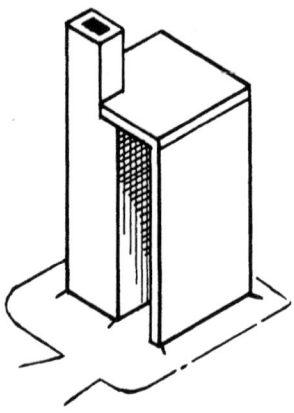

sédimentation • Processus au cours duquel des matières solides en suspension plus denses que l'eau se déposent sous la forme de boue.

siphon • *Voir* joint hydraulique.

superstructure • Barrière, paravent ou construction installés sur le sol d'une latrine, qui assure l'intimité et la protection de l'usager.

toilettes • Lieu réservé à la défécation et la miction, qui peut être constitué par la superstructure d'une latrine.

toilettes chimiques • Réceptacle dans lequel sont recueillies les matières fécales et les urines et qui contient un puissant désinfectant chimique permettant de retarder la décomposition et de réduire les odeurs.

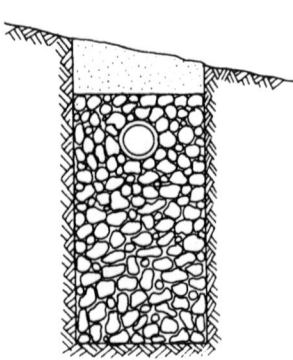

tranchée de drainage • Tranchée dans laquelle est posé un drain entouré de cailloux ou de tout autre matériau inerte et qui sert à l'épandage souterrain des eaux usées.

transpiration • Rejet de vapeur d'eau par une plante au niveau de son feuillage.

trou de défécation • Trou aménagé dans le plancher d'une latrine et à travers lequel les excréta tombent directement dans la fosse située à son aplomb.

tuyau d'évent • Tuyau destiné à faciliter l'échappement des gaz émis par une latrine ou une fosse septique.

vecteur • Insecte ou autre animal susceptible de transmettre une infection, soit directement, soit indirectement d'une personne à une autre ou d'un animal infecté à une personne.

vidange • Élimination des matières solides déposées au fond des puits, fosses, réservoirs et fosses septiques

WC • Installation comprenant une chasse d'eau et un siège dans laquelle les excréta sont chassés dans un drain d'évacuation.

zone de drainage • Terrain utilisé pour l'infiltration des eaux usées dans le sol.

ANNEXE 1
Réutilisation des excréta

Les excréta humains doivent être considérés comme une ressource naturelle à conserver et à réutiliser sous surveillance soigneuse plutôt qu'à rejeter. Il s'agit:
— des gadoues, notamment celles qui sont ramassées par les services municipaux ou des entreprises privées et celles des ménages ou groupes de ménages, qui les utilisent dans leurs propres jardins ou exploitations agricoles;
— des matières solides tirées des fosses pleines;
— des boues, écume et liquide des fosses septiques, des cabinets à eau, et des fosses d'aisances;
— du contenu traité ou non, des égouts et des boues d'usines de traitement (ce dernier cas sort du cadre du présent ouvrage).

Les matières solides tirées des latrines à fosse sont sans danger si les fosses n'ont pas servi pendant environ deux ans, comme c'est le cas des latrines à double fosse alternante. Les excréta bruts de toute autre origine risquent de comporter des matières fécales récentes et, par conséquent, de contenir des germes pathogènes actifs.

Il y a trois grands types d'utilisation de cette ressource: l'agriculture, l'aquiculture et la production de biogaz.

Usage agricole

Les excréta humains sont riches en azote et autres nutriments nécessaires à la croissance des végétaux. La méthode la plus courante de réutilisation consiste dans l'application directe sur le sol comme engrais. Les gadoues contiennent environ 0,6% d'azote, 0,2% de phosphore et 0,3% de potassium, éléments qui sont tous des nutriments précieux pour la végétation. L'humus formé par la décomposition des fèces contient aussi des oligo-éléments qui diminuent la sensibilité des plantes aux parasites et aux maladies. L'humus améliore la structure du sol, lui permet de mieux retenir l'eau et favorise l'enracinement. Un sol qui contient de l'humus craint moins l'érosion par le vent et l'eau et il est plus facile à cultiver.

Risques pour la santé

Pendant des siècles, les gadoues non traitées ont largement servi d'engrais en Extrême-Orient et en Asie méridionale, mais on prend de plus en plus conscience des dangers qui en résultent pour la santé publique.

Des germes pathogènes de toutes sortes peuvent survivre dans le sol et sur les cultures (voir tableau 2.4, page 16). Les germes pathogènes, notamment ceux qui se trouvent sur les cultures, sont généralement détruits par la dessication et l'insolation. Ils survivent donc plus longtemps sous les climats humides et nuageux que dans les régions arides.

Selon certains, l'usage des excréta et des effluents non traités des fosses septiques est acceptable s'il est limité aux cultures de plantes industrielles et de végétaux qui se consomment cuits. Cependant, même avec ce type de culture, le risque subsiste fortement d'une transmission de germes pathogènes aux travailleurs agricoles, au personnel chargé du transport et du traitement des récoltes industrielles ainsi qu'aux cuisiniers. Cette utilisation doit donc être soigneusement planifiée et surveillée par les autorités sanitaires.

Le risque consécutif à la transmission par les récoltes des organismes pathogènes provenant d'excréta et de boues non traitées est plus grand pour les populations à niveau élevé d'hygiène et de santé (par exemple les habitants des villes) que pour les ouvriers agricoles qui vivent sur des territoires où les maladies d'origine fécale sont endémiques (Feachem et al., 1983).

Utilisation dans les rizières

Les champs dont les cultures baignent dans l'eau pendant tout ou partie de la période de végétation constituent des sites potentiels de transmission de la schistosomiase si on utilise des excréta frais comme engrais (Cross & Strauss, 1985).

Utilisation en arboriculture

Des eaux d'égout, traitées ou non, servent quelquefois à l'irrigation des arbres. C'est une pratique courante dans les climats arides, où l'on irrigue les arbres pour lutter contre la désertification, fournir de l'ombre ou créer des brise-vent, ainsi que pour la culture de la noix de coco ou autre. Le risque principal concerne les ouvriers agricoles et le public admis dans les plantations.

Utilisation dans les pâturages

Les excréta répandus sur les terrains où paît le bétail risquent de répandre *Taenia saginata* dont les œufs survivent plus de six mois sur le sol ou dans les herbages.

Compostage

On peut traiter les excréta de plusieurs manières pour éliminer les possibilités de transmission de maladies. Mis à part la conservation dans les latrines à double fosse, le meilleur système de traitement sur place est le compostage.

Le compostage consiste dans une décomposition biologique des matières organiques solides qui produit une substance humique (le compost), excellente comme engrais et comme amendement. Le procédé est pratiqué par les agriculteurs et les jardiniers dans le monde entier depuis des siècles. En Chine, la méthode du compostage des déjections humaines avec les déchets végétaux laissés par les récoltes a permis au sol de nourrir une population très dense pendant plus de 4 000 ans sans perdre sa fertilité (McGarry & Stainforth, 1978).

Les gadoues peuvent se composter avec de la paille et d'autres déchets végétaux, ou même avec des déchets divers provenant d'habitations, de commerces ou d'établissements publics. Le processus peut être aérobie ou anaérobie.

Les bactéries aérobies combinent une partie du carbone des déchets organiques avec l'oxygène de l'air pour produire du dioxyde de carbone, en libérant de l'énergie qui est partiellement utilisée par les bactéries pour se reproduire. Le reste de cette énergie se transforme en chaleur, d'où élévation de la température à 70 °C et destruction rapide des graines de mauvaises herbes, des œufs de vers, des protozoaires et des bactéries pathogènes. Tous les micro-organismes, y compris les entérovirus et les nématodes meurent dès que la température dépasse 46 °C pendant une semaine, et cette température tue aussi les œufs, les larves et les nymphes des mouches. Tant que le processus reste aérobie, il ne se dégage pas de mauvaise odeur.

En l'absence d'oxygène, l'azote des matières organiques se transforme en acides, puis en ammoniaque; le carbone est réduit en méthane et le soufre en sulfure d'hydrogène; les odeurs constituent alors une nuisance importante. L'élimination complète des germes pathogènes est lente, jusqu'à douze mois par exemple pour les œufs de nématodes.

Le compostage dans la pratique

Le méthode traditionnelle du compostage consiste à empiler des déchets végétaux, du fumier, des gadoues ou des dépôts de boue de fosse septique sur un terrain à l'air libre. On maintient l'aérobiose en retournant régulièrement le tas, ce qui en outre a l'avantage d'uniformiser l'humidité de l'empilage. Dans ces conditions aérobies, il y a décomposition rapide — en 2 à 4 semaines — des matières organiques. Le processus est beaucoup plus rapide qu'en anaérobiose. On peut encore accélérer le processus au moyen d'un équipement mécanique.

Selon Flintoff (1984), il y a cinq conditions préalables pour le succès de l'opération:

— déchets appropriés;
— produit commercialisable;
— soutien des autorités, surtout celles dont relève l'agriculteur;

— prix acceptable pour les agriculteurs;
— prix de revient net (c'est-à-dire le prix de l'opération moins le bénéfice) garanti par les autorités responsables.

Traitement préalable

Dans les pays en développement, la plupart des déchets sont d'origine végétale avec peu de papier, de verre ou de métal. Lorsque ces derniers éléments sont plus fréquents, le papier peut entrer dans le compost et un peu de verre est acceptable s'il a été pilé quelque part au cours du processus. Il faut enlever le métal. On peut également éliminer les textiles, les plastiques, le cuir et les produits analogues, ou les laisser à condition de les déchiqueter. Poussières et cendres peuvent également être présentes, mais si leur proportion est trop importante, la qualité du compost en souffre.

On facilite le processus en travaillant les tas à la fourche pour casser les morceaux trop gros. En effet, si l'on a bien morcelé le tas, la surface exposée à l'air est plus grande et l'attaque des bactéries est favorisée. En outre, la pluie pénètre plus difficilement et il est plus facile d'éliminer les mouches.

Surveillance du compostage

Si l'humidité est trop forte, les espaces entre particules sont occupés, ce qui empêche l'air d'entrer. D'un autre côté, les bactéries prolifèrent plus difficilement si le matériau est trop sec. L'humidité optimale se situe entre 40 et 60%. Pour accroître l'humidité, on peut arroser le tas et, pour la réduire, ajouter de la paille sèche ou de la sciure de bois. Des brassages fréquents permettent un séchage naturel par évaporation.

La valeur optimale pour la végétation du rapport carbone: azote est d'environ 20. Dans l'opération de compostage, les bactéries utilisent du carbone. Il en résulte que le meilleur matériau brut pour le compostage doit avoir un rapport carbone-azote d'environ 30. Le rapport carbone-azote des gadoues est d'environ 6, celui des déchets de légumes frais d'environ 20 et celui de la paille sèche de plus de 100. Pour les mélanges de déchets domestiques, il oscille entre 30 et 50 mais peut être plus élevé s'il y a beaucoup de papier. On peut quelquefois obtenir le rapport souhaitable de 30 en mélangeant judicieusement les déchets, par exemple en modifiant la proportion des gadoues, ou des boues de fosse septique dans le mélange. Il est rare qu'on puisse commodément pratiquer une analyse chimique pour déterminer le rapport carbone-azote; on apprend de toute façon vite à juger quel mélange de matériaux donnera le meilleur compost.

Pendant le compostage, le volume diminue de 40 à 80% et le poids de 20 à 50%.

Andains et fosses

A moins de disposer d'engins mécaniques coûteux, le compostage aérobie des déchets municipaux s'effectue généralement en tas allongés ou andains. La meilleure hauteur de ces andains est de 1,5 m. Si elle dépasse 1,8 m, le matériau voisin du sol est trop comprimé et si elle est inférieure à 1 m, on perd une trop grande quantité de la chaleur dégagée par l'action bactérienne.

La largeur et la longueur des tas doit permettre à la fois une manipulation efficace et la meilleure utilisation possible du terrain disponible. La largeur initiale de la couche inférieure atteint généralement 2,5–3,5 m.

Fig. A1.1. Levée à compost

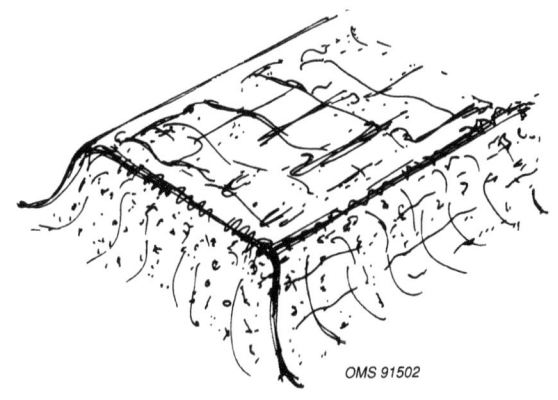

Fig. A1.2. Mise en place des gadoues dans une levée à compost

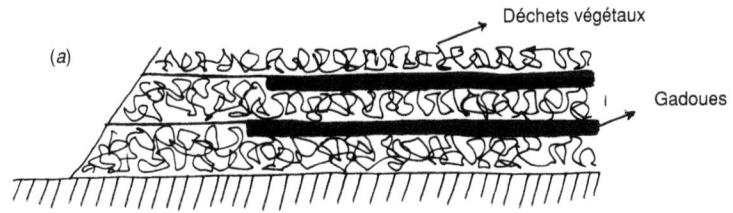

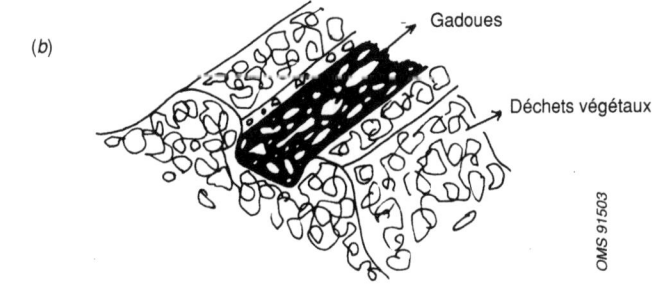

Par temps sec, la section sera trapézoïdale, comme on le voit sur la Fig. A1.1, mais pendant la saison des pluies, une forme plus arrondie évitera l'excès d'humidité.

Pour les petites quantités (par exemple celles d'un seul village) on conservera les déchets jusqu'à en avoir assez pour un tas d'environ 3 m de diamètre et 1,5 m d'épaisseur.

Pour composter les gadoues, on dépose habituellement des couches alternées d'excréta sur environ 50 mm d'épaisseur et de déchets végétaux sur environ 200 mm. La Fig. A1.2 (a) montre comment on peut constituer un andain capable d'assurer la destruction des germes pathogènes fécaux par élévation de la température. La matière végétale qui se trouve au fond et sur les flancs assure une sorte d'isolation. La Fig. A1.2 (b) expose une autre méthode: lorsqu'un andain de matière végétale a travaillé pendant deux ou trois jours et que la température a monté, on ménage au centre une tranchée, ou une poche, dans laquelle on déposera les gadoues.

Température, aération et brassage

Pourvu que le matériau à composter reste aérobie, la température peut monter à 40–50 °C pendant les premières 24 heures. Au bout de quelques jours, la température atteint 60–70 °C; elle est donc bien supérieure à la valeur mortelle pour les organismes pathogènes. La Fig. A1.3 montre comment la température varie pendant le compostage aérobie. Les points repérés par T marquent les moments où on a exécuté un brassage du tas pour l'aérer.

Fig. A1.3. Variation de la température pendant la décomposition aérobie des déchets mélangés (T= point où on a retourné le matériau pour l'aérer)

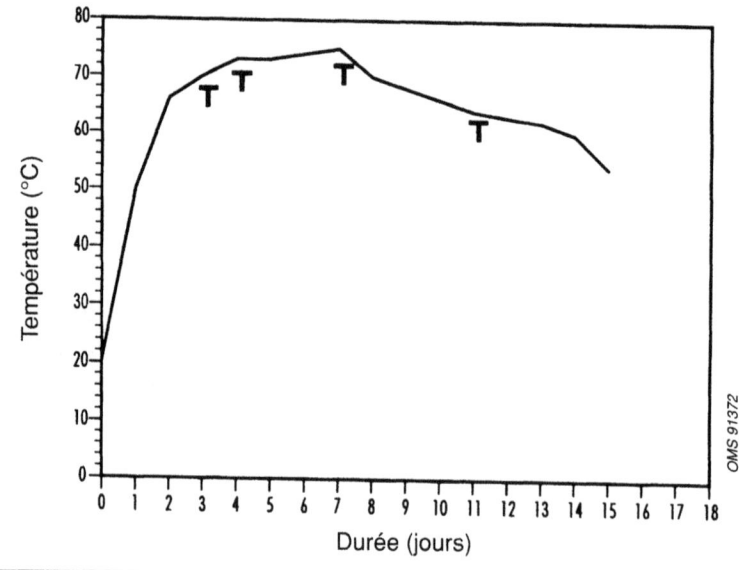

On a essayé plusieurs méthodes d'aération. Si le tas est petit (comme celui d'un village), les déchets peuvent être jetés au-dessus de bambous ou de tiges de bois qu'on retire lorsque le tas est terminé, ce qui laisse des trous pour le passage de l'air (Fig. A1.4). D'autres formules, y compris une aération forcée (par ventilateurs soufflants ou aspirants) ou un plancher poreux n'ont guère donné satisfaction pour des volumes importants.

Fig. A1.4. Aération du compost par mise en place autour de tiges

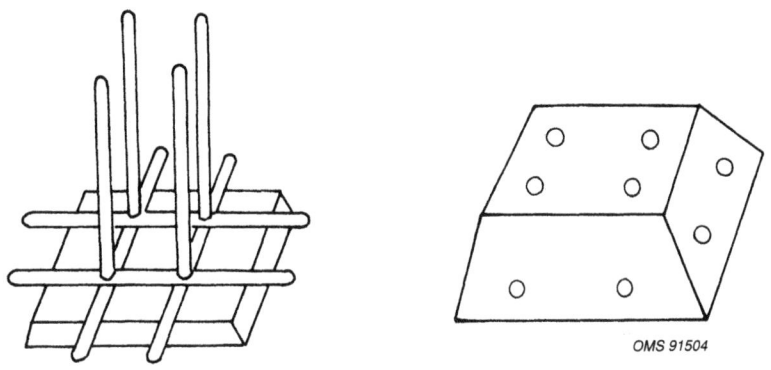

Les matériaux des andains peuvent être retournés à la fourche ou avec un équipement mécanique spécial, ce brassage maintenant le tas en conditions aérobies. En outre, il faut ramener les matériaux de l'extérieur vers le centre, car les couches extérieures peuvent:

— être trop humides à cause de la pluie;
— être trop sèches par suite de l'évaporation (surtout face au vent);
— ne pas s'échauffer malgré la montée de la température au centre;
— contenir de grandes quantités de mouches ou d'œufs et larves de mouches.

Quelquefois on brasse les andains tous les deux ou trois jours. Cependant, après environ une semaine, on peut maintenir l'aérobiose avec des retournements moins fréquents. On peut par exemple retourner les andains à la fin d'une première journée, puis le troisième jour, le septième, le quatorzième et le vingt et unième. Le vingt-huitième jour, on stocke le matériau en attente d'enlèvement.

En général, on n'a besoin de compost qu'à certaines époques de l'année. Si on ne récolte et sème qu'une fois par an, on peut avoir besoin d'une surface suffisante pour stocker la majeure partie d'une année de production. Pendant qu'on le garde, le compost continue à «mûrir», mais il n'est pas possible de lui conserver une température élevée. La durée nécessaire à la stabilisation dépend du rapport initial carbone-azote, de l'humidité, du maintien des conditions aérobies et de la dimension des particules. A moins de précautions particulières, l'envahissement par les mouches peut poser un problème lorsqu'on stocke le compost.

Etat et qualité du compost

On peut vérifier pendant et après la stabilisation du compost si le processus se passe bien et si le produit fini convient à l'usage agricole. Sauf dans les grandes usines de compostage mécanique, l'état du compost s'apprécie par des méthodes simples. On peut raisonnablement admettre que les germes pathogènes seront tués si la température dépasse 65 °C, ce qu'on vérifie en enfonçant dans le tas une barre de fer ou une tige de bois qu'on retire au bout d'environ dix minutes: elle doit alors être trop chaude pour qu'on puisse la tenir en main. La température tombe lorsque la stabilisation est achevée. L'absence d'odeur désagréable ou de mouches est le signe d'un compostage aérobie satisfaisant (Flintoff, 1984). Avec un peu d'expérience, il est aisé de s'assurer que tout va bien à l'aspect du compost. Il doit avoir l'air moite, mais sans que du liquide suinte.

Pendant que la stabilisation se poursuit, l'aspect change d'un jour à l'autre. L'aérobiose se manifeste par une couleur vert pâle, légèrement lumineuse, du matériau situé à l'intérieur du tas.

Les agriculteurs et les jardiniers peuvent souhaiter connaître la composition chimique du compost provenant des gadoues ou des boues de fosse d'aisance. Les nutriments principaux des plantes (azote, pentoxyde de phosphore et oxyde de potassium) représentent en principe 3% en poids du compost, soit trois fois plus que dans le compost tiré des ordures municipales.

Utilisation en aquiculture

Dans de nombreux pays d'Asie, il est d'usage courant de déverser des excréta dans des étangs ou des bassins de pisciculture. Quelquefois même, les latrines sont placées directement au-dessus ou à côté des étangs; ailleurs, on déverse dans l'eau les gadoues amenées dans des charrettes, citernes ou tinettes. Les nutriments entraînent une riche production d'algues qui favorise l'aérobiose et fournit de la nourriture à certains poissons.

Les carpes et tilapias conviennent particulièrement bien à ces étangs, mais de nombreuses autres espèces peuvent coexister, certaines se nourrissant de grandes algues et d'autres de petites ou de zooplancton; certaines préfèrent la couche du fond et d'autres celle du sommet. Le poisson est généralement pêché au filet pour la consommation humaine, mais quelquefois, il est séché et réduit en farine pour l'alimentation de la volaille ou d'autres animaux. Les étangs peuvent également permettre l'élevage de canards.

Il y a trois risques pour la santé associés à la pisciculture dans les étangs qui reçoivent des excreta.

(1) Des germes pathogènes peuvent séjourner sur le corps ou dans les intestins des poissons sans provoquer chez eux de maladie manifeste et passer ensuite aux personnes qui les manipulent.
(2) Des helminthes, en particulier la douve, peuvent infester les personnes qui mangent du poisson insuffisamment cuit;
(3) Les helminthes à hôtes intermédiaires (comme les schistosomes des gastéropodes aquatiques) peuvent poursuivre leur cycle évolutif dans les étangs.

On pourra trouver un utile complément d'information dans une publication de l'OMS intitulée *Guide pour l'utilisation sans risques des eaux résiduaires et des excréta en agriculture et aquiculture* (Mara & Cairncross, 1991).

Production de biogaz

La recherche de nouvelles sources d'énergie a popularisé l'utilisation des déchets organiques en vue de produire un combustible utilisable pour la cuisine domestique. Fondamentalement, une installation de biogaz consiste en une chambre de fermentation ou digesteur, où est produit un gaz qui contient environ 60% de méthane. Recueilli au sommet de cette chambre, le gaz est amené par un tuyau aux appareils domestiques ou à des récipients souples de stockage.

Certaines installations n'utilisent que des excréta humains. Par exemple, à Patna, en Inde, une latrine à chasse d'eau de 24 cabines dessert plusieurs milliers de personnes et fournit assez d'énergie pour éclairer 4 km de route. En revanche, la plupart des 7 millions d'installations chinoises (Li, 1984) fonctionnent à partir d'excréments d'animaux mélangés à des excréments humains. Un buffle ou une vache de taille moyenne produit environ vingt fois plus de gaz qu'un homme. Le minimum pour une installation correspond à une vache ou à une famille, bien qu'il soit d'usage d'utiliser les excréments d'au moins quatre vaches. En Chine, il est courant d'utiliser les déjections de porcs.

Construction

Il existe nombre de variantes, mais les formes les plus courantes d'installation domestique comportent une cloche fixe ou flottante sous laquelle s'amasse le gaz. Le cloche flottante représentée sur la Fig. A1.5 est très largement employée en Inde. En Chine, des cloches en maçonnerie ou en béton du modèle de la Fig. A1.6 sont courantes. Elles sont généralement moins chères que les cloches flottantes. La production de gaz est en gros égale au tiers du volume du digesteur.

Fig. A1.5. Usine à biogaz avec cloche flottante

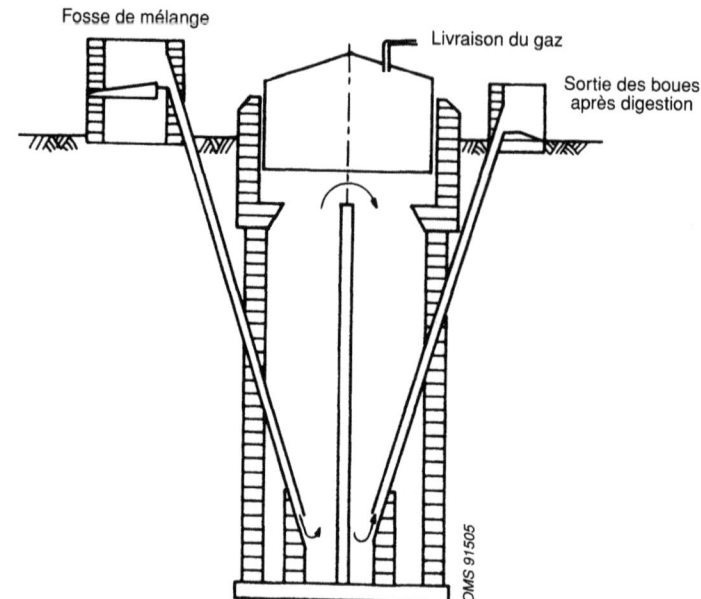

Fig. A1.6. Usine à biogaz avec cloche fixe

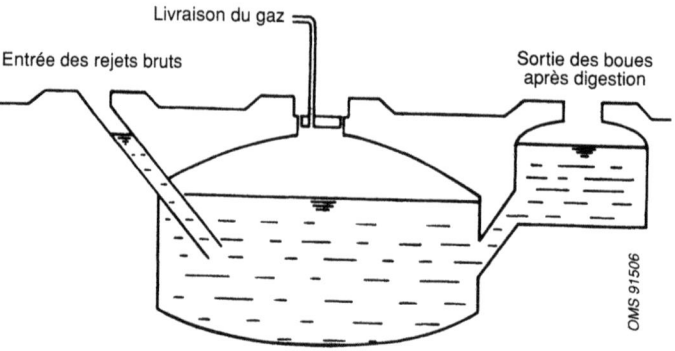

Exploitation

On mélange souvent les excréta avec de la paille ou d'autres déchets végétaux, par exemple ceux que l'on utilise pour la litière des animaux, et on y ajoute un volume d'eau équivalent, jusqu'à obtention d'une sorte de coulis que l'on introduit dans le digesteur par l'orifice d'admission. Après une durée de séjour dans le digesteur de 30 à 50 jours, on retire le coulis. La production de biogaz est favorisée par des températures élevées. A 30 °C, le gaz est produit deux fois plus rapidement qu'à 25 °C et le rendement devient très faible en-dessous de 15 °C.

L'effluent est généralement mis à sécher à l'air libre, puis utilisé comme engrais. Rapportée au poids de matière sèche, la proportion d'azote est supérieure à celle des excréta non traités car le carbone passe dans le gaz. Les nutriments présents dans l'effluent, que celui-ci ait été mis à sécher ou qu'il soit directement étendu sur le sol, sont plus facilement fixés par les plantes.

Risques pour la santé

Le séjour des excréta dans le digesteur entraîne la mort d'un grand nombre de germes pathogènes et notamment des œufs de schistosomes. En revanche, quelques œufs d'ankylostomes peuvent survivre, ce qui est également le cas de nombreux œufs de nématodes.

Bibliographie

CROSS, P. & STRAUSS, M. (1985) *Health aspects of nightsoil and sludge use in agriculture and aquaculture.* Dübendorf, Centre international de référence pour l'élimination des déchets (Rapport IRCWD No. 04/85)

FEACHEM, R.G. ET AL. (1983) *Sanitation and disease: health aspects of excreta and wastewater management.* Chichester, Wiley.

FLINTOFF, F. (1984) *Management of solid wastes in developing countries,* 2e édition, New Delhi, Bureau régional de l'OMS pour l'Asie du Sud-Est (South-East Series Asia No. 1)

McGARRY, M.G. & STAINFORTH, J. (1978) *Compost, fertilizer, and biogas production from human and animal wastes in the People's Republic of China.* Ottawa, Centre international de recherche sur le développement international.

MARA, D. & CAIRNCROSS, S. (1991) *Guide pour l'utilisation sans risque des eaux résiduaires et des excréta en agriculture et aquiculture.* Genève, Organisation mondiale de la Santé.

ANNEXE 2
Eaux ménagères

Il s'agit de la partie des eaux provenant des usages domestiques (eau de vaisselle, de toilette, de lessive etc.) à l'exclusion des eaux-vannes qui contiennent des excréments.

Peu d'études ont été publiées sur les caractéristiques des eaux ménagères dans les pays en développement. Des recherches effectuées aux Etats-Unis ont montré qu'elles contiennent moins de nitrates que les eaux-vannes, mais qu'elles sont plus chargées en produits organiques solubles et plus facilement biodégradables (Laak, 1974). Elles contiennent moins de matières solides en suspension que les eaux-vannes, mais elles sont plus grasses et plus chaudes que ces dernières. Les eaux de cuisine sont plus chargées en matières solides, elles ont une demande biochimique plus élevée d'oxygène et sont plus riches en nitrates que les autres types d'eaux ménagères.

Ces eaux peuvent être très différentes en volume et en nature d'une communauté à l'autre. Une famille desservie seulement par une fontaine éloignée ou une pompe à main peut ne rejeter que 10 litres d'eau par personne et par jour, alors que les membres d'un foyer doté d'un sanitaire élaboré peuvent évacuer 200 litres ou plus par personne et par jour. Dans certains pays, l'eau usée est peu abondante parce que l'hygiène individuelle et le lavage des vêtements et de la vaisselle s'effectuent dans une rivière ou dans un lac. On trouvera au tableau A2.1 des chiffres de consommation d'eau en milieu rural qui montrent que les chiffres de consommation peuvent être extrêmement variables.

La nature des eaux ménagères dépend très largement de facteurs comme l'alimentation, le mode de lavage du linge et des ustensiles de cuisine, les habitudes en matière d'hygiène corporelle et l'existence éventuelle de salles de bains et d'autres moyens d'hygiène.

Il y a plusieurs raisons pour ne pas mélanger les excréta aux eaux ménagères. D'abord, l'installation individuelle n'a pas toujours une capacité suffisante. Les eaux ménagères peuvent aussi être évacuées par un tuyau de trop faible section pour le passage des excréta. Enfin, on peut vouloir réduire la charge hydraulique d'une fosse septique en évitant d'y déverser les eaux ménagères (Bradley, 1983).

Les eaux ménagères sont évacuées ou éliminées par toutes sortes de moyens. On se contente souvent de les déverser dans la cour ou à l'extérieur de la propriété où elles s'évaporeront ou s'infiltreront dans le sol. On peut aussi s'en servir pour irriguer un potager ou des massifs de fleurs. Elles peuvent également se frayer un chemin dans les drains ouverts ou souterrains d'évacuation des eaux d'orage. On peut aussi creuser des puits absorbants ou installer un plateau de drainage pour disperser ces eaux. Dans certains cas, les eaux ménagères de plusieurs habitations sont rassemblées, puis filtrées et traitées dans un bassin avant d'être rejetées ou recyclées.

Tableau A2.1 Consommation d'eau (en litres par personne et par jour) dans certaines zones rurales de quatre pays en développement

Utilisation de l'eau	Lesotho[a]	Ouganda[b]		Pakistan Pandjab[c]	Mozambique[c]
		Lango	Kigezi		
Boisson et cuisine	8,0	5,8	6,4	5,7	2,3
Usages domestiques	10,0	11,9	1,6	24,0	10,0
Total	18,0	17,7	8,0	29,7	12,3

[a] Feachem et al. 1978
[b] White et al. 1972
[c] Ahmed et al. 1975
[d] Cairncross, S., communication personnelle

Santé et gestion des eaux ménagères

En général, les risques pour la santé imputables aux eaux ménagères ne sont pas aussi sérieux que dans le cas d'eaux vannes ou d'effluents de fosses septiques. La numération des coliformes fécaux est généralement très inférieure à celle relevée dans les effluents des fosses septiques (Bradley, 1983). Toutefois, le lavage des vêtements pour bébés et des langes a des chances de l'augmenter substantiellement. Certaines données laissent à penser que les bactéries se développent bien dans les eaux ménagères (Hypes, 1974).

Il y a un risque pathogène non négligeable si les eaux ménagères sont rejetées à même le sol. Si les rejets se font toujours au même endroit, l'humidité permanente qui en résulte favorise la survie des helminthes, et notamment de l'ankylostome, ainsi que la prolifération des mouches et des moustiques. En outre, cet endroit risque d'être considéré comme un dépôt d'ordures et utilisé pour la défécation, ce qui ne peut qu'accroître le nombre des parasites. On ne distingue d'ailleurs guère les matières fécales sur un sol boueux.

Le plus grave danger est celui des moustiques et, notamment, de *Culex quinquefasciatus*, qui se développe dans l'eau polluée des mares et peut contribuer à répandre la filariose de Bancroft. La création de mares d'eau ménagères provient d'une décharge excessive sur le sol, du blocage des drains de surface ou encore, d'une construction et d'un entretien défectueux des canaux de drainage à ciel ouvert.

La pollution de la nappe par les eaux ménagères est peut être moins inquiétante qu'une pollution par d'autres eaux usées puisque la charge bactérienne et le taux de nitrates sont relativement faibles.

On pense souvent qu'un approvisionnement plus important en eau améliore nécessairement la santé de la communauté. En fait, s'il conduit à la création de mares d'eaux ménagères stagnantes (parce qu'on n'a pas suffisamment pensé à l'évacuation), l'accroissement de la fourniture d'eau risque d'avoir un effet négatif sur la santé de la communauté, surtout à cause de la prolifération des moustiques. Le rejet des eaux ménagères pose un problème particulier au niveau des points d'eau communaux. Très souvent, les rejets atteignent des volumes importants et, si on n'a pas convenablement prévu leur élimination, il peut en résulter un risque non négligeable pour la santé.

Elimination des eaux ménagères

Déverser des eaux ménagères sur le sol peut constituer un moyen acceptable d'élimination pourvu que le terrain ne soit pas mouillé en permanence, ce qui implique qu'il soit suffisamment perméable et la surface disponible assez vaste pour que l'eau puisse disparaître par infiltration. On peut même tirer avantage de cette méthode en irriguant les potagers, sauf s'il s'agit de légumes à manger crus (à cause du risque de transmission de maladies).

Le drainage sur terrain et les puits absorbants, qu'on utilise pour les effluents des fosses septiques conviennent parfaitement pour les eaux ménagères. On peut déterminer les dimensions des puits absorbants et des tranchées en utilisant les taux d'infiltration à long terme donnés au tableau 5.4. Les exemples 8.6 et 8.7 du Chapitre 8 expliquent comment sont conçus ces dispositifs d'infiltration.

L'eau se fraye souvent un chemin au hasard, ou de par la conception du système, jusqu'aux drains à ciel ouvert. Ceux-ci peuvent constituer un moyen satisfaisant d'emmener l'eau usée vers une masse d'eau réceptrice, à condition toutefois qu'il ne se forme aucune mare sur le parcours. En effet, les mares favorisent la prolifération des moustiques et souvent les enfants y jouent. Elles tendent à se former en terrain plat, avec des drains à faible pente, à parois accidentées non revêtues. L'eau s'accumule aussi dans les creux, là où des déchets sont déposés, ou encore lorsque les tranchées ont été comblées pour le passage des véhicules et des piétons.

Les drains d'évacuation des eaux d'orage, qui servent aussi à l'évacuation des eaux ménagères, auront la section composite de la Fig. A2.1. La raison en est que les débits fluviaux pendant la saison des pluies peuvent être des centaines de fois plus importants que celui de l'eau usée. Si la section n'était conçue que pour les orages, la vitesse de l'eau usée seule serait très faible et laisserait se déposer les matières solides en suspension au fond du canal. En revanche, la forme semi-circulaire du fond (cunette) permet aux petits débits d'être très rapides. On nettoiera la cunette centrale avec des outils adaptés.

Fig. A 2.1. Section transversale d'un évacuateur d'orage

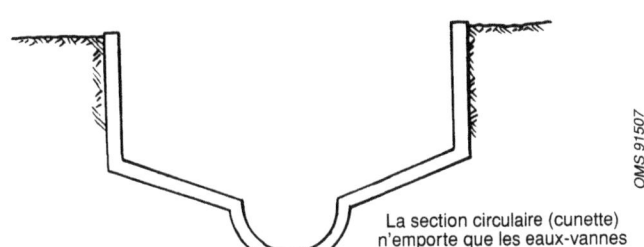

La section circulaire (cunette) n'emporte que les eaux-vannes en saison sèche

Maintenir la propreté de ces caniveaux n'est pas facile. Malheureusement, on a souvent tendance à croire qu'il s'agit d'endroits appropriés au dépôt des déchets solides, surtout quand il n'y a pas un ramassage des ordures digne de ce nom. Les dépôts ainsi constitués deviennent très vite malodorants, au fur et à mesure de leur décomposition et ils sont particulièrement attractifs pour les mouches qui viennent y pondre leurs œufs. L'enlèvement des ordures amassées dans les caniveaux n'est pas un travail très apprécié. Le problème des matériaux abandonnés dans les caniveaux de drainage doit être abordé sous trois aspects:

— création d'un service satisfaisant de ramassage des ordures qui constitue une alternative aux rejets dans les caniveaux;
— éducation du public sur la nécessité de maintenir les caniveaux en bon état de propreté;
— vigilance de la part des employés municipaux pour enlever toute obstruction où qu'elle se produise.

Dans une ville du Brésil, chaque ménage est tenu de tenir propre le caniveau qui passe devant chez lui; on y a installé des grilles au niveau des murs de séparation des propriétés qui empêchent les dépôts d'être emportés vers la propriété du voisin située en aval, toute éventuelle inondation se produisant au niveau des dépôts qui n'ont pas été enlevés (Cairncross, communication personnelle). De telles grilles ont été installées dans d'autres pays par la municipalité ou par les résidents qui tiennent à empêcher que des ordures n'arrivent dans la section du caniveau qu'ils doivent tenir propre.

Couvrir le caniveau pourrait sembler être une solution, mais si des déchets sont déposés en des endroits où des plaques de couverture manquent ou ont été soulevées, les obstructions et les mares qui en résultent sont beaucoup plus difficiles à repérer et à enlever.

On peut utiliser des égouts à faible section pour emporter les eaux ménagères. Le diamètre et la pente à leur donner sont bien moindres que pour les égouts traditionnels, qui servent aussi pour les excréta, puisque la charge en matières solides est moins importante. Lorsque les ménagères utilisent du sable pour gratter leurs ustensiles de cuisines, il peut être nécessaire d'installer des grilles de retenue pour ce matériau avant l'entrée dans l'égout. Mais il faut, bien entendu, nettoyer périodiquement ces grilles, qui ne servent à rien si elles ne sont pas dégagées. On peut aussi trouver des dépôts graisseux dans les canalisations, et des pièges à graisse permettent de les arrêter, toujours à condition de les nettoyer régulièrement. On installe généralement ces pièges à graisse dans les garages, restaurants ou autres locaux commerciaux où de grandes quantités d'huile ou de graisses sont rejetées dans les eaux usées (Fig. A 2.2.).

On peut traiter sur place des eaux ménagères afin de les rendre plus acceptables pour l'élimination finale ou le réemploi. On peut utiliser des fosses septiques à cet effet; elles sont très efficaces pour retenir les graisses et les solides et n'ont pas besoin de vidanges fréquentes (Brandes, 1978). Les filtres à sable à marche intermittente réduisent efficacement la demande biochimique d'oxygène et la concentration des nitrates, mais selon Boyle et al. (1982), ils n'ont que peu d'effet sur le nombre des coliformes.

Fig. A 2.2. Section d'un piège à graisse

Le choix du meilleur système d'élimination des eaux ménagères dépend de nombreux éléments comme la pluviosité, la structure du sol, la topographie, la densité des logements, la consommation d'eau, le type des latrines, et nombre de facteurs sociaux et économiques. Par exemple, lorsque les cours des immeubles ont une surface suffisante, que le sol est perméable, que la pluviosité n'est pas telle qu'il se forme des mares et que les eaux ménagères ne sont pas très abondantes, on peut parfaitement se contenter de les répandre sur le sol. Lorsque la perméabilité du sous-sol, la densité des logements et le niveau des revenus le permettent, il est recommandé de recourir aux puits absorbants. On peut aussi rejeter les eaux ménagères dans les fosses des latrines. Lorsque la pente du terrain est suffisante pour les drains de surface et qu'on a pu vérifier qu'ils ne sont pas encombrés de débris, on peut les utiliser pour évacuer les eaux ménagères, au moins à titre provisoire, et encore à condition que le système de drainage aboutisse à un point convenable de décharge. Des études pilotes à petite échelle sont souvent précieuses pour estimer la validité des diverses solutions avant toute exécution à grande échelle.

Le problème des eaux ménagères est en fait plus socio-économique que technique. La plupart des systèmes d'élimination fonctionnent correctement s'ils sont exploités ou entretenus convenablement. C'est particulièrement évident dans le cas des réseaux de drainage en surface pour lesquels les agences chargées de l'entretien manquent souvent des moyens financiers nécessaires à l'exécution correcte de leur mission. Dans ce cas, il faut que les communautés prennent le relais mais elles doivent d'abord être convaincues que la propreté du réseau de drainage est nécessaire à la protection de la santé.

Bibliographie

AHMED, K ET AL. (1975) *Rural water consumption survey*. Lahore, Institute of Public Health Engineering and Research (Report No. 026-12-74).

BOYLE, W. C. ET AL. (1982) Treatment of residential greywater with intermittent sand filtration. In: Eikum, A.S. & Seabloom, R. W. , ed., *Alternative wastewater treatment*. Dordrecht, Reidel, pp. 277-300.

BRADLEY, R. M. (1983) The choice between septic tanks and sewers in tropical developing countries. *The public health engineer*, **11** (1): 20–28.

BRANDES, M. (1978) Characteristics of effluents from grey and black water septic tanks. *Journal of the Water Pollution Control Federation*, **50** (11): 2547–2559.

FEACHEM, R. G. ET AL. (1978) *Water, health and development: an interdisciplinary evaluation*. London. Tri-Med Books.

HYPES, W. D. (1974) Characteristics of typical household greywater. In : Winnerberger, J.H.T., ed., *Manual of greywater treatment practices*, Michigan, Ann Arbor Science, pp. 79–88.

LAAK, R. (1974) Relative pollution strength of undiluted waste materials discharged in households and the dilution waters used for each. In: Winneberger, J. H. T., ed., *Manual of greywater treatment practices*. Michigan. Ann Arbor Science. pp. 68–78.

WHITE, G. F. ET AL. (1972) *Drawers of water*. Chicago. Chicago University Press.

ANNEXE 3
Comité de lecture

Dr N.O. Akmanoglu, Centre OMS pour les activités en hygiène de l'environnement (CEH), Amman, Jordanie.

Professeur S.L. Arceivala, Associated Industrial Consultants, Bombay, Inde

Dr S. Cairncross, London School of Hygiene and Tropical Medicine, Londres, Angleterre

M.J.O. Espinoza, Bureau régional de l'OMS pour l'Europe, Copenhague, Danemark

M.K. Gibbs, Fonds des Nations Unies pour l'Enfance, Quetta, Pakistan

Dr I. Hespanhol, Organisation mondiale de la Santé, Genève, Suisse

Professeur K. O. Iwugo, Université de Lagos, Lagos, Nigéria

M.K. Khosh-Chashm, Bureau régional de l'OMS pour la Méditerranée orientale, Alexandrie, Egypte

Dr H. Kitawaki, Organisation mondiale de la Santé, Genève, Suisse

M.J.N. Lanoix, Ingénieur sanitaire conseil, Sarasota, FL, Etats-Unis d'Amérique

Dr G.B. Liu, Bureau régional de l'OMS pour le Pacifique occidental, Manille, Philippines

Dr P. Morgan, Blair Research Laboratory, Harare, Zimbabwe

M.A.F. Munoz, Centre panaméricain pour l'assainissement et les sciences de l'environnement (CEPIS), Lima, Pérou

M. C. Rietveld, Banque mondiale, Washington, DC, Etats-Unis d'Amérique

M.A.K. Roy, Ingénieur sanitaire conseil, New Delhi, Inde

ANNEXE 3. COMITÉ DE LECTURE

M. L. Roy, Ingénieur sanitaire conseil, Neuilly-sur-Seine, France

M.R. Schertenleib, Centre international de références pour l'élimination des déchets, Dübendorf, Suisse

Dr G. S. Sinnatamby, Ingénieur sanitaire principal, Centre des Nations Unies pour les établissements humains, Nairobi, Kenya

M. M. Strauss, Centre international de références pour l'élimination des déchets, Dübendorf, Suisse

M.M.S. Suleiman, Organisation mondiale de la Santé, Genève, Suisse

M.H. Suphi, Bureau régional de l'OMS pour l'Asie du Sud-Est, New Delhi, Inde

Dr S. Unakul, Centre régional de l'OMS pour la promotion de la planification et des études appliquées en matière d'environnement dans le Pacifique occidental (PEPAS), Kuala Lumpur, Malaisie

M.J.M.G. Van Damme, Centre international de références pour l'approvisionnement public en eau et l'assainissement, La Haye, Pays-Bas

Dr D.B. Warner, Organisation mondiale de la Santé, Genève, Suisse

Index

Adsorption, 225
Acier, armature, béton armé, 109–112
  enrobé, béton armé, 110
  inoxydable, écran anti-mouches, 130
Adobe, 135, 225
Aération, compost, 236–238
Aérobie, conditions, 36, 225
Agence, cycle du projet, 156–157
  dirigeante, 170
  exécution, 159, 169–171, 225
  frais de gestion, 181, 185
  liaison entre institution et chefs de famille, 171–172
  utilisation et entretien du projet d'assainissement, 209–210
Agent de démoulage, 125
Agriculture, réutilisation des excréta et des eaux usées, 15, 231–238
Alimentation en eau, amélioration, impact sur la santé, 243–244
  amélioration de l'assainissement, 157
  information sur, 162
  pollution, 42–47
Amibiase, 10
Anaérobie, conditions, 225
  facultatif, 225
Analyse, coût-avantages, 182–183
  du coût minimal, 178, 181–182, 188–189
Andains, 235–236, 237
Ankylostomiase, 9, 10, 13
Anneaux prémoulés en béton ou en terre cuite, pour le revêtement, 98
Aquiculture, 238–239
  réutilisation des excréta, 238–239
Arboriculture, utilisation des excréta, 232
Arbre de décision, pour le choix de l'assainissement, 167
Argent, coût économique, 180
Ascaris, 10, 16, 17
Assainissement, considérations socio-culturelles, 19–24
  croyances, 21–22
  demande, 155–158
  définition, 3, 225
  enquête, 162
  et transmission des maladies, 9–17
  insuffisance, 5
  priorités, 6–7

Bactéries, dans le sol, 40–41
  décomposition, 36, 233
  eaux ménagères, 243–244
  maladies liées aux excréta, 10–11, 16–17
Bambou, dalle renforcée, 112
  revêtement des fosses, 95
  superstructure, 135
  tuyaux d'évent, 129
Béton, 112–113, 115–116
  anneaux pour revêtement, 96, 97, 98
  armé, 109–112
    fibres, 111
  cure, essais, 112–115
  cuvette et joints hydrauliques, 123–124
  dalle, 106–117
  mélanges, 107, 112–114
  non armé, 106–107
  parpaings, 136
  revêtements *in situ* 99
  «sans fines», 95–96, 99
Biodégradable, 225
Biogaz, 225
Blattes, 46
Bois, couvercle de la dalle, 116, 117, 118–119
  ossature, 135
  préservation, 118
  revêtement des latrines, 95
  support, dalle de couverture, 102–104
Boues, 225, 231
  capacité d'accumulation, fosses septiques, 69–70, 145–146, 147
  latrine à fosse, 139–141
  compostage, 233–234

INDEX

Boues *(suite)*
  digestion et solidification dans les fosses septiques, 67
  et clayonnage, 134–135
  taux d'accumulation, 36–38, 139–141, 149
  vidange, coût économique, 180–181
    coût financier, 185
    des fosses septiques, 74–75
    intervalle entre deux, 2, 149
  volume, 142–143
Briques, cuites, 136
  pour cheminée, 129
  pour le revêtement, 95–96, 97–99
  séchées au soleil, 135

Cabinet à eau, 29–30, 75–76, 226
  élimination des effluents, 76–80, 148–149
  réutilisation des excréta, 231
Caisson, 39, 100–101
Canne, revêtement des fosses, 95
Capacité, fosse septique, 68–71
  portante du sol, 39
Caractéristiques des terrains, 38–46
Cendre de bois, latrines à compostage, 80–81
Céramique, cuvettes et piétements, 124, 125
  dalle, 119
Chambre de visite, 62–63, 125–126
Chef de famille, choix du système d'assainissement, 204
  de famille, facteurs institutionnels, 173
  formation, 198, 204
  motivation, 177
Choléra, 9, 10, 15
Citerne à dépression, 226
  vidange, 51–52, 74–75, 88
Clôtures, intimité, 134
Codes et règlements sanitaires, 198–200
Colmatage des pores, 40–41
Communication, 164
  de masse, 201–202
Compost, 226
  état et qualité, 238
  température, aération et brassage, 236–238
  traitement préalable, 234
Compostage, 22, 232–238
  andains et fosses, 235–236
  surveillance, 234

Considérations socio-culturelles, 19–24, 175–176
Construction en spirale de la superstructure, 55–56, 133, 137
Couche mince de ciment, 114, 118
Courant d'air, trou de ventilation, 54–57, 127–128, 132–133
Couverture, matériaux, 137
Coût, d'opportunité, 180
  dates d'échéance, 180
  économique, 177, 178–182
  financier, 177, 184–185, 187–189
  par ménage, 182–183, 190
Croyances et pratiques d'ordre culturel, 19–20, 21–22
  communication et éducation, 164
  dynamique du changement, 22
  réactions au changement, 22–23
Cunette, 226
Cure (du béton) 226
Cuves, 31
Cuvettes, 113, 122–126, 226
Cycle diarrhée-malnutrition, 10–11

Dalles, 53–54, 101–119
  à base de ciment, 106–118
  en bois, 116–117, 118–119
  en briquetage renforcé, 112
  en terre, 116–118
  ferrailles et acier, 119
  formes, 104–105
  fosses septiques, 71, 115
  latrine ventilée à double fosse, 57–58
  matériaux, 116–119
  plaques bombées, 107–108
  plaques semi-bombées, 107–109
  puits-filtrants, 77–78
  repose-pieds, 114–115, 119–120
  spécifications, 102–104
Demande biochimique d'oxygène, (DBO), 226
Décennie internationale de l'eau potable et de l'assainissement, 3–5
Déchets, dans les caniveaux, 245
  domestiques, 233, 234
  végétaux, compostage, 234–236
Décomposition, 226
  des excréta, 36–38, 233
Défécation à l'air libre, 25
Démonstration, développement de projets, 202–203
Dépôts *voir* Boues
Développement de projets d'assainissement, 193–213

INDEX

Développement de projets
d'assainissement *(suite)*
  ressources humaines, 172–177
    impératifs de la gestion, 176
    motivation, 177
    participation au programme,
      173–175
    qualification et formation, 172,
      174–176
Déversoir, sortie des fosses
  septiques, 72
Digestion, 226
Dirigeants et conseillers, 173
Douve du foie, 10
Drains, 226
  élimination des eaux d'orage,
    244–245
  pour chasse d'eau, 60–61, 125
  tranchées, 244–245, 246
Durée, d'utilisation prévue, 50, 180
  de rétention, 68, 227
Dysenterie, 5

Eau, consommation, 243
  coût économique, 179
  coût financier, 184
  latrine à chasse d'eau, 59, 60–61
  mélanges à béton, 112–113
  nappe phréatique, 162
Eaux d'orages, drains d'évacuation,
  244, 245,
Eaux ménagères, 227, 242–247
  coût économique de l'élimination,
    181–183
  élimination, 242–243, 244–247
  fosses septiques, 76, 246
  mares, 244
  risques pour la santé, 241
  traitement, 246–247
Eaux résiduaires, 227
  et maladies, 9–12
  produits chimiques, 12
  réutilisation en agriculture, 15
Eaux souterraines, information, 149
  pollution, 42–46, 149
    coût économique, 181
    eaux ménagères, 243–244
    importance, 45
  purification, 44
Eaux superficielles, 227
Eaux vannes, 227
Eclairage, superstructure, 133
Ecoles, promotion des projets, 202
Ecrans anti-mouches, 56, 130, 205
Ecume, 227, 231
  dans les fosses septiques, 66–67

vitesse d'accumulation, 37–38
volume, 69–70, 144–145, 147
Education, 164, 175
  et santé, 201–202
Effluent, 227
  durée de rétention, fosses
    septiques, 69
  élimination dans les fosses
    septiques et les cabinets à eau,
    76–80, 148
  pollution des eaux souterraines,
    42–46
  purification dans les eaux
    souterraines, 44–45
  réutilisation, 231, 232
  volume arrivant dans les fosses
    septiques, 144–145, 146–147
Egout, 66–67, 227
  à faible section, élimination des
    eaux ménagères, 245
  élimination des gadoues, 87
Encorbellement, 105, 227
Enquête sur les ressources, 187
Enseignants, 198, 202
Entérite, 10
Entrée, fosse septique, 72
Entrée d'air, 132
Epaisseur de la terre d'étanchéité,
  139, 140, 141
Equipes d'appui spécialisées en
  assainissement, 170–171
Espérance de vie à la naissance, 11,
  12
Etudes, 160–166
  alimentation en eau, 162
  communication et éducation, 164
  constructions, 165
  culture et traditions, 163–164
  emploi, 164
  environnement, 164
  facteurs physiques, 161
  infrastructure, 164–165
  méthodes existantes d'élimination
    des excréta, 161–162
  population et logements, 163
  possibilité d'un financement,
    165–166
  santé et maladie, 162–163
Excavation, en terrain meuble, 100
  fosses, 93
  profondeur, 39
Excréta, 227
  aspects techniques de
    l'évacuation, 35–47
  compostage, 232–238
  décomposition, 36
  maladies liées aux, 9–12

Excréta *(suite)*
  systèmes d'évacuation, 30–32
  volume des déjections,
    décomposées, 36–38
    fraîches, 35
Expérimentation préalable de la
    documentation
    promotionnelle, 198–200

Facteurs d'actualisation, 180
  de remboursement du capital, 182, 190
  économiques, 177–184
  financiers, 184–189
    exemple d'analyse, 188–191
    possibilités, 165–166
    subventions, 205–206
Fèces, décomposition, 36
  volume des déjections, 35
Femmes, 173
Ferrailles et acier, 119
Ferrociment, 227
  anneaux, 96, 100
  dalles, 110–111
  revêtements, 99–100
  superstructure, 136
  tuyaux, 129
Feuillées, 25–26
Fibre de verre, 119, 124
Fièvre paratyphoïde, 9, 13
Filariose, 9
Flottation, 227
Fonctionnaires techniques, 174
Fondations, fosses, 95, 97, 98
Formation, 198, 203
  cycle, 175–176
  des chefs de famille, 198, 204
  et qualification, 172, 174
Fosse, 93–101
  à compostage, 234–235
  construction, 95–101
  d'aisance, 31–32, 88–89, 227
  déportée, 227
  décalée, 227
  dimension, 139–144
  excavation, 93
  forme, 50, 94–95
  peu profonde, 95–97
  profonde, 97–98
  profondeur, 39, 140, 144
  remplissage derrière les
    revêtements, 101
  revêtement, 93–95
  résistance des parois à
    l'effondrement, 39, 94–95
  septique, 29, 65–75, 228
    calcul de la capacité, 68–70,
      144–145, 146–147
    construction, 71–74
    dalle de couverture, 71, 115–116
    dimension, 70–71
    élimination des effluents, 76–80,
      148
    entretien, 74–75
    exemple de calcul, 144–147
    forme, 70–71
    parois, 71, 72, 115
    principes de conception, 67–71
    processus de traitement, 66–69
    réutilisation des excréta,
      231–232
    taux d'accumulation du dépôt et
      de l'écume, 37
    utilisation, 74–75
  simple ou double, 28
  vidange, 50–53

Gadoues, 228
  compostage, 233–234
  et nutriments, 231–232
  méthodes d'élimination, 86–87
  non traitées, risques pour la santé,
    231–232
  ramassage, 84
  réutilisation, 87, 231
Germes pathogènes, 10, 228
  destruction pendant la
    décomposition des excréta, 36,
    233
  eaux ménagères, 243–244
  élimination des fosses septiques,
    67
  en aquiculture, 238–239
  gadoues, 231–232
  infectivité, 16–17
  latence, 16–17
  pollution du sol, 42–44
  survie des, 16, 42–44
Géologie, locale, 161
Giardiase, 10
Gonds, portes, 137
Granulat, 78, 112, 228
Gravier, 41
Grillage, intimité, 134
Groupe minoritaire, 160
Groupes communautaires,
    développement de projets,
    195–197, 203

Helminthes, 9, 10, 16, 42, 228, 239
  aquiculture, 239

INDEX

Helminthes *(suite)*
  caractéristiques épidémiologiques, 16–17
Hôte, 228
Humus, 228, 231
Hygiène, idées en matière d', 20

Impact sanitaire, 213
  d'élimination des excréta, 17
  évaluation, 213
Infections intestinales, 9
Infrastructure, 152–153
Insectes, 46–47
Institutions, 169–172
  liaison avec les chefs de familles, 171–172
Intrados, 228

Joints hydrauliques, 122–126, 228
  matériaux, 124–125
  types, 123–124
Jonction en Y, 228

Larve, 228
Latrine, 228
  à chasse d'eau, 27, 59–64, 228
    avec deux fosses déportées, 62–64, 125–126, 143–144
    avec fosse déportée, 27, 60–62
      chambre de visite, 125–126
      cuvette, 122–123
      dalle de couverture, 104–105, 115
      exemple, 143–144
      tuyaux, 125–126
    cuvette, 122–126
    directe, 122
    joints hydrauliques, 122–126
    multiple, 83–84
    ventilation, 132–133
  à compostage, 28–29, 80–84, 149–151
    à deux compartiments, 80–82, 149–151
    calcul, 149–151
    en continu, 82–83, 150–151
  à fosse, 49–65, 229
    conception, 139–144
    durée d'utilisation prévue, 50
    réutilisation des matières solides, 231
    simple, 26, 28
    simple ou double, 28
    chasse d'eau, 62–64, 125, 143–144
    ventilée, 57–58, 85–86
    surélevée, 64–65
    ventilée (LAA), 27, 54–58
      à double fosse, 57–58, 85–86
      dispositions, 128
      multiple, 83–84
      ventilation, 54–57, 132–133
    à tinette, 30–31, 84–87
      méthode d'élimination, 86–87
      utilisation, 85–86
    à trou foré, 26, 65, 104–105
      dalles, 104–105
    distance du point d'eau, 44, 45
    éléments de construction, 93–137
    entretien, 49–91, 208–209
    exemples d'installations, 139–151
    multiple, 83–84, 85
    plancher, 101–102, 116–117
    problèmes posés par les insectes et la vermine, 46–47
    protocole pour l'inspection, 211
    suspendue, 30, 90–91, 229
    utilisation, 49–91, 208–209
    zone de pollution, 44–45
Leptospirose, 10
Liquides, stabilisation dans la fosse septique, 67–68
Logements, enquête, 163
  information sur les, 163
Loyer de l'argent, 184

Main d'œuvre, coût économique, 178
  coût financier, 184
Maître d'œuvre, *voir* Agences
Maladie bleue des nourrissons, 42
Maladies, 9–18
  à support tellurique, 13
  croyances, 21–22
  diarrhéiques, 9, 10, 11, 13, 162–163
  information, 162–163
  liées aux excréta et aux eaux usées, 9–11
  lutte contre les maladies liées aux excréta, 17
  non transmissibles, 12
  propagation à partir des excréta, 12–15
  relation entre la santé et la méthode d'élimination, 17
  transmissibles, 9, 10, 12–13, 14–15, 17
Malnutrition, maladies diarrhéiques et, 11
Mares, eaux ménagères, 244

INDEX

Matériaux de construction, 179
  coût économique, 179
  coût financier, 184
  évents, 128–129
  financement et subvention, 205–206
  revêtement des fosses, 93–94
  superstructure, 133–137
Matières organiques, latrine à compostage, 80, 81, 149–150
Matières solides, sédimentation dans les fosses septiques, 66
Ménages, coût annuel total par, (CATM), 182–183, 190
  déchets, compostage, 233–234
  exploitation et entretien des latrines, 208–209
  revenus, 185–186
Méthémoglobinémie, 42
Méthodes d'élimination, coût, 180–181, 185
  égouts, 87
  fosses, 50–53
  d'aisance, 88
  latrine à fosse, 88
  latrine à tinette, 86
  toilettes chimiques, 89
Milieu rural, problèmes d'assainissement, 5, 6
Mode de nettoyage anal, 20, 38, 59, 208, 209
Modicité des prix, assainissement, 185–186, 189–192
Mortier, 229
  de ciment, 229
    cuvettes et joints hydrauliques, 124–125
Motivation, 177
Mouches, 46, 47, 58
  à viande, 46
  domestiques, 46
Moule, 229
  cuvette, 124–125
  dalle, 110
  disponibilité, 205
  joints hydrauliques, 124–125
  repose-pieds, 114–115
Moustiques, 46, 243

Nappe phréatique, vitesse d'infiltration, 39–40
Nitrates, 12, 42

Occupation du sol, coût économique, 179

Odeur, 53, 56
Organisation d'assistance, 171
Organisations multilatérales et non gouvernementales, 171–172
Outillages, 205

Parasites 10, 229
Parasitoses, 4, 162
Paratyphoïde, 13
Parpaings de béton, 136
  pour cheminée, 129
  pour revêtements, 96–97, 98–100
  pressés à la machine, 136
Participation communautaire, 159–160
Paturâges, utilisation des excréta, 232
Percolation, 299
Personnages clés, 159–160
Personnel, agence, impératif de la gestion, 176
  motivation, 177
  des programmes et des projets, 174
  formation, 198
  planification de projets d'assainissement, 159–160
  spécialisé, 174
Pierre, revêtement des latrines, 95, 96, 97, 98
  superstructure, 136
Piège à graisse, 246
Plancher, des fosses septiques, 71–72, 73, 74
  des latrines, 101–102, 116–117
Planification, 155–167
  définition du projet, 158
  données de base, 158–167
Plastique, cuvette, 124
  grillage anti-mouches, 128–129
  piétements, 124
  PVC, dalle, 119
  renforcés de fibre de verre, 119
Poids, dalle en béton, 115
Point d'eau, distance d'une latrine, 43–45
Poliomyélite, 10, 13
Pollution, 229
Polyéthylène, haute densité (PEHD), 124
Pompes manuelles, 51, 88
Population, enquête, 163
Portes, 55, 133, 137
Potagers, irrigation avec les eaux ménagères, 244
Poussée d'Archimède, fosses septiques, 146

Pouvoirs publics, approbation du projet, 197
  fonctionnaires de la santé, 174
  responsabilité des projets, 169–172, 206–207
  rôle dans le cycle du projet, 156–158
  subventions, 185–186
Pression du sol, fosse septique, 146–147
Prêts, 187–188
  financement, 205–206
  fonds de roulement, 187, 188
  remboursement, 190–191, 206
Procédure d'évaluation minimale (PEM), 210
Production de biogaz, construction, 239
  exploitation, 240–241
  risques pour la santé, 241
Programme, 229
  achèvement, 207–208
  assainissement, *voir aussi* Projets, 169
  d'éducation pour la santé, 201–202
  participants, 173–175
  personnel, 174
  planification, 155–168
  priorités, 6–7
Projets, 229
  assainissement, 169
  comparaison et choix des systèmes, 166–167
  cycle, 156–157
  définition, 158
  développement, 193–213
    des ressources humaines, 172–177
  étude de la zone, 160–167
  évaluation, 193, 209–213
  exécution, 193–208
  facteurs, économiques, 177–184
    financiers, 184–188
  participants, 173–174
  participation communautaire, 159–160, 195–196
  personnel, 159, 173–174
  période d'expérimentation, 193–194
  phase, d'extension, 200–204
    de consolidation, 193, 196–200
    de construction, 204–208
    de démonstration, 193, 194–195
    de mobilisation, 200–204
  planification, 155–167
  promotion, 201–204
  responsabilités institutionnelles, 169–172
  stimulation de la demande, 195–196
Promotion, projet d'assainissement, 201–204
Propreté, environnement, 164
  superstructure, 133
Prospectus, 203
Protozoaires, 10, 16, 42
Puits d'infiltration, 229
Puits filtrants, chemisés, 77
  élimination des eaux ménagères, 244, 246
  élimination des urines, 86
  exemple, 148–149
  latrine à compostage, 81, 82
  non chemisés, 78

Raccordement en T oblique, 62, 64, 126
Radier, 229
Rapport carbone-azote des gadoues, 234
Rats, 47
Relations sociales, 176
Remplissage derrière les revêtements, 101
Repose-pieds, 115, 119–120
Revêtement, anneaux prémoulés, 96, 97, 98–99, 100
  avec voûte en briques et support, 107–108
  béton, 99
  brique, 96, 97, 98, 99
  construction, 98–101
  de pierre, 95–96, 97–98
  des fosses, 93–95
    fosses, peu profondes, 95–97
    profondes, 97–98
  encorbellement, 105
  ferrociment, 99–100
  latrines à fosse surélevée, 64–65
  parpaings, 96, 98–99
  puits absorbant, 95–96
  sol meuble, 96
Réseau d'égouts (tout à l'égout), 3, 31–32, 187–188, 229
Réutilisation des excréta, 231–243
  bénéfice, 181
  coût financier, 185–186
  en agriculture, 15–16, 28, 231–238
  en aquiculture, 238–239
  production de biogaz, 239–241
  risques pour la santé, 241
Règlements sanitaires, 198–200

INDEX

Risques pour la santé, gestion des eaux ménagères, 223–225
   production de biogaz, 239–240
   réutilisation des excréta, en agriculture, 15, 231–232
   en aquiculture, 238–239
Rizière, utilisation des excréta, 232

Sable, mélanges à béton, 112–113
   obstacle à la pollution, 45–46
Schistosomiase, 9, 10, 13, 14, 15
   transmission, 13, 14, 232
Sédimentation, 230
   fosse septique, 66
Shigellose, 10
Siège pour latrine, 120–122
Sièges, 120–122
   couvercle, 122
   support, 120–122
Siphon, *voir* Joints hydrauliques
Siphon en P, 124
Siphon en S, 123–124
Sol, capacité portante, 38–39
   colmatage des pores, 40–41
   débit d'infiltration, 41–42
   élimination des eaux ménagères, 246–247
   enquête locale, 160–161
   excavation en terrain meuble, 100
   purification des sols insaturés, 43
   résistance des parois des fosses à l'effondrement, 39, 94–95
   survie des germes pathogènes, 16–17
Sortie, fosse septique, 72
Soutien institutionnel, 197–198, 206–207
Structure sociale, 19
Substances chimiques, eaux usées, 12
   pollution des eaux souterraines, 42–43
Subventions, 185–187, 192, 205–206
Superstructure, 53, 54, 55–56, 130–137, 230
   accès, 133
   dimensions, 131
   dispositions, 128
   éclairage, 133
   emplacement, 131–132
   forme, 131
   matériaux, 133–134
   porte, 133
   propreté, 133
   ventilation, 55–56, 132–133
Supervision sur le site, 206

Surface d'infiltration, 39, 140, 141, 142
Système d'assainissement, 25–32
   choix par les chefs de famille, 204
   comparaison et choix, 166–167
   coût, 184–186, 187–189
   de vidange par pompe à vide éloignée, 51–53
   évaluation, fonctionnement, 210–212
   exemple d'analyses économiques et financières, 188–192
   impact sanitaire, 213
   utilisation, 212–213
   facteurs économiques, 177–185
   options techniques, 25–47

Taux, eau/ciment, 112–113
Taux, d'infiltration, 142
   de change virtuel, 179
   de mortalité infantile, 11
Température, compostage, 233–234, 236–238
Test d'affaissement, béton, 113–114
Toilettes, 230
   chimiques, 89–90, 230
Traditions, 163–154
Tranchées de drainage, 77, 78–80, 230
   élimination des eaux ménagères, 244–245
   élimination des gadoues, 87
   exemple, 148
Transpiration, 230
Transport, dalle en béton, 115
   personnel de projet, 176
Trichocéphalose, 10
Trou de défécation, 119–120, 230
   couvercle, 53–54, 109
   forme, 120–121
Tuyau, d'évent, 126–130, 230
   coudé, 127
   dimension, 128
   grillage anti-mouches, 129–130
   matériaux, 129
   de chute, cabinet à eau, 75–76
   élimination, latrine à chasse d'eau, 59–61, 125–126
   entrée d'air, 132,
   entrée, fosse septique, 72
   mis en place à travers un mur, 62, 125–126
   sortie, fosse septique, 72
   tranchée de drainage, 78–80
   traversant un mur, 61–62, 125
Typhoïde, 13

Urine, décomposition, 36
   élimination, 81–86
   germes pathogènes, 10
   volume, 35–36

Vecteur, 230
Ventilation, 132–133
   fosse septique, 73
   latrine à chasse d'eau, 132–133
   latrine à fosse ventilée, 54–57, 132–133
Vermine, 46

Vers intestinaux, 25
Vidange, 230
Virus, 10, 15–16, 43
Visite, promotion du projet, 202
Vitesse d'infiltration, 39–40, 143
Volume de rétention, 68–69
WC, 230

Zones, de drainage, 230
   prioritaires, 158
   urbaines, problèmes d'assainissement, 5–6

www.ingramcontent.com/pod-product-compliance
Ingram Content Group UK Ltd.
Pitfield, Milton Keynes, MK11 3LW, UK
UKHW051301180426
11947UKWH00020B/1831